白云鄂博特殊矿选矿工艺学

于广泉 著

北 京

冶 金 工 业 出 版 社

2016

内 容 提 要

本书共分 6 章，系统地总结归纳了包头白云鄂博矿石中铁、稀土矿物综合开发回收利用的选矿技术发展历程，对众多的选矿工艺流程、浮选药剂及其组合方案、选矿装备进行了详细记述、分析和点评。书中还详细地讨论了白云鄂博矿石中有用矿物和脉石矿物的物化性质、颗粒大小及嵌布特性对选矿工艺流程选择的影响关系；介绍了多种稀土及铌矿物浮选药剂的研制、发明和发展过程。

本书可供选矿领域的科研、生产、设计、管理、教学人员阅读和参考。

图书在版编目（CIP）数据

白云鄂博特殊矿选矿工艺学/于广泉著 . —北京：冶金
工业出版社，2016. 11
ISBN 978-7-5024-7401-0

Ⅰ . ①白… Ⅱ . ①于… Ⅲ . ①选矿—包头 Ⅳ . ①TD9

中国版本图书馆 CIP 数据核字（2016）第 253487 号

出 版 人 谭学余
地　　址　北京市东城区嵩祝院北巷 39 号　邮编　100009　电话　（010）64027926
网　　址　www. cnmip. com. cn　电子信箱　yjcbs@ cnmip. com. cn
责任编辑　曾　媛　李鑫雨　美术编辑　彭子赫　版式设计　彭子赫
责任校对　李　娜　责任印制　李玉山
ISBN 978-7-5024-7401-0
冶金工业出版社出版发行；各地新华书店经销；三河市双峰印刷装订有限公司印刷
2016 年 11 月第 1 版，2016 年 11 月第 1 次印刷
787mm×1092mm　1/16；17.75 印张；425 千字；269 页
78. 00 元
冶金工业出版社　投稿电话　（010）64027932　投稿信箱　tougao@ cnmip. com. cn
冶金工业出版社营销中心　电话　（010）64044283　传真　（010）64027893
冶金书店　地址　北京市东四西大街 46 号（100010）　电话　（010）65289081（兼传真）
冶金工业出版社天猫旗舰店　yjgycbs. tmall. com
（本书如有印装质量问题，本社营销中心负责退换）

作 者 简 介

  于广泉，男，汉族，1929年出生于辽宁省，1952年毕业于东北工学院（现东北大学）选矿专业。历任北京有色冶金设计院经济工程师、冶金部选矿研究设计院技术经济科副科长、北京选矿研究院生产管理科副科长兼院技术秘书、包钢集团公司矿山研究院总工程师。20世纪60~80年代担任白云鄂博矿产资源综合利用选矿科研专题组组长。曾兼任东北大学硕士生导师、内蒙古自治区金属学会理事、选矿学术委员会主任委员、《矿山》杂志主编等职。

序 一

拜读了选矿专家于广泉同志写的这本著作，使我回忆起 40 多年前在包头市 100 号街坊灯火辉煌机器轰鸣的实验室，这里是 1965～1967 年包头白云鄂博矿铁、稀土、铌综合回收选矿百人大会战的地方。来自全国几十个单位的选矿人员聚集在这里，为包钢选矿厂的建设方案进行选矿试验和研究。

于广泉同志系统地总结归纳了这个阶段和以后延续 20 多年的包头矿选矿试验成果及历程。对众多的选矿工艺流程、浮选药剂及其组合方案、选矿装备进行了详细记述、分析和点评，叙述了包钢选矿厂的建设及发展历程。文中还详细地讨论了白云鄂博矿石中有用矿物和脉石矿物的物化性质、颗粒大小及嵌布特性对选矿工艺流程选择的影响关系；介绍了多种稀土及铌矿物浮选药剂的研制、发明和发展过程。稀土矿物浮选药剂的种类之多、资料之丰富、数据之齐全在其他文献中难以觅获。

总之，这本著作记述了白云鄂博矿石中铁、稀土矿物综合开发回收利用的选矿技术发展史，说明了白云鄂博多金属矿石选矿之复杂，也说明包钢选矿厂建设之不易。记述真实、资料丰富、数据齐全，值得从事白云鄂博矿及选矿事业的同志们学习和参考，相信此著作对白云鄂博矿石中铌、钪、钍、萤石等有用成分的综合回收利用也有借鉴、启迪和帮助。

于广泉同志年过八旬之时，不辞辛劳，撰写了这部著作，为后人借鉴参考，其精神可嘉可贺！

中国工程院院士　余永富

2014 年 3 月

序 二

选矿专家于广泉同志，从北京矿冶研究总院进行研究白云鄂博矿的选矿工艺调到包钢矿山研究所（院）继续白云鄂博矿选矿科研攻关直至离休，可谓一生从事白云鄂博矿的选矿研究。

白云鄂博矿是一个含有铁、稀土、铌、钪、萤石、钾等多种矿物共生矿床。开始是以开发铁矿石为主进行建设和生产的，接着着眼稀土综合利用回收，逐步经过几次补充勘探查明了有关资源的产状和储量，在国家统一部署下，开展了综合回收各种有用资源的工作。

国内外专家有的主张通过高炉冶炼从渣中回收稀土资源，于是进行了矿石进高炉冶炼、回收稀土生产稀土合金和分选稀土精矿等的试验；有的主张通过选矿的途径分别回收铁、稀土、铌、萤石、钪、钾等矿物。这两种途径，国内外各研究单位与包钢合作做了大量的工作，都取得了一定的成果。

于广泉同志，把这些成果汇集成册，包括自己参与项目的心得并作出了自己的认识评价，提出自己的见解，这是很可贵的。

目前，白云鄂博综合利用已列为国家重点科研攻关项目。在白云鄂博建设选矿设施并组织攻关，综合回收铁、稀土、铌、钪、萤石、硫等有用矿物。这些矿物综合回收利用，其经济意义是巨大的。

于广泉同志的著作，是把前人包括自己亲自参与的工作结果汇集起来，并提出自己的观点和判断，对从事选矿事业的同志会有所启发和帮助，我认为该著作的出版是很有意义的。预祝白云鄂博矿石的选矿攻关取得更大的收获。

原包钢集团公司总经理　张国忠

2014 年 2 月

前　言

本书系统全面地记述了 1953～2015 年 60 余年里，国内外各有关科研院所、大专院校、企事业单位的专家、学者、科技工作者对白云鄂博矿产资源选矿工艺技术、流程研制、综合利用等方面所做出的主要工作成果和创新经验。

作者从事白云鄂博矿产资源综合利用、选矿试验研究长达 25 年，本书实际上是作者在工作过程中，向各兄弟单位的选矿生产、科研一线工作者学习的笔记和心得，是一本回忆和总结。本书共分 6 章，详细记录了白云鄂博矿石中铁、稀土矿物综合开发回收利用的选矿技术发展历程。书中还收录了作者在不同工作时期，在设计、科研、企业、机关等不同的岗位上所总结出的心得以及建议性的文章，这些文章均在国内有关专业期刊和全国性学术会议上发表过。其中，有关选矿工艺技术论文，均记有试验研究对象（矿样）的理化特性、工艺流程、工艺条件、设备规格、药剂名称、用量、配制方法、加药地点、数质量等指标，具体数值齐全，对从事选矿专业设计、科研、生产、管理人员和大专院校师生有相当的使用价值和参考价值。

必须指出的是，本书之所以能成形，与原包钢集团公司总经理张国忠同志的指导和帮助是分不开的。他对本书进行了认真的审改，还亲自为本书作序，在此谨向我的老上级、老经理张国忠同志表示衷心感谢！诚挚感谢余永富院士的阅评，并为本书撰序。感谢高文义教授的宝贵意见和在出版过程中的大力支持。同时也向包头稀土研究院选矿专家徐根灿高工表示感谢，他对本书部分篇章给予了认真审阅。还要向于长敏、傅帼雄两位女士表示感谢，她们为本书的文字录入、制表、绘图给予作者极大帮助。

由于作者水平所限，书中的错漏之处，敬请读者给予批评指教。

于广泉
2014 年 5 月

目　　录

1 绪 论

1.1 白云鄂博矿产资源

白云鄂博矿是我国著名的特大型铁、稀土、铌、钍、萤石、钪等多元素共生矿，资源非常丰富，为世界罕见。白云鄂博矿具有有用成分多，铁矿石和各种金属氧化物储量大，组成矿石的矿物多且晶体颗粒粗、细、极细兼有，各种矿物间相嵌关系极其复杂多变的四大特点。

1.1.1 区域地质

白云鄂博区域位于我国内蒙古自治区中部。该区南部属于阴山山系，主要由近东西走向的大青山、乌拉山、色尔腾山等构成山岳地区；北部包括白云鄂博、百灵庙在内为一起伏平缓的草原。

该区域地跨华北地台及内蒙古海西地槽两大构造单元。台槽之间被白云鄂博北面的乌兰宝力格深大断裂隔开，以北为内蒙古海西地槽区；以南直至包头为华北地台内蒙古地轴的北侧部分。依板块构造观点，该区属于华北大陆板块的北缘，与内蒙古海西海洋板块相邻。

该区发生过四期不同时代的岩浆活动，即五台期（包括吕梁期）、加里东期、海西期和燕山期。岩浆活动类型齐全，侵入和喷出均有，以侵入作用为主。岩浆成分多样，从超基性到中酸性都有，以中酸性成分居多。特别是以花岗岩类岩石分布最为广泛，约占全区面积 1/3（如图 1-1 所示），并且在空间上呈有规律的分布。

五台期花岗岩主要分布于固阳到包头一带，呈东西向出露于五台群变质岩中，构成内蒙古地轴古老基底的一部分；加里东期花岗岩主要分布在固阳以北的合教一带；海西期花岗岩主要分布在合教至白云鄂博一带，侵入于元古代白云鄂博群地层中；燕山期花岗岩呈岩株或小岩株零星分布。由此可见，在空间分布上，从南（包头）向北（白云鄂博），本区花岗岩类的地质时代有越向北越年轻的变化特点。

在白云鄂博区域内，初步调查分析了 25 种元素的区域地球化学丰度，结果表明，该区岩石中 Fe-P 尤其是 RE、Ba、F、Cu、Pb 等元素的区域丰度值要比地壳丰度值和世界同类岩石的平均值高。已知的矿产分布表明，该区是 Fe、RE、P、F 和 Cu、Pb、Zn 的地球化学成矿远景区之一。

1.1.2 矿床地质

矿区为一个近东西走向的向斜构造，向斜轴在东西两端微微向上翘起。轴部由白云鄂博群的 H9 板岩组成，两翼则主要对应地分布着白云鄂博群的 H6 ~ H8 的白云岩，后者是

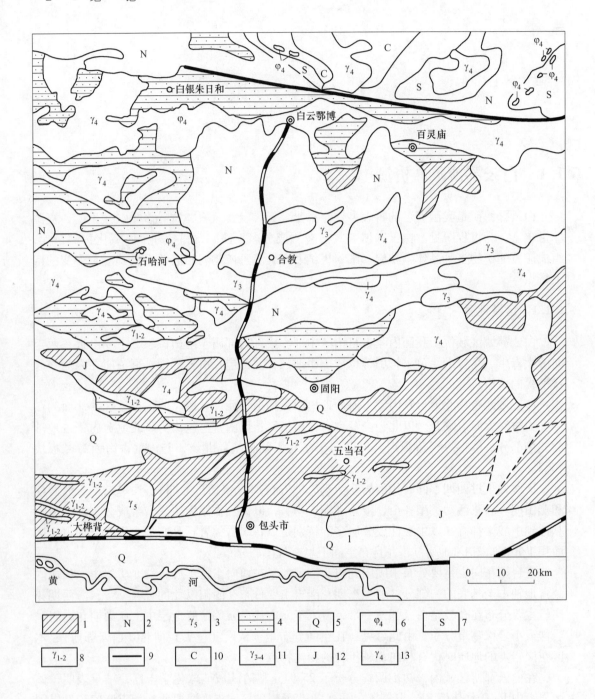

图 1-1　白云鄂博区域地质略图

1—五台群；2—第三系；3—燕山期花岗岩；4—白云鄂博群；5—第四系；6—超基性岩；7—志留系；
8—五台期花岗岩；9—断裂；10—石炭系；11—加里东期花岗岩；12—侏罗系；13—海西期花岗岩

矿区的主要含矿层（如图 1-2 所示）。

　　对于稀土来说，整个白云岩层都是矿体；而对于铁，则根据工业品位的圈定，可分出主矿、东矿、西矿（由 16 个小矿体组成）及东介勒格勒等铁矿体。

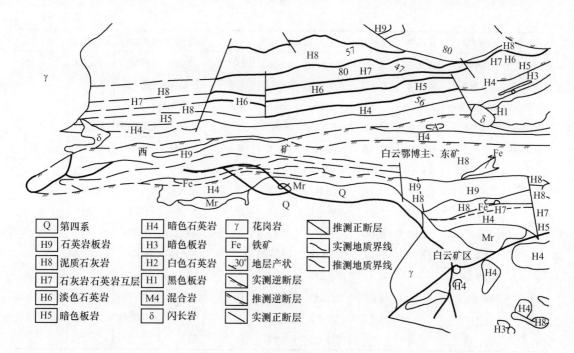

图 1-2 白云鄂博矿区地质示意图

矿体产状与围岩基本一致，矿体中的层理及条带构造的产状也与围岩一致，在向斜北部的矿体向南倾斜，南部矿体向北倾斜，在西矿，其下部通过向倾轴部互相连为一体，矿化范围延深近 800m。

1.1.3 矿床矿物

迄今为止在矿区内发现的矿物已达 170 种左右，除个别为围岩或岩浆岩的副矿物和造岩矿物外，其余均产在矿床的各类矿石和蚀变岩石中。

表 1-1 为白云鄂博矿区矿物种类一览表。图 1-3 所示为矿床内主要矿物种所含元素组合的图解，带圈的元素为与氧结合可生成简单氧化物的元素；粗黑线为所连两元素（或加氧后）组成的矿物；绘上纹线的三角形或多边形为 3 个元素或 3 个以上元素（或加氧后）组成的矿物。

表 1-1 白云鄂博矿区矿物种类一览表

铁矿物	铌矿物	稀土矿物	锆矿物	硅酸盐矿物			碳酸盐矿物	磷酸盐矿物	氧化物矿物	其 他
磁铁矿	铌铁金红石	独居石	锆石	贵橄榄石	正长石	黑电气石	方解石	磷灰石	石 英	碳化硅
赤铁矿	铌铁矿	氟碳铈矿		铁橄榄石	条纹长石	镁电气石	镁方解石		玉 髓	钼铅矿
磁赤铁矿	铌锰矿	氟碳铈钡矿	钛矿物	斜方辉石	钠长石	铁海泡石	白云石	硫酸盐矿物	蛋白石	石 墨
假象赤铁矿	烧绿石	黄河矿	金红石	普通辉石	更长石	铁山软木	菱镁矿	重晶石	锡 石	自然金
镜铁矿	铀钍烧绿石	氟碳铈钡矿	钛铁矿	透辉石	中长石	多水高岭石	含铁白云石	石 膏	镁铁尘晶石	自然铋
针铁矿	易解石	中华铈矿	钡铁钛石	霓辉石	拉长石	胶多水高岭石	锰白云石	黄钾铁矾	铬尖晶石	一水硬铝石
纤铁矿	钕易解石	氟碳钙铈矿	锰钡铁钛石	霓 石	钙镁榴石	铁多水高岭石	锰铁白云石	水绿矾	铝铬尖晶石	

续表 1-1

铁矿物	铌矿物	稀土矿物	锆矿物	硅酸盐矿物			碳酸盐矿物	磷酸盐矿物	氧化物矿物	其 他
菱铁矿	铌易解石	氟碳钙钕矿	楣石	斜方角闪石	钙铝榴石	绿高岭石	菱锶矿	明矾石	铝铁尖晶石	
镁菱铁矿	铌钕易解石	碳铈钠矿	白钛石	普通角闪石	镁铝榴石	蒙脱石	钙菱锶矿	铜 蓝	刚 玉	
菱镁铁矿	富钛钕易解石	大青山矿		透闪石	硅镁石	绿脱石	β-钙菱锶矿		方镁石	
菱铁镁矿	铌钙矿	褐帘石	钍矿物	阳起石	斜硅镁石	伊利石	碳锶钙石	硫化物矿物	金绿宝石	
铁白云石	褐铈铌矿	硅钛铈矿	钍 石	蓝透闪石	方柱石	沸 石	锶方解石	黄铁矿		
	β-褐铈铌矿	铈磷灰石	铁钍石	钠钙闪石	符山石	硅镁钡石	锶文石	方铅矿	卤化物	
	褐钕铌矿	水磷铈矿	铀钍矿	镁亚铁钠闪石	红柱石	黄 玉	毒重石	闪锌矿	萤 石	
	β-褐钕铌矿	水碳铈矿	方钍石	亚铁钠闪石	硅线石	伊丁石	钡方解石	辉钼矿	氟镁石	
	钕褐钇铌矿	方铈矿	锰矿物	钠闪石	董青石		菱钡镁石	磁黄铁矿		
	褐钇铌矿		软锰矿	黑云母	绿帘石		菱碱土矿	白铁矿		
	β-褐钕钛矿(?)		硬锰矿	金云母	绿泥石		锶菱碱土矿	黄铜矿		
	铌钛钕矿(?)		水锰矿	白云母	斜黝帘石			毒 砂		
	包头矿		铁镁菱锰矿	绢云母	滑 石			脆硫锑铅矿		
				微斜长石	蛇纹石					

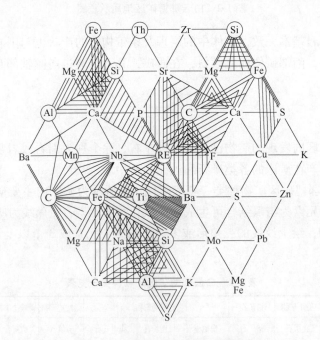

图 1-3 白云鄂博矿床矿物种的元素组合

1.1.4 元素地球化学

白云鄂博矿床是一个铌稀土铁的大型矿床,已分析确定的元素有 71 种。显著富集的元素有铁、铌、铈、镧、钕、镨、钇、钍、氟、钠、碳、钙、镁、钡和磷等,稍高于丰度值或接近于丰度值的元素有钛、钽、锆、铪、钆、镝、铽、钬、铒、铥、镱、镥、硫、砷、锶、锡、锂及铅等，低于丰度值的元素有硅、铝、钼、钾、钒、铬、钨、铀、镭、钴和镍等。其中能形成独立矿物而存在的元素有铁、铌、稀土、钛、锰、锆、钍、铍、锡、铅、锌、铋、钼、金、钡、钙、镁、钠、硅、磷、硫和氟等（如图1-4所示）。

周期	I A															VI A	VII A	0
1	H	II A											III A	IV A	V A			
2	Li	Be												C②		O①	F③	
3	Na①	Mg①	III B	IV B	V B	VI B	VII B		VIII		I B	II B	Al	Si	P③	S①	Cl	Ar
4	K③	Ca	Sc③	Ti③	V	Cr	Mn①	Fe②	Co	Ni	Cu	Zn		As				
5	Rb	Sr	Y②	Zr③	Nb③	Mo					Ag			Sn				
6		Ba①	La②	Hf③	Ta③	W					Au	Hg	Pb	Bi				Rn
7		Ra	Ac															

镧系②	La	Ce	Pr	Nd		Sm	Eu	Gd	Tb	Dy	Ho	Er	Tm	Yb	Lu
锕系		Th		U											

① 大量元素；

② 有工业价值的元素；

③ 可供综合利用的元素，其余为少量元素。

图1-4 矿床中元素成分

该矿区有工业价值的元素有铁、稀土，可供综合利用的元素和矿物有钛、钪、锆、铪、萤石和重晶石等。此外主矿、东矿上盘的富钾板岩中的钾，个别地段富集的磷都有综合利用价值。

1.1.5 矿区资源开发和保护现状

白云鄂博矿是包钢的重要原料基地。矿床分布在东西长18km、南北宽3km，总面积48km²的范围内。现已探明矿体内蕴藏有170多种矿物，其中有铁矿物11种、稀土矿物16种、铌矿物20种、钛矿物6种、钍矿物4种。

矿石自然类型根据矿石主要元素铁、铌、稀土的分布情况，矿物共生结合矿石结构特征及分布的广泛程度划分为萤石型、霓石型、钠闪石型、白云石型、黑云母型铌稀土铁矿石和霓石型、白云石型铌稀土矿石等9种。

矿区铁矿石储量约15.6亿吨，铌氧化物资源量约660万吨，稀土氧化物资源量约1亿吨，另外，还蕴藏有钍、钪、钾、硫、萤石等多种矿物。

白云鄂博矿资源储量大，共（伴）生金属品种多，矿床的深部、边部、外围70km²范围内，均具有找矿潜力和良好的找矿前景。

1.1.5.1 主矿、东矿

白云鄂博主矿、东矿于1957年2月27日成立，到2011年底，共开采铁矿石约3.37亿吨，其中东矿1.52亿吨，主矿1.85亿吨，55年来的采剥总量约为10亿吨。

现在年开采规模为1200万吨，其中东矿500万吨，主矿700万吨，生产剥采比约为2.5t/t。采矿场生产的铁矿石经破碎后，铁路输送至包钢选矿厂选别，铁的回收率为

70%~74%。矿石回采率达98%以上,损失率在2%以下。

自包钢选矿厂投产以来,共处理主矿、东矿原矿石3亿多吨。尾矿产出量约1.7亿吨,尾矿中含有TFe 15%、REO 6.82%、Nb_2O_5 0.14%、ThO_2 0.043%、F 11.03%,除铁之外,其他有用元素均不同程度有所富集,成为宝贵的二次资源。全部尾矿堆置于尾矿库中。

主矿、东矿外围包括主矿南翼(高磁异常区)、东矿南翼(东介勒格勒)、菠萝头、东部接触带(达花儿)等矿段,近几年进行了不同程度的勘探工作。

1.1.5.2 西矿

白云西矿(2~48勘探线)从2003年11月开始设计,年采矿规模为1500万吨/年(原矿),选矿厂设计规模年生产铁精矿300万吨/年,处理原矿石1000万吨/年。西矿南侧建有7座地方选厂,年处理西矿采出的氧化矿石500万吨,铁精矿产能120万吨/年。

现在包头至白云鄂博铁矿西矿的输水管线(年输送能力2000万吨/年)以及白云鄂博至包钢的铁精矿输送系统(年输送能力550万吨/年),采、选、运等重大工程均已建成投产,运行稳定,经济、社会效益良好。

为有效保护尾矿,西矿大选厂采用尾矿干堆技术进行尾矿堆置,地方7座选厂共用一个尾矿坝。

1.1.5.3 稀土开发与保护

当前生产稀土精矿所用的原料是包钢选矿厂生产过程中产生的强磁中矿和强磁尾矿。

在原矿石采矿过程中剥离出的含稀土白云岩和含铌板岩,采取分采、分堆分设专门排土场进行单堆保护。

采自主矿、东矿的原矿石92%送包钢选矿厂处理,8%送达茂稀选厂和白云建安公司稀选厂处理。包钢选矿厂的稀土选矿回收率为12.2%;约75.6%的稀土进入尾矿被排入尾矿库中堆存保护。

目前尾矿库中含稀土氧化物(REO)为7%左右,稀土氧化物(REO)总量达1000多万吨。

1.1.5.4 铌钪资源开发

白云鄂博矿铌、钪资源储量巨大,特点是品位低、嵌布粒度细、矿物种类多。包钢稀土研究院和包钢矿山研究院,在开发铌、钪资源方面取得了进展,"十二五"期间建成了铌铁合金冶炼生产线和铌化合物、金属铌,钪提取及应用研发中心。

1.1.5.5 萤石资源开发

包钢矿山研究院已完成选取β_{CaF_2} 95%萤石精矿的选矿试验,"十二五"期间实现了氟化工产业化。

1.1.5.6 钍的开发

产自主矿、东矿的原矿石中所含的ThO_2尚未开发。在选矿过程中,原矿中80.5%的ThO_2随尾矿进入尾矿库堆存保护;铁精矿中占13.5%,其中13.0%进高炉渣,另0.5%进尘渣中;赋存在稀土精矿中的ThO_2占6%。

由于钍(ThO_2)是一种天然放射性元素,在生产过程中会给环境造成一定影响,有待逐步解决。

1.2　白云鄂博矿的特点

1.2.1　有用成分多

　　白云鄂博矿区矿床是一个铌稀土铁的大型矿床，已分析确定的元素有 71 种。显著富集的元素有铁、铌、铈、镧、钕、镨、钇、钪、钍、氟、钠、碳、钙、镁、钡和磷等。在主、东露天矿采出的氧化矿石中有 43 种元素，呈氧化物存在的这些元素和它们的含量见表 1-2。呈矿物存在的 21 种和 5 种或 6 种类别的矿物名称和含量见表 1-3。

表 1-2　萤石型氧化矿石化学成分　　（％）

化学成分	Fe_2O_3	CaO	F	REO	P_2O_5	BaO	SO_3
含　量	44.1221	19.5867	6.3937	8.4622	2.4842	3.0088	1.2174
化学成分	CO_2	SiO_2	TiO_2	Nb_2O_5	MnO	Al_2O_3	MgO
含　量	1.8508	9.7686	0.6136	0.1584	0.386	0.2573	0.2375
化学成分	H_2O^+	H_2O^-	Na_2O	K_2O	ThO_2	Sc_2O_3	ZrO_2
含　量	0.8413	0.2177	0.2375	0.0891	0.0376	0.0152	0.0053
化学成分	In	U	Rb_2O	Cs_2O	Ge	Ga	Ta_2O_5
含　量	0.0049	0.002	0.0008	0.0004	0.0004	0.0002	0.0002

表 1-3　萤石型氧化矿石矿物组成　　（％）

矿　物		含　量	矿　物		含　量
铁矿物	磁铁矿	10.9	硅酸盐矿物	钠辉石	2.7
	半假象赤铁矿	—		钠闪石	0.3
	假象赤铁矿	29.9		黑云母	0.3
	原生赤铁矿	—		金云母	—
	褐铁矿	1.6		石　英	10.7
	小　计	42.4		小　计	14.0
稀土矿物	氟碳铈矿	5.7	铌钛钍铀矿物	铌铁金红石	0.4
	独居石	2.8		铌铁矿	0.1
	小　计	8.5		易解石	—
钙氟磷硫钡矿物	萤　石	30.6		烧（黄）绿石	—
	重晶石	3.1		小　计	0.5
	磷灰石	0.6			
	白云石	—			
	方解石	0.3			
	小　计	34.6			

　　注：钪负铟载镓锗矿物赋存在上述五组各有关矿物中。

　　表 1-2 表明：

　　（1）矿石元素组成呈氧化物存在占总量 1% 以上的有 9 个，合计量为 96.89%；其中，Fe_2O_3 占 44.12% 或 TFe 占 30.89%，REO 占 8.46%，F 占 11.05%，CaO 占 19.59%。

（2）占总量千分之一以上的有 8 个，合计量为 2.95%；其中，TiO_2 占 0.61%，Nb_2O_5 占 0.16%，MnO 占 0.39%。

（3）占总量万分之一以上的有 3 个，合计量为 1.42%；其中，ThO_2 占 0.0376%，Sc_2O_3 占 0.0152%。

表 1-3 表明：

（1）铁矿物组由 5 种组成，占矿石总量的 42.4%。

（2）稀土钍矿物组由 2 种组成，占矿石总量的 8.5%。

（3）钙氟磷硫钡组由 5 种组成，占矿石总量的 34.6%。

（4）硅酸盐矿物组由 5 种组成，占矿石总量的 14%。

（5）铌钛钍铀矿物组（ThO_2 大部分在稀土矿物中）占 0.5%。

（6）钪、铟、镓、锗稀散金属负载矿物分别寄居于（1）～（5）各矿物组之中。

（7）铁、稀土、萤石三者占矿石总量的 81.5%。余者为 18.5%，其中呈硅铌矿物存在的占余者的 78%。

Fe、Ca、F、RE、Si 等 9 个元素的氧化物占矿石组成重量的 97%，Ti、Nb、Mn 等 8 个元素的氧化物占 2.95%，其中 Nb_2O_5 占 0.16%。矿石组成重量高于万分之一的有 3 个元素氧化物，其中 ThO_2 为 0.0376%，Sc_2O_3 为 0.0152%。

组成矿石 43 种元素中的 Fe_2O_3、CaO、F、REO、SiO_2、TiO_2、Nb_2O_5、MnO、ThO、Sc_2O_3 间的重量比例见表 1-4。

表 1-4 原矿中各氧化物含量 （%）

成 分	Fe_2O_3	CaO	F	REO	SiO_2	TiO_2	Nb_2O_5	MnO	ThO_2	Sc_2O_3
含 量	44.1	19.6	11	8.5	9.8	0.61	0.16	0.39	0.04	0.02

可以看出，铁、钙、氟、稀土和硅的重要性。尤其铁是 REO 的 5.2 倍，是 Nb_2O_5 的 276 倍，分别是 ThO_2 和 Sc_2O_3 的 1100 倍和 2200 倍。这么多的组成元素，它们的量差又是那么大，必然影响到它们相互的分选和分冶过程。这是白云鄂博矿的第一个特殊性。

1.2.2 铁矿石和各种金属氧化物储量大

白云鄂博矿区内已勘探的铁矿石以亿吨计是两位数，远景储量更多；稀土氧化物以百万吨计是三位数，远景更多；铌氧化物在 600 万吨以上；萤石超过亿吨；锰、钛、磷的储量都在百万吨以上；钍多达几十万吨，远景更多；钪也有几万吨……此外还有上亿吨的富钾岩石等。蕴藏的矿产种类特多，储量特大。

1.2.3 组成矿石的矿物多且晶体颗粒粗、细、极细兼有

白云鄂博矿区内发现有 170 余种矿物，在露天采场采出的矿石常由 20 多种矿物组成，表 1-3 所记的萤石型氧化矿石由 21 种矿物组成。按组分元素分可分为 6 组矿物：铁矿物组、稀土钍矿物组、钙氟磷硫钡矿物组、硅酸盐矿物组、铌钛钍铀矿物组和钪铟镓锗稀散元素负载矿物组。和矿石多元素组成相对应，铁矿物组、稀土矿物组、萤石和硅酸盐矿物组占矿石组成的 95.5%，铌矿物组仅占 5‰。前 4 组矿物量对铌矿物组的比例分别为 85：17：61：28：1。可见在分选各有用矿物时，必须了解和掌握各矿物间量的关系，铁矿物的

重要也要特别加以注意。

组成原矿石 20 种矿物的结晶粒度和 5 种铁矿物集合体及各单体结晶粒度分布特性列于表 1-5 和表 1-6。

表 1-5 20 种矿物的粒度 （%）

粒度分布/μm	>1000	1000~150	150~77	77~40	40~20	20~10	10~0
铁矿物	59.86		16.50	12.10	6.27	4.06	1.21
氟碳铈矿		4.52	16.67	29.98	30.25	15.90	2.68
独居石		13.85	18.04	21.31	20.79	18.65	7.36
萤石		40.15	24.25	20.38	9.53	4.70	0.99
重晶石		21.98	29.18	27.44	16.44	3.87	1.09
磷灰石		47.85	16.71	11.77	10.52	7.89	5.26
碳酸盐矿物				18.33	43.33	33.33	5.01
钠辉石		32.45	19.41	19.73	24.23	3.65	0.53
钠闪石				41.13	43.97	11.35	3.55
云母①		44.23	21.75	21.84	4.86	7.32	
石英①	2.85	22.44	22.84	28.37	11.89	8.61	
长石①	7.05	51.56	25.14	7.35	7.26	1.64	
铌（钛）铁金红石		1.75	14.67	25.91	21.20	14.44	22.03
铌铁石			4.26	8.77	14.96	30.35	41.66
易解石	6.25	6.56	75.74	8.31	2.33	0.81	
烧（黄）绿石		4.89	20.36	30.26	23.78	12.29	8.42
金红石		2.49	7.36	18.35	29.16	22.17	20.47
钡铁钛石			20.33	43.49	24.98	9.32	1.88
锆石①		23.30	20.50	19.20	19.20	17.80	
铁钍石①	93.70				6.30		

① 粒级为 150~75μm 和 75~40μm。

表 1-6 5 种铁矿物的粒度 （%）

粒度分布/μm	网目	磁铁矿	半假象赤铁矿	假象赤铁矿	原生赤铁矿	褐铁矿	铁矿物集合体		非铁矿物集合体	
830~590	20~28		7.23	4.19		17.02	9.47		3.42	
590~420	28~35						2.34		6.25	
420~300	35~48		17.45	3.03			3.4		7.19	
300~200	48~65	2.09	11.05	4.88			5.45		11.17	
200~150	65~100	7.97	9.25	8.59	2.27	12.31	9.29		11.01	
830~150	20~100	1.06	44.98	20.69	2.27	29.33	29.95	47.34	39.04	56.95
150~100	100~150	11.57	8.38	11.21	1.36	7.75	7.08		8.24	
100~74	150~200	20.82	9.07	11.2	2.98	6.64	10.31		9.67	

粒度分布 /μm	网　目	磁铁矿	半假象 赤铁矿	假象 赤铁矿	原生 赤铁矿	褐铁矿	铁矿物 集合体	非铁矿物 集合体
74 ~ 43	200 ~ 325	19. 53	14. 19	14. 47	11. 49	6. 1	12. 33	12. 18
43 ~ 20	325 ~ 800	18. 64	12. 38	18. 13	16. 59	11. 45	14. 5	11. 62
20 ~ 15	800 ~ 1000	7. 67	6. 58	10. 4	21. 33	8. 96	9. 24	10. 6
15 ~ 10	1000 ~ 1250	7. 31	3. 33	7. 94	21. 36	12. 33	8. 43	5. 38
<10	>1250	4. 4	1. 09	5. 96	22. 62	17. 44	8. 16	3. 27

表 1-5 和表 1-6 的数据说明：组成白云鄂博主东矿矿石的 20 多种矿物，它们各自的结晶颗粒大小不同，粗颗粒直径大于 1000μm，小的在 10μm 以下，相差超过上百倍甚至更多。同组矿物的集合体粒度也大小差别较大。

颗粒最粗的矿物是铁钍石，结晶粒度大于 1000μm 的占 93.7%，其次是铁矿物的结晶粒度较大，在该组 5 种矿物中间，褐铁矿和假象赤铁矿较细，特别是原生赤铁矿小于 10μm 粒级的占 65.29%。因铁矿物组矿物量最多，在分选各种目的矿物时具有重要影响力，因此对铁矿物的特性应着重加以注意。需指出的是，铁矿物集合体的粒度组成更值得注意，表 1-6 数据表明，大于 77(74)μm 粒级的铁矿物集合体占 47.34%，非铁矿物集合体占 56.95%，大于 40μm 各粒级的铁矿物集合体占近 60%，而非铁矿物集合体占近 70%，这就说明在分选铁精矿过程中，有可能在粗磨时丢掉部分尾矿或分出较好质量的铁粗精矿，可减少磨矿矿石数量和降低能耗。

颗粒最细的矿物有铌铁矿、碳酸盐矿物，其次是金红石和铌铁金红石，再次是独居石和氟碳铈矿，它们的小于 20μm 的占有量由 0.72% ~ 0.81%。萤石的特点是大于 77μm 的占 64.4%，大于 40μm 的占 84.78%，小于 40μm 的占近 15%。其中小于 20μm 的仅占 5.69%。氟碳铈矿和独居石的粒级分布特点是它们二者大于 40μm 的分别占有 51.2% 和 53.2%，大于 20μm 的分别占 81.42% 和 73.99%，小于 20μm 的分别占 18.58% 和 26.01%。硅酸盐矿物组的 5 种矿物中仅有钠闪石比较细，小于 20μm 的占 14.90%，其余 4 种，即钠辉石、云母、石英和长石的结晶粒度相对较粗些，它们的小于 20μm 粒级的比例均小于 9%。

当然，在原矿石分选各有关矿物时，先需破磨矿使目的矿物得到很好的单体分离，在破磨和分选工艺过程中各组成矿物会不断发生粒度大小和数量上的种种变化，这就需要不断地观察，调控它们新的变化。例如在磨矿过程中，有的矿物，如稀土矿物、铌矿物和褐铁矿等较为易磨，会产生一些新的 -20μm 和 -10μm 新生细和极细矿物，被称为新生矿泥，这些新生矿泥会对各种选矿方法和不同作业产生重要影响，因此选择合理破磨工艺、尽量减少新生矿泥的产生乃是非常重要的事情，同时还要尽可能地发挥各种矿物集合体在选矿过程中的积极作用。

1.2.4　各矿物间相嵌关系极其复杂

为了更好地进行白云鄂博矿的综合利用选矿工艺研究工作，仅仅了解掌握上述三大特殊性还是远不够的，还必须熟悉掌握各组成矿物之间的相互嵌布关系和特点。

入选矿石（物料）矿物组成、物理、化学性质、结晶特点及其相互共生、相互嵌布情况的鉴定与检测成果是研究制定磨矿工艺和分选目的矿物工艺流程的最重要的原始资料，是对改进与创新选矿工艺流程有指导性的重要基础工作。半个世纪以来，这项重要工作已发展成为一门专业学科——选矿工艺矿物学，其发展分四个阶段。

1.2.4.1 第一发展阶段

第一个选矿工艺矿物学的里程碑应属于中科院金属研究所 1953 年提出的 A_{11} 矿样稀土、铁和萤石单体解离情况测定报告。主要成果见表 1-7。

表 1-7 A_{11} 矿样稀土、铁和萤石单体解离情况测定 （%）

原矿石粒级分布/μm		60	-20	-10	-10	-5	-3	-4	-8	总计
原矿石粒级产率		7.7	10	32.51	15.26	7.71	3.7	6.75	16.37	100
铁矿物	铁矿物单体解离度	84.3	86.8	96.8	96.5	99.2	99.5	99.5	—	95.77
	铁矿物单体解离量	6.5	8.7	31.5	14.7	7.6	3.7	6.7	16.4	95.77
	铁与稀土连生量	0.1	0.1	0.2	0.1	0.01	—	—	—	0.6
	铁与萤石连生量	0.5	0.5	0.4	0.3	0.1	0.02	0.03	—	1.85
	铁与萤石稀土连生量					0.1				0.54
	铁与其他矿物连生量	0.5	0.5	0.2	0.1					1.24
萤石	萤石单体解离度	46.7	61.1	77	79.2	93.1	97.2	98.9	—	80.7
	萤石单体解离量	3.6	6.1	25	12.1	7.2	3.6	6.7	16.4	80.7
	萤石与稀土连生量	1.7	1.6	2.6	1.6	0.2	0.04	0.02		7.4
	萤石与铁矿物连生量	1.9	1.7	3.8	1.4	0.3	0.06	0.06	—	9.2
	萤石与铁稀土连生量	0.5	0.6	1.1	0.5					2.7
稀土矿物	稀土矿物单体解离度	2.3	16.6	83.8	85.8	96.8	98.8	99.4		76.5
	稀土矿物单体解离量	0.2	1.6	27.3	13.1	7.5	3.7	6.7	16.4	76.5
	稀土与萤石连生量	4	4.5	1.9	1.5	0.2	0.1	0	0.1	12.3
	稀土与铁矿物连生量	1.4	1.1	1.9	0.4	0				4.8
	稀土与萤石铁连生量	4	4.5	1.9	1.5	—	—	—		4.1
	稀土与其他矿物连生量	0.8	1.1	0.4	—	—	—	—		2.3

在原矿被破碎至 82.3% -74μm 时（相当各研究单位试验中的(99%~97%) -74μm 或 30% -20μm 的细度），铁矿物单体解离量为 95.77%；萤石单体解离量为 80.7%；稀土单体解离量达 76.5%。

大于 40μm 粒级的矿石，铁矿物已有 84.3%~86.8% 达到单体解离，解离量已有 15.2%；萤石已有 46.7%~61.1% 单体解离，解离量已有 9.7%；但稀土矿物却只有 2.3%~16.6% 的单体解离度，解离量也只有 1.8%。

值得注意的是，40~20μm 粒级时稀土矿物单体解离度跳跃式地由 16.6% 猛增到 83.8%~85.8%，解离量净增加 40.4%；铁矿物的单体解离度也增加到 96.8%~96.5%，解离量净增加 46.2%；相比之下萤石提高的幅度不如前两者。

-20μm 粒级对铁矿物、萤石、稀土矿物和其他各矿物的单体解离度均已高达 93.1%～99.5%。在这个粒级中仍然可以看到萤石嵌布的特点是，一方面，和铁嵌布粒度延深得很细，直到 -12μm +8μm 粒级中仍含有 0.03% 萤石和铁矿物连生；另一方面，萤石和稀土矿物连生得也十分密切，直到 15～12μm 粒级还有 0.1% 的萤石仍与稀土矿物连生。

铁矿物在 82.3% -40μm 条件下，单体解离量为 95.77%，在其 4.23% 的连生体中，73% 的连生体为与萤石和其他矿物组成的连生体，而且几乎都集中在 +30μm 粒级，与稀土组成的连生体居次要位置。

稀土矿物在相同条件下，单体量为 76.5%，在其 23.5% 的整个连生体中，萤石占 50% 以上，其次是铁矿物，其他矿物是次要的。

对萤石而言，和铁矿物连生居多数，稀土矿物次之，主要分布在 20μm 粒级以上较粗粒级之中，在 -20μm 粒级的细粒粒级中含铁和含稀土矿物的量虽然不多，但分布在最细粒级的仍有少量，乃是选矿产品分离杂质时应该给予注意的。

这项成果对白云鄂博矿石而言，具有经典性和永久参考价值，值得不断学习、理解运用和发展。

北京矿冶研究总院所做的拓展工作成果见表 1-8 与表 1-9，有两项拓展，一是对原矿石样由 52% -39μm 至 95% -39μm 5 个细度档次的各主要矿物单体解离度做了测定；二是增加霓闪石和云母一项的测定，具有新的重要意义。

表 1-8 混合型中贫氧化矿样不同磨细度下主要矿物单体解离度测定结果 （%）

磨细度	-74μm	75	85	95	95% -53μm	95% -43μm
	-39μm	52	60	76	89	95
铁矿物	单 体	56.3	66.3	73.5	78.9	87.2
	连 生	30.5	23.1	17.4	14.2	8.7
	小 计	86.8	89.4	90.9	93.1	95.9
与铁矿物连生	萤 石	4.8	3.2	3.1	3	1.4
	稀土矿物和磷灰石	1.9	1.6	1.3	1	0.9
	霓闪石和云母	3.3	2.6	1.5	0.9	0.9
	其他矿物	3.2	3.2	3.2	2	0.9
	总 计	100	100	100	100	100
稀土矿物	单 体	46.9	60.3	67.1	78.7	85
	连 生	29.3	22.4	19	11.6	8.5
	小 计	76.2	82.7	86.1	90.3	93.5
与稀土矿物连生	萤 石	8.4	6.3	5.4	4	2.8
	铁矿物	11.5	8.7	6.7	5	3.5
	霓闪石和云母	1.1	0.5	0.4	0.1	0.03
	其他矿物	2.8	1.8	1.4	0.6	0.2
	总 计	100	100	100	100	100

	单 体	30.1	37.9	46.8	56.1	66.2
	连 生	37.2	34.5	29.4	25.5	20.8
	小 计	67.3	72.4	76.2	81.6	87
萤石	铁矿物	20.7	17.3	15.9	13.1	8.7
与萤石连生的	稀土矿物和磷灰石	10.2	9.6	6.7	4.9	3.9
	霓闪石和云母	0.4	0.3	0.3	0.1	0.1
	其他矿物	1.4	0.4	0.9	0.3	0.3
	总 计	100	100	100	100	100

表 1-9　混合型中贫氧化矿样不同磨细度下主要矿物单体和连生体测定结果　　　（%）

磨细度	$-74\mu m$	75	85	95	$95\% -53\mu m$	$95\% -43\mu m$
	$-39\mu m$	52	60	76	89	95
铁矿物	单 体	62.7	72.4	80.2	84.3	90.8
	$>3/4$	19.5	13.6	6.9	7	3.8
	$3/4\sim1/2$	9.9	7.4	7.7	5.3	3.3
	$1/2\sim1/4$	5.8	4.8	4.7	2.9	1.8
	$<1/4$	2.1	1.8	0.5	0.5	0.3
	总 计	100	100	100	100	100
稀土矿物	单 体	63.4	70	76	84.9	90.1
	$>3/4$	9.8	9.7	6.7	4.3	2.2
	$3/4\sim1/2$	13.1	9.8	10.6	5.4	4.1
	$1/2\sim1/4$	8.7	8.4	5.4	4.1	3
	$<1/4$	5	3.1	1.3	1.3	0.6
	总 计	100	100	100	100	100
萤 石	单 体	39.2	48	57.8	66.6	74.8
	$>3/4$	26.2	24.1	19.4	17.4	15.2
	$3/4\sim1/2$	27	22.9	19	14.3	9.3
	$1/2\sim1/4$	7.1	4.8	3.3	1.5	0.7
	$<1/4$	0.5	0.2	0.5	0.2	0
	总 计	100	100	100	100	100

1.2.4.2 第二发展阶段

第二个选矿工艺矿物学里程碑应属于长沙矿冶研究院结合 M-M-F 流程工业试验做的工艺矿物学报告，该项研究成果（见表 1-10～表 1-12）和现场分流选矿工业试验同时完成。前者为后者提供科学依据，后者推动前者更好地向广度和深度发展，使二者双双提高，从而使整个 M-M-F 工艺流程获了成功。

对不同磨矿细度、铁矿物单体解离和连生量的测定见表 1-11。

对不同磨矿细度、铁连生体状况测定见表 1-12。

表 1-10 选铁工业分流试验中原矿石样和选矿产品单体解离度及连生体测定结果 （%）

产品	铁矿物单体解离度	铁矿物的连生体					与萤石连生的铁矿物	与钠辉闪石连生的铁矿物	与稀土及其他矿物连生的铁矿物	合计
		>3/4	3/4~1/2	1/2~1/4	<1/4	合计				
原矿石样	80.1	11.2	4.7	2.7	1.3	19.9	7.2	8.9	3.8	19.9
弱磁选铁精矿	94.2	3.6	1.2	0.7	0.3	5.8	1.2	3.8	0.8	5.8
强磁选铁精矿	78.5	12.4	4.9	2.9	1.3	21.5	5.5	13.4	2.6	21.5
强磁选中矿	57.7	16.2	11.5	8.5	6.1	42.3	12.9	23.4	6.0	42.3
浮选铁精矿	89.4	6.8	2.2	1.2	0.4	10.6	1.6	7.8	1.2	10.6
强磁尾矿	27.4	26.8	21.9	13.7	10.2	72.6				
浮选泡沫	38.3	29.5	15.9	12.1	4.2	61.7				

表 1-11 对不同磨矿细度、铁矿物单体解离和连生量的测定结果 （%）

磨矿细度		铁矿物单体解离量	与萤石连生量	与稀土矿物磷灰石等连生量	与钠辉闪石、云母连生量	与其他矿物连生量
74μm	40μm					
90	70	80.1	8.2	1.4	6.8	3.5
95	76	84.8	6.9	0.9	5.6	1.8
100	80	86.7	6.2	0.7	5.0	1.4
100	88	89.7	4.6	0.8	3.6	1.3

表 1-12 不同磨矿细度、铁连生体状况测定结果 （%）

磨矿细度 74μm	铁矿物单体解量	铁矿物连生体量			
		>3/4	3/4~1/2	1/2~1/4	<1/4
84.96	74.4	14.0	7.2	2.9	4.5
91.98	80.1	11.2	4.7	2.7	1.3
94.03	85.2	7.9	3.4	2.3	1.2

对磨矿分级过程产生和选矿工艺过程分选出的粗粒贫铁连生体的研究、阐述和用反浮选法把它们分选出去，应被认为是一项重要技术发现、发展和贡献。它也是 M-M-F 成功的重要因素之一。

对各选矿产品中的包裹体的分析乃是这一阶段工艺矿物学发展的重要标志。

在相对粗磨（磨细到 90% – 74μm 或 70% – 40μm）的条件下，先用强磁工艺选出 –10μm 以下矿泥和呈包裹体存在于非铁矿物中的铁，再用反浮选技术把相对较粗粒度的贫铁连生体和呈包裹体存在于非铁矿物中的稀土等易浮矿物浮选成泡沫产品分离出去，从而为从中分别选出基本单体解离的 74% – 10μm 粒级中的铁成为优质铁精矿和大部分单体解离的稀土矿物成为稀土精矿。

M-M-F 流程的成功，标志着白云鄂博矿物工艺学研究已进入了一个新的历史发展阶段，故称之为选矿工艺矿物学发展的第二个里程碑。

M-M-F 选矿流程各产品的情况如下：

（1）弱磁选铁精矿。以磁铁矿和半假象赤铁矿为主，含量为 95.2%，粒度粗者至

150μm，小于20μm的磁铁矿磁聚现象较强。浮选前需退磁。非铁矿物很少呈单体，而与铁矿物呈两种连生，以萤石为例，萤石包裹铁矿物（多为磁铁矿或半假象赤铁矿）的铁贫连生体占65%，呈镶嵌连生的占30%，单体萤石占5%。

（2）强磁选铁精矿。主要为假象赤铁矿，其次为原生赤铁矿，粒度为10～150μm的含量占61.6%，−10μm的铁矿物相对较少，10～15μm铁矿物占5%，且多为单体。稀土矿物含量为4.8%，大部分作为包裹体嵌布在铁矿物和非铁矿物中，萤石含量为8.1%，解离度为25%，与之连生的多为铁矿物且多以包裹体嵌布出现。包裹铁占55%，镶嵌铁占20%，单体为25%，其他有钠辉石、钠闪石、白云石、方解石，粒度为20～250μm，而且在同一粒级中比铁矿物略粗，解离50%左右。其余和铁连生，连生类型与萤石基本相同，也以包裹体连生为主。

（3）强磁中矿。铁包括假象赤铁矿、原生赤铁矿和少量褐铁矿，含量为23.4%，粗粒达300μm，一般为5～200μm。稀土矿物22.4%，通常为20～70μm。萤石解离度为30%～40%。其他矿物为50%，与之连生的除铁之外还有少量稀土，多呈包裹体出现。其他矿物粒度变化大，粗达400μm，多为5～200μm，其中钠辉石比钠闪石略粗，水析产品的粗粒部分钠辉石较多。

（4）浮选铁精矿。以磁铁矿、半假象赤铁矿为主，其次为假象赤铁矿和原生赤铁矿，含量为85.6%，粒度为10～100μm，小于10μm者呈磁团存在，但不如弱磁选铁精矿明显。稀土含量少，多与铁矿物连生，部分呈包裹体嵌布在萤石内部。非铁矿物以钠辉石、钠闪石为主，且辉石量大于闪石量。在铁与非铁矿物连生体中，钠辉石、钠闪石与铁的连生体占73%，全部非铁矿物的解离度为58.7%，富连生体（铁矿物体积含量小于1/2）占35.8%，贫连生体为5.5%。

（5）强磁选尾矿。赤铁矿和褐铁矿含量为8.4%，呈三种状态：一呈单体，占铁矿物总量的25%，粒度较粗为10～60μm；二呈极小粉尘状，其量为50%，粒度为2～6μm，呈单体存在；三呈与非铁矿物连生，以包裹体为主。非铁矿物中萤石含量最高，解离度为57.3%，说明呈单体的萤石绝大部分可排入尾矿，其他多为非磁性矿物，钠辉石、钠闪石有一定数量，但量很少。

（6）浮选泡沫。铁矿物中磁铁矿占25%，单体铁矿物多小于40μm；呈连生的铁矿物部分以包裹体形式嵌布在萤石、白云石、方解石中。稀土矿物含量14.5%，呈两种形式，一是与铁、萤石及其他连生，约占稀土总量的50%，与铁矿物连生多呈镶嵌形式，而与萤石连生多呈微细包裹体；二是呈单体，粒度为10～30μm。非铁矿物以萤石为主，说明浮选对排出萤石与铁矿物连生体效果较好。其他矿物为白云石、方解石、钠辉石、钠闪石，含量很少。

1.2.4.3 第三发展阶段

矿样的矿物组成经光谱半定量粗略分析、X射线衍射检验、显微镜鉴定、电子探针和化学分析研究，测定出含有以下矿物：赤铁矿/假象赤铁矿、萤石、磁铁矿、钠辉石、石英、氟碳铈镧矿、重晶石、方解石、金云母、氟磷灰石、黄铁矿、独居石、蒙脱石、黄绿石、钠闪石、针铁矿、磷灰石、磁黄铁矿、黄铜矿、铜蓝、钛铁金红石、易解石、铌铁矿等。各单一矿物粒度见表1-13。

表 1-13　各矿物的结晶粒度　　　　　　　（μm）

有用矿物	粒度分布	大多数矿物粒度分布
赤铁矿/假象赤铁矿	1～420	100
磁铁矿	1～200	80
萤　石	<500	70
重晶石	<300	70
钠辉石	<1000	—
石　英	<250	—
钠闪石	10～220	—
方解石	<350	—
金云母	5～380	—
独居石	<60	40
氟碳铈镧矿	<50，个别达100	—
黄绿石	1～70	7
磷灰石	<60	—
黄铁矿	<230	—
磁黄铁矿	最大达60	—
黄铜矿	<50	—
针铁矿	<50	—
铜　蓝	1～70	—

　　研究表明，矿石中的铁矿物非常紧密地与萤石、重晶石和钠辉石共生。萤石、重晶石和钠辉石呈集合体产出，而其集合体本身又嵌布着细粒和极细粒的铁矿物。铁矿物含有细粒和极细粒的萤石、重晶石和钠辉石包裹体，较粗粒的包裹体局部（约120μm）还含有极细粒的赤铁矿/假象赤铁矿和磁铁矿的包裹体，或只含有极细颗粒的磁铁矿。个别情况下部分磁铁矿成自形晶，但其中极大部分已变成假象赤铁矿，而有一部分假象赤铁矿还含有磁铁矿的残留物。

　　赤铁矿/假象赤铁矿还含有萤石和钠辉石的细粒包裹体（1～50μm），萤石带又见有赤铁矿、重晶石和钠辉石的包裹体。

　　针铁矿是黄铁矿的风化产品，粒度很细，多数情况下与磁铁矿共生。

　　黄铁矿与方解石和钠辉石共生，较粗的颗粒大多是这两种矿物的包裹体，还有磁铁矿、赤铁矿/假象赤铁矿的包裹体（粒度为20～150μm）。

　　在铁矿物、重晶石和萤石相互形成的集合体中还赋存有钠闪石、钠辉石和金云母的包裹体，而赤铁矿/假象赤铁矿、磁铁矿、石英、钠辉石和独居石则以包裹体的形式赋存于萤石和重晶石的集合体中。较粗的萤石又含有赤铁矿、重晶石和钠闪石的包裹体等。

　　作为集合体的钠辉石，部分与方解石和重晶石共生，部分与钠闪石和赤铁矿共生。石英与所有的矿物都成集合体。

　　氟碳铈镧矿常与钠辉石和萤石共生，少量的仍与重晶石和脉石矿物共生。萤石中的氟碳铈镧矿呈细粒包裹体产出，而较粗粒的氟碳铈镧矿中会含有赤铁矿/假象赤铁矿的细粒包裹体，最大粒度为 $20\mu m$。

独居石与重晶石、萤石、钠辉石及石英共生，赋存于重晶石中的独居石呈紧密浸染，萤石中的黄绿石已与赤铁矿和重晶石形成了集合体，磁黄铁矿与黄铁矿大多呈细粒包裹体，只有微量的磁黄铁矿与脉石共生。

绝大部分黄铜矿和黄铁矿呈包裹体存在，个别的与磁铁矿和赤铁矿/假象赤铁矿共生。

铜蓝是黄铜矿的置换矿物，共生状态与黄铜矿相同，部分黄铜矿从颗粒边缘开始就转变成铜蓝。

磁铁矿和赤铁矿精矿中的杂质 P 与 F 不嵌布在晶格内，而以共生状态出现，粒度很细。

氟碳铈镧矿与独居石的比为 60:40，它们既与磁铁矿、赤铁矿、萤石和重晶石共生，也与脉石矿物共生。较粗粒的稀土矿物含有磷灰石、铁矿物和脉石的细粒包裹体。

已鉴定出的所有矿物，均不同程度的紧密共生。因此，在富集某种矿物时，其他矿物会或多或少地作为伴生成分同时出现。选矿之前必须磨细到 $40\mu m$ 以下，但仍然有可能在粗磨时回收部分磁铁矿。同时由于诸矿物嵌布粒度极细，为取得理想指标，精矿本身单体解离度仍然不够，尚须磨细到 $30\mu m$ 以下，有条件还可更细些。

1.2.4.4 第四发展阶段

A 白云鄂博东矿原生磁铁矿石化学元素存在状态

包钢矿山研究院选矿工艺矿物学研究成果见表 1-14，该成果给出白云鄂博矿东矿原生磁铁矿石 22 种化学元素的存在状态。

要找到白云鄂博矿石组成矿物中的纯矿物的化学元素组成是很难的，即使通过选矿方法把它们提纯到很高的程度时，仍然还含有其他各种元素成分，有的对该矿物的进一步加工有益，有的则无益，如把它们从中分选出来就都变成有用了，其中有部分现在就有用，有的以后才有用。

例如：磁铁矿和赤铁矿，二者的纯度已经达到 $\beta_{Fe} = 70.02\%$ 和 $\beta_{Fe} = 67.80\%$ 了。可其中还含有 Nb_2O_5，Sc_2O_3……其量还占有矿石的重要比例，两种铁矿物中 Nb_2O_5 占矿石的 14.02%，ThO_2 占 10%，Sc_2O_3 占 20.49%。二者在磁铁矿中的含量较高。

另有 82.23% 的 Nb_2O_5 赋存在矿物含量只有 0.26% 的 4 种铌矿物之中；有 74.85% 的 ThO_2 赋存在两种稀土矿物里；Sc_2O_3 赋存比较分散，在 3 种铁硅酸矿物中占总量的 42.79%，在铁矿物中占 20.49%，在稀土矿物中占 11.93%，余者分别存在于萤石、铁白云石、磷灰石及铌矿物中。

ThO_2 的存在形式，经查定为：在易解石中呈类质同象，在磁铁矿中有约 $10\mu m$ 微细包裹体存在，确认是两种稀土矿物，钠闪石中 ThO_2 系呈 $20\mu m$ 独居石包裹体存在；萤石中有 $15\mu m$ 主要含 Th、Si 属钍石类矿物包裹体；在黑云母中含有 La、Ce、Nd 及微量 Th、Bi、Ca 元素。稀土矿物含有多量的 ThO_2，铁硅酸盐矿物在含 Fe 较高的同时更含有大量的 Sc_2O_3 和少量 REO、F、Nb、Th 等。

从表 1-14 可以看出，纵向是原矿石，由 20 多种矿物组成，横向是每种矿物都含有两种以上多则含有 20 余种化学元素，加上各矿物的晶体粒度和含量大小变化之大（如前几节所述），足以说明白云鄂博矿产资源是特殊矿床、特殊矿物、特殊元素组合了。

表 1-14 各化学元素存在状态

矿物	γ/%	β/%								ε/%							
		TFe	Nb_2O_5	Sc_2O_3	REO	ThO_2	F	P	S	TFe	Nb_2O_5	Sc_2O_3	REO	ThO_2	F	P	S
磁铁矿	42.93	70.02	0.03	45	0.28	0.0072	0.11	0.04	0.02	79.74	12.15	15.40	3.98	9.39	0.85	4.34	0.72
赤铁矿	5.81	67.80	0.03	110	0.26	0.0033	0.08	0.12		10.45	1.87	5.09	0.66	0.61	0.17	2.17	
黄铁矿	2.25	45.82							52.58	2.73							84.89
氟碳铈矿	2.00	0.07		480	72.60	0.1800	8.05					7.65	48.02	10.91	2.75		
独居石	1.79			300	67.76	1.1800		10.90				4.28	40.07	63.94		41.31	
磷灰石	1.33			318				17.78				3.29				52.18	
重晶石	1.11				0.13	0.0003			13.70								10.79
铁白云石	12.80	4.01		53.2		0.0010				1.35		5.43		0.30			
锰矿物	3.09																
铌铁矿	0.06		69.49	375		2.6000					39.25	0.18		3.94			
易解石	0.05		27.92	235		0.0550					13.08	0.10					
铌铁金红石	0.12		11.42	1540							13.08	1.48		0.30			
烧绿石	0.03		60.87			0.3000					16.82			0.30			
钠闪石	11.57	14.01	0.012	375	0.41	0.0100	1.85			4.40	0.99	34.60	1.66	3.64	3.61		
钠辉石	0.74	22.40	0.003	489.11		0.0010	0.10			0.45		2.89					
云母	1.90	17.47	0.090	350	1.81	0.0200	3.50			0.88	1.87	5.30	0.99	1.21	1.20		
石英长石	1.02		0.038		0.23	0.0012											
萤石	11.08		0.010	75	1.26	0.0100	47.98				0.94	6.63	4.63	3.34	91.41		
其他	0.32																
总计	100.00									100.00	100.00	92.32	100.00	97.88	100.00	100.00	97.12
原矿		35.60	0.1005	125.42	2.65	0.0330	5.65	0.45	1.39	35.60	0.1005	125.42	2.65	0.033	5.65	0.45	1.39

注:据《白云鄂博矿矿冶工艺学(上)》1995年第一版第147～150页的表128～表135,并将其中 ε 超过100%的按超过100%的重新按100%计算后编制的。

B 主矿含铌高稀土磁铁矿与含铌高稀土氧化矿工艺矿物学研究成果

刘凤国高工对主矿两种含铌高稀土铁矿石做了原矿物质组成，铁、铌、稀土矿物的嵌布特性研究，成果如下。

两种含铌高稀土氧化铁矿石矿物定量分析结果见表 1-15。

表 1-15 两种矿石矿物定量分析 （%）

矿物矿石	磁铁矿石	氧化铁矿石	矿物矿石	磁铁矿石	氧化铁矿石
磁铁矿	29	3.2	萤石	18.1	22.7
赤铁矿	1.1	25	磷灰石	2	2.7
黄铁矿	2.4	0.5	重晶石	0.75	2.2
磁黄铁矿			钠辉石	6	12
铁矿物小计	32.5	28.7	钠闪石		
氟碳铈矿	5.15	6.2	黑云母		
独居石	6.2	10.2			
稀土矿物小计	11.35	16.4	长石石英	2.4	6.8
铌矿物小计	0.18	0.35	其他矿物	0.72	0.84
白云石	26	7.3			
方解石					

二者含有稀土、铌、硅酸盐矿物多，铁矿物和钙氟钡磷矿物相对较少。

a 铁矿物嵌布特征

矿石中多见磁铁矿与赤铁矿紧密连接形成平直接触面，赤铁矿普遍沿磁铁矿集合处边缘进行交代，形成不规则镶边状结构，也有赤铁矿沿磁铁矿的解理或裂隙交代形成晶架状结构。交代结果形成了假象、半假象赤铁矿。磁赤二矿物均有被褐铁矿细脉穿插和交代现象。尚可见到铁矿物和黄铁矿、铌铁矿、铌铁金红石等连生现象。

铁矿物与萤石、稀土矿物多呈条带状，另有铁矿物呈单体或集合体浸染于萤石矿物中。铁矿物与碳酸盐矿物、钠辉石、钠闪石、重晶石、石英等的嵌布较复杂，铁矿物单体或集合体呈均匀或极不均匀颗粒浸染于上述矿物中，浸染在石英中的铁矿物颗粒粒度最大大于 $2000\mu m$，最小约 $1\mu m$。

b 稀土矿物嵌布特征

稀土矿物与萤石嵌布最密切，主要呈条带状集合体与萤石矿物条带、铁矿物条带相间排列，也有稀土矿物呈星散状或不规则粒状集合体充填在其他脉石矿物颗粒间或孔洞中，还有些稀土矿物呈微细粒包裹体嵌布在萤石、白云石、钠闪石、钠辉石和铁矿物内部。以条带状集合体产出的稀土矿物占绝大多数，尽管稀土矿物晶体粒度细小，但集合体较粗是其显著特点。

c 铌矿物嵌布特征

铌铁矿：以细小的板状、粒状和不规则状产出集合体，常呈星散状，沿铁矿物、稀土矿物和萤石组成条带断续分布或嵌布在这些矿物颗粒之间，部分呈包裹体出现在赤铁矿内部或呈细脉沿裂隙交代，粒度一般为 $2\sim100\mu m$。

铌铁金红石：多数呈不规则粒状集合体，沿铁矿物、稀土矿物或脉石矿物颗粒间及边缘分布，部分呈细小颗粒针状包裹体出现，还常见铌铁金红石与赤铁矿组成网脉状连晶，粒度为 5~40μm。

烧（黄）绿石：呈等轴粒状分布在白云石矿物颗粒间，与铁矿物紧密连生，粒度为 10~60μm。

易解石：单体呈粒状、针状，集合体呈放射状，零星分布于铁矿物、萤石和碳酸盐等矿物颗粒间，粒度较粗，一般大于 100μm。

C 白云鄂博氧化矿石强磁中矿稀土浮选尾矿的铌矿物工艺学研究成果

稀土浮选尾矿中除含 TFe、TiO_2、REO 和 ThO_2 与原矿石比较有所降低外，其余各元素都得到相应提高，含 Nb_2O_5 由 0.14% 提高到 0.21%，见表 1-16 和表 1-17。

稀选尾矿中铌矿物解离程度差，综合铌矿物解离度为 51.19%，见表 1-18 和表 1-19。

表 1-16 稀土浮选尾矿中铌（Nb_2O_5）的平衡计算结果

矿物名称	$\gamma/\%$	$\beta_{Nb_2O_5}$	$\varepsilon_{Nb_2O_5}$	β
赤褐铁矿	19.28	0.03	2.86	0.0058
磁铁矿	3.71	0.03	0.54	0.0011
黄铁矿	1.15			
氟碳铈矿	4.18			
独居石	2.64			
萤石	19.85	0.01	0.98	0.0020
碳酸盐矿物	13.02			
磷灰石	5.22			
重晶石	4.96			
锰矿物	1.02			
铌铁矿	0.16	71.38	56.31	0.1142
易解石	0.05	30.05	7.40	0.0150
烧（黄）绿石	0.02	62.09	6.11	0.0124
铌铁金红石	0.47	10.31	23.92	0.0485
钠辉石	13.00	0.003	0.20	0.0004
钠闪石	7.20	0.012	0.44	0.0009
黑金云母	2.14	0.090	0.94	0.0019
石英	1.62	0.038	0.30	0.0006
其他矿物	0.32			
总计	100.00	0.14	100.00	0.2028
稀选尾矿		0.21		
平衡系数	$a = 1 - (0.21 - 0.2028)/0.21 = 0.9657$			

表 1-17 稀土浮选尾矿化学多元素分析结果

元素	TFe	TFeO	SiO_2	Al_2O_3	TiO_2	REO	K_2O	Na_2O	BaO
含量/%	19.40	2.00	14.28	1.15	0.17	5.30	0.47	1.65	3.12

元素	CaO	MgO	Nb_2O_5	F	S	P	MnO	ThO_2	
含量/%	22.14	2.16	0.21	10.66	1.73	1.32	0.72	0.028	

表 1-18 稀土浮选尾矿铌矿物粒度分析结果 （%）

粒级/μm	铌铁矿	铌铁金红石	烧（黄）绿石	易解石	综合铌矿物
+70	4.03	2.10	6.29	9.27	3.18
70~60	5.30	3.45	6.29	12.47	4.66
60~50	3.17	8.61	8.47	14.50	9.16
50~40	11.18	12.28	14.38	16.89	12.42
40~30	12.93	13.83	17.28	20.18	14.18
30~20	18.24	25.31	25.63	11.00	22.65
20~10	15.87	17.74	12.86	10.68	16.65
10~0	23.22	16.68	8.80	5.01	17.10
总　计	100.00	100.00	100.00	100.00	100.00

表 1-19 稀土浮选尾矿铌矿物解离度测定结果

矿　　物	铌矿物单体/%	铌矿物连生体/%	合计/%
铌铁矿	56.24	43.76	100.00
铌铁金红石	46.52	53.48	100.00
烧（黄）绿石	61.28	38.72	100.00
易解石	74.86	25.14	100.00
综合铌矿物	51.19	48.81	100.00

据镜下观察，除烧绿石多数与硅酸盐矿物连生外，其他铌矿物主要与铁矿物紧密相嵌，其次是与稀土矿物和萤石的连生较多，有的铌矿物则呈细小包裹体的形式嵌布于铁及其他矿物之中。

D　β_{CaF_2}92%~93%萤石精矿化学成分和嵌布特点

试验用矿样是萤石浮选精矿，含 CaF_2 92.52%、TFe 1.20%、SiO_2 1.02%、REO 2.76%。萤石精矿中萤石单体占矿物总量的91.15%。

经镜下鉴定、X射线衍射分析、扫描电镜分析、没油浸薄片鉴定综合研究表明，微细的赤（褐）铁矿呈浸染状包裹体存在于萤石矿物中，稀土矿物和赤（褐）铁矿微粒沿萤石边缘嵌布；微细粒稀土矿物聚合成集合体与萤石交生，微细的萤石沿稀土矿物边缘嵌布，包含物数量变化较大，粒度除个别可至 20μm 左右之外，一般在 10μm 以下，部分细小者甚至小于 2μm。

毗连型连生体实际上是包裹型连生体，是通过磨矿过程生成的。由于与萤石连生的杂质矿物粒度过于细小，即使进一步细磨也很难显著提高萤石的单体解离程度。

根据上述研究结果，采用场强为 796kA/m 的强磁机分选含 CaF_2 92%~93% 的精矿，获得了含 CaF_2 95.5% 的优质萤石精矿。该精矿的多元素分析结果见表 1-20。

表 1-20 β_{CaF_2}95.5%萤石精矿多元素分析结果

元素	TFe	CaF₂	REO	SiO₂	P	S	CaCO₃	MgCO₃	K₂O	Na₂O	BaO	Na₂O₅	MnO	TiO₂
含量/%	0.8	95.56	2.20	0.80	1.2	0.001	0.4	0.46	0.016	0.052	0.45	0.045	0.11	0.065

E 东部接触带白云岩铌矿矿物工艺学研究成果

东部接触带白云岩铌矿矿体中2号矿体含铌品位较高并具相当规模，为早日开发利用，采取20t大样进行物质组成和选矿研究工作。包钢矿山研究院取得了良好成果。

原矿中见有27种矿物，其中铌矿物有6种，但以铌钙矿为主。原矿石含 Nb_2O_5 0.35%，含 TFe 6.85%，其中磁铁矿占48%。详见表1-21和表1-22。

表1-21 原矿石矿物组成测定结果

矿 物		含量/%
铌矿物	铌钙矿	0.35
	烧绿石	0.04
	铌铁矿	0.03
	易解石	少量
	褐铈铌矿	
	钛铁金红石	
	合 计	0.42
稀土矿物	独居石	0.1
	氟碳铈矿	
铁矿物及硫化物	磁铁矿	4.5
	赤铁矿	1.47
	褐铁矿	3.8
	黄铁矿	0.2
	合 计	9.97
碳酸盐矿物	白云石	70.21
	方解石	
其他矿物	金云母	10.1
	黑云母	
	角闪石	1.7
	透辉石	1.4
	钠辉石	
	磷辉石	2.3
	长 石	2.8
	石 英	
	萤 石	
	重 石	
	尖晶石	1
	锆晶石	
	屑 石	
	合 计	19.3
总 计		100

表 1-22 原矿石多元素分析结果

成 分	Nb_2O_5	TFe	FeO	Fe_2O_3	CaO	MgO	SiO_2	SO_3	MnO
含量/%	0.35	6.85	2.40	7.13	24.90	14.50	11.80	0.23	0.48
成 分	K_2O	Na_2O	Al_2O_3	REO	BaO	F	P_2O_5	烧减	合 计
含量/%	1.27	0.37	2.46	0.35	0.14	0.45	2.01	28.72	97.56

a 铌的赋存状态及平衡

对原矿中各主要矿物进行了单矿物分选和提取,并分别做了化学和光谱定量分析,据此做了铌的平衡计算,结果见表 1-23。

表 1-23 原矿铌元素平衡表

矿 物	矿物含量/%	矿物含 Nb_2O_5 量/%	Nb_2O_5 在原矿中含量/%	矿物中 Nb_2O_5 的占有率/%
铌钙矿	0.35	77.54	0.2714	78.33
烧(黄)绿石	0.04	61.62	0.0246	7.10
铌铁矿	0.03	76.88	0.0231	6.67
金云母	10.10	0.036	0.0036	1.04
黑云母				
透辉石	1.40	0.120	0.0017	0.49
钠辉石				
角闪石	1.70	0.041	0.0007	0.20
白云石	70.21	0.006	0.0042	1.21
磁铁矿	4.50	0.160	0.0072	2.08
赤铁矿	5.27	0.190	0.0100	2.88
褐铁矿				
长石、石英及磷灰石等	6.40	—		—
总 计	100.00		0.3465	100.00
原矿含 Nb_2O_5/%		0.350		
平衡系数/%		99.000		

b 有用矿物粒度组成及嵌布特征

原矿中有用矿物主要是铌矿物和铁矿物。

铌钙矿:铌钙矿粒度细小,一般多形成粒状集合体,不均匀分布。集合体粒度最大达 $1000\mu m$ 以上,一般在 $25 \sim 120\mu m$ 之间。粒度测定结果见表 1-24。

表 1-24 铌钙矿单体集合体粒度分布

粒度/μm	>300	300~200	200~120	120~80	80~60	60~25	<25	总 计
含量/%	4.20	6.42	8.54	10.12	25.12	36.56	9.04	100.00

铌钙矿集合体呈炉渣状结构。特点是孔洞多、裂隙发育、晶粒间接触疏松,受力作用时容易破裂,解离成更细小的颗粒。

　　与铌钙矿密切共生的矿物主要有磁铁矿、白云石。常见磁铁矿的细小颗粒镶嵌在铌铁矿集合体中，有的铌钙矿与磁铁矿互相穿插，紧密嵌连。在铌钙矿中常见有白云石的细小包裹体，铌钙矿与赤铁矿、褐铁矿嵌连现象。

　　黄（烧）绿石：黄绿石一般呈单体粒状，颗粒细小，一般小于 $20\mu m$；有的局部聚集。与黄绿石密切共生的矿物主要是金云母、透辉石和角闪石，且多以细粒嵌布在金云母的片理或透辉石之间。在角闪石中也见有黄（烧）绿石的显微包裹体。

　　铌铁矿：铌铁矿含量少，呈板状、细粒嵌布于白云石颗粒间，多与铌钙矿或磁铁矿紧密镶嵌。

　　磁铁矿：磁铁矿呈细粒浸染状分布于白云岩中，粒度最大 $1000\mu m$，最小 $5\mu m$ 以下，一般为 $30\sim200\mu m$。在云母和白云石中也常嵌布有磁铁矿细小包裹体。磁铁矿与铌钙矿镶嵌密切，有时呈细小串珠状嵌布于铌钙矿中。

　　赤铁矿、褐铁矿：赤铁矿含量少，常沿磁铁矿裂隙生成，并与磁铁矿构成毗连镶嵌的复合体。有的则完全交代磁铁矿。

　　褐铁矿普遍发育，一般由磁铁矿或其他铁镁矿物风化形成，多呈细脉状、树枝状分布。也见有赤铁矿、褐铁矿和铌钙矿互相嵌连现象。

1.3　综合利用研发工作回顾

　　白云鄂博矿作为包钢公司的重要原料基地，不断发展，以适应钢铁生产规模迅速发展的需要。到目前为止，东、主露天矿已达到年产混合型和萤石型氧化矿石 1200 万吨；西矿大型露天矿近年也已建成投产年产混合磁铁矿石 1500 万吨，其中 1000 万吨/年由西矿新建选矿厂处理，另外 500 万吨/年由地方中小矿山企业处理，统一由管道泵送到包钢厂区烧结厂进一步处理。东主矿出产的 1200 万吨/年氧化矿石经铁路 150km 运输到位于包钢厂区的包钢选矿厂处理，产出的铁精矿直接供给相邻的烧结厂。

　　20 世纪中后期，各单位重点配合包钢赤铁矿选矿工艺技术攻关，兼做综合利用稀土、铌、萤石等方面的小型、扩大探索性试验。在 20 世纪末，赤铁矿攻关取得历史性重大突破，从长沙矿冶研究院和包钢选矿厂协作试验成功顺利投入正常生产的磁—磁—浮（M-M-F）选矿工艺流程时候起，综合利用工作就进入了一个新的发展阶段，研发对象转向 M-M-F 流程各产品的进一步开发利用，结合生产搞科研，在科研中改进生产。近年来，取得丰富优秀的科研成果，产品质量和效益双双提高，为综合利用各种有用金属精矿和富集物产品，实现规模生产产业化奠定了坚实技术基础。

　　北京有色金属研究总院和广东有色金属研究院重点开发了优先浮选萤石、稀土、铁铌和优先浮选稀土、铁铌、萤石的流程方案，该流程的萤石精矿和稀土精矿选矿指标至今仍属超前。

　　北京矿冶研究总院重点在混合浮选—细磨脱泥絮凝选铁方案上，和包头稀土研究院合作进行工业试验工作，共同取得了成果。同时还设有非羟肟酸混合浮选泡沫分离专题组进行工作，对原矿石相对粗磨时优先浮选铌铁方案和长沙矿冶研究院在 20 世纪中期分别进行了探索试验。

　　中科院金属研究所和长沙矿冶研究院全面地对许多方案进行了大量的试验研究工作，

包括优先浮选萤石、稀土、铁铌和混合浮选、焙烧磁选浮选等，直到提出 M-M-F 流程和包钢选矿厂合作取得巨大的成功。

中科院北京化冶所和北京科技大学（原北京钢铁学院）对包头白云鄂博中贫氧化矿直接入高炉熔炼进行铁铌磷和稀土氟（萤石）钍钪的初次分离研究，被称为第二流程，对大幅度提高铁回收率和提高稀土、氟、钍、钪回收率方面具有选矿法难以抗衡的优势，对第二流程，实际上是冶选联合流程应在已做工作的基础上再做些更深入的研究工作，首先对高炉炉渣的化学全分析和物质组成、嵌布特性方面补充些必要的科学数据。

地质部综合利用研究院（所）在 20 世纪中期首先用东矿钠辉石型中贫矿样进行回收铌的选矿试验，开辟了选铌先河，取得良好结果，并提出综合回收铁、稀土、萤石、铌、钪富集的工艺流程和工艺条件。

60 年的白云鄂博矿产资源综合利用研发工作，前 40 年是在广度和宽度方面进行大量探索试验研究，积累创造了许许多多前所未有成果和收获，为现在和以后积蓄了宝贵精神财富。近 20 年的研发工作是在已获得巨大成功基础上向纵深发展，由小型扩大规模试验向大规模工业生产转化的研发时期，并为此准备了全能掌控进行大规模工业生产的技术和管理能力。回忆总结 60 年来的白云鄂博矿产资源选矿综合利用研发科技经验是有意义的。第一，关于磁选法工艺技术，无论我国各单位，还是日本、德国、法国科研单位都做了原矿石的磁性分析，得出的结论一致：低磁场分选磁铁矿、半假象、假象赤铁矿，中磁场分选赤铁矿，高磁场分选稀土和铌矿物。此规律在处理重选稀土粗精矿、强磁中矿、铌粗精矿、强磁尾矿……都适用。第二，H205（萘羟肟酸）浮选稀土矿物（氟碳铈矿、独居石）工艺方法实践证明，分选白云鄂博由 20 多种矿物组成的原矿、各种中矿、尾矿、相对粗粒级的稀土萤石混合浮选泡沫，相对细粒的稀土萤石混合泡沫（需要添加脱药脱泥作业）各物料中的稀土矿物都很成功。分选相对不很复杂矿石中的稀土矿物按理也应该成功。第三，酸性矿浆中 $C_{5\sim9}$ 羟肟酸优选浮选铌铁矿物，无论对原矿石、强磁中矿还是稀土浮选尾矿原料都能取得令人比较满意的分选效果。

还要指出的是，白云鄂博矿区同时还是我国特大的钾矿资源基础之一，平均含 K_2O 品位为 10.94%，储量 2.9 亿吨，其中平均含 K_2O 品位为 12.14% 的储量为 1.6 亿吨。

中国地质大学和上海理工大学研发的综合利用富钾岩石中的各种组分生产出附加值高的 4 种产品（13X 沸石分子筛、合成的沉淀 SiO_2（白炭黑）、K_2CO_3 和 Na_2CO_3）经验值得借鉴。他们的新工艺流程是一种化工工艺流程，包括破碎、焙烧、陈化、水热晶化、酸化、过滤、蒸发、干燥各作业。

这种工艺不仅对处理白云鄂博富钾岩石综合回收其中有用成分有帮助，而且对分选钠辉石、钠闪石和云母等硅酸盐矿物有启发。借鉴这种处理硅酸盐矿物钾长石的化工工艺处理白云鄂博矿产中的钠辉石，有可能从中回收 Fe、Na、Si、Ti、Sc、Ga；从钠闪石中有可能回收 Si、Mg、Mn、Fe、Sc；从云母中有可能回收 Si、Al、Mg、K、Fe、Sc、In、Ga、Ge、Rb。当然首先需要进行探讨性小型试验工作。

总之，白云鄂博矿产资源综合利用研发是一个伟大工程。根据 2012 年国家主管部门和内蒙古自治区人民政府审查认定的《内蒙古白云鄂博稀土、铁及铌矿资源综合利用示范基地建设总体规划》，在白云鄂博矿区内正新建一座 600 万吨/年处理主、东二露天矿出产的氧化矿石现代化大型选矿厂，将综合回收铁、稀土、铌、萤石、硫多种精矿和钪富集物，使包钢选矿厂在全面综合利用实现产业化道路上向前迈进了一大步，使白云鄂博特殊矿的选矿技术达到历史发展的新阶段。

1.4 白云鄂博矿产资源及远景

（1）在白云鄂博周围及深部，能够找到第二、第三，甚至更多的潜藏的白云鄂博矿体群。据 20 世纪 50 年代亲身参加过白云鄂博勘察工作的 241 队老勘探队员、因深源热动力成矿理论研究荣获国家科技进步一等奖、原地质部教授级高级工程师陈荫祥先生回忆介绍："白云鄂博航天遥感图像曾发现一个直径 135km 的圆环形深部地质结构，圆心在西斗铺附近，白云鄂博矿床就坐落在圆环形深部地质结构北部的边缘。"

这一地质结构范围内还有没有类同白云鄂博矿床的矿产资源呢？按深源岩浆热动力成矿理论的推测，在同一深部强地质热动力背景场上，矿床特别是大型、超大型深源高温粹集喷射聚合类矿床，往往是几何对称地聚集在热动圆环形构造的几个特定部位、节点上。这种成矿的深矿岩浆强热漩涡，能力级别很高，按照极高温喷射流体力学原理粹矿聚矿，能够有效的预测大矿、富矿、多组分、多期次成矿。

白云鄂博圆环形巨形深部地质结构的根源在地下 60 ~ 90km 深的下地壳上地幔，潜藏的矿床群应当位于本圆环形结构的中心或边缘通道的特定点阵处。陈先生曾预言，深信在白云鄂博周围及深部，能够找到第二、第三，甚至更多的潜藏的白云鄂博矿体群。

（2）白云鄂博矿区稀土资源量应大于 5 亿吨。目前白云鄂博矿区探明的资源量：稀土氧化物（REO）为 1.23 亿吨；铌金属氧化物（Nb_2O_5）为 193.9 万吨。

据多年地质工作经验可知，稀土和铌资源量应远高于此数。

以稀土为例。勘探资料证实，白云鄂博地区稀土主要分布在白云岩（H8）地层中，据各阶段多次勘察，稀土氧化物在白云岩中的含量一般在 1% ~ 4%，经统计矿区及周边有白云岩体出露面积 36.8km²，据地质资料矿体平均埋深大于 450m，密度 3.10t/m³，据此保守估计，如果有 50% 的白云岩矿体 $\beta_{REO} \geqslant 2\%$，则白云鄂博矿区的 REO 资源量应大于 5 亿吨，而我们现在获得的仅为 1.23 亿吨。

板岩中的铌资源状况也是如此，而钍、钛等其他稀有金属资源量也需要计量。

（3）查明有 3.15 亿吨稀土资源。根据中国科学院和苏联科学院 1958 年 6 月联合组建的中苏合作地质队于 1959 年 8 月提交的《内蒙古自治区白云鄂博铁-氟-稀土和稀有元素矿床（1958 ~ 1959）年中苏科学院合作地质队研究总结报告》，当时查明的白云鄂博矿体及一部分围岩中的稀土、铌、钽氧化物的储量如下：稀土氧化物（REO）总储量约 3.15 亿吨，其中，在白云岩中为 2.76 亿吨。铈储量约占总储量的 50%；镧占 30%；钕占 15%；其他稀土元素仅占 5%。主矿、东矿外围白云岩中铁矿石中铌、钽氧化物（NbTa）$_2O_5$ 储量约 174.8 万吨；西矿地段白云岩中铌、钽氧化物（NbTa）$_2O_5$ 储量约 293.1 万吨。

通过两次大量的勘察工程及研究，对于白云鄂博矿区稀土、稀有矿产资源虽然没有探明其高级储量，但取得了宝贵的研究成果。

（4）地质部 105 队估算岩石中稀土总储量 1 亿吨、铌总储量 660 万吨，断定其远景储量极为可观。

1965 年国家科委召开了第二次"415"会议，根据会议决定，地质部 105 队又专门开展了白云鄂博铁矿主、东、西矿上下盘围岩及白云鄂博矿区外围稀土、稀有金属元素勘察工作。在中科院地质所、包钢公司及白云鄂博铁矿的大力协助下，经过两年的艰苦工作，于 1966 年提交了《内蒙白云鄂博铁矿稀土稀有元素综合评价报告》，初步估算在白云鄂博矿区 48km² 范围内地表以下 150～200m 的白云岩、片岩和板岩等岩石中氧化铌（Nb_2O_5）的总量约 660 万吨，稀土（REO）总量约 1 亿吨，断定其远景储量极为可观。

参 考 文 献

[1] 中国科学院地球化学研究所. 白云鄂博矿床地球化学[M]. 北京：科学出版社，1988.

[2] 高海洲. 浅议白云鄂博矿产资源的开发利用和保护[J]. 矿山，2012，6(2)：4～7.

[3] 白天亮，胡晓天. 白云鄂博矿区稀土等共生矿资源远景储量探讨[J]. 矿山，2009，9(3)：1～2.

[4] 高海洲. 白云鄂博矿区稀土稀有资源综合评述[J]. 矿山，2009，6(3)：4～7.

[5] 罗长锐. 白云鄂博东矿原生磁铁矿矿石中钍的赋存状态及其对铁精矿降钍的影响[J]. 矿山，1987，8：114.

[6] 王金龙，李玉刚. 包钢氧化矿系列稀选尾矿中铌的矿物工艺学研究[J]. 矿山，2003，3：1～7.

[7] 钱淑慧. 白云鄂博氧化矿尾矿中萤石资源回收试验研究[J]. 矿山，2013，3：11～14.

[8] 卢建德. 白云鄂博东部接触带含铌白云岩物质组成及铌的赋存状态[J]. 矿山，1987，10：10～14.

[9] 杨钖惠. 包头主矿、东矿中贫氧化矿石物质成分特点及其与可选性的关系[C]//第二届全国工艺矿物学学术会议论文，1981.

[10] 刘凤国. 白云鄂博主矿含铌高稀土磁矿及含铌高稀土中贫氧化矿工艺矿物学研究[J]. 矿山，1998，3：1～3.

2　分选铁精矿——选自主矿、东矿氧化矿石

2.1　入选工业品位

入选工业品位问题，是矿山地质人员与选矿人员共同关心的技术经济课题。作者综合我国一些矿山实例做如下探讨。

2.1.1　地质边界品位和入选品位的关系

就某个具体矿床而言，计算某种有用矿物或元素的储量，通常是取决于边界品位。边界品位选的越低，圈定的矿量则越多。但从工业开发利用角度看，一般说，入选品位越高，则选冶技术指标越高，经济效果也越好。

一方面，希望把边界品位选得低一点，能回收的矿产资源大些，保有更多的资源储备；另一方面，希望把入选品位即出矿品位选定得高一点，能用较少的资金，更多地生产优质的产品。

这似乎是矛盾的，但又是统一的。因为，从地质找矿方面考虑，都希望找到富的、大的、易于开发利用的、地区经济条件好的矿床。但从采、选、冶各个工艺过程方面考虑，又希望处理即使是较贫的、较小的、难于分选的、条件较差的矿石，也尽可能地得到接近处理富、大、易选矿石的经济效果。换句话说，从事地质和冶金工作的人员的目的和任务只有一个，就是多快好省地开发利用国家宝贵而丰富的矿产资源。

2.1.2　入选最低工业品位

入选（炉）最低工业品位是随着历史和技术发展而发展的。它不是一成不变的，但在一定的发展阶段又是相对不变的，应根据产品的最低生产费用选定。

根据我国的经验，参照别国的经验教训，一般生产某种金属产品的生产总费用，即总成本 $\ni$ 加上投资收回部分 kK 费用总额，应该低于国家价格 $P_{国内}$。对进出口的产品应低于国际市场价格 $P_{国际}$。

$$\ni + kK \leqslant P \tag{2-1}$$

$$\ni < P \tag{2-2}$$

$$\ni = \ni_{采} + \ni_{选} + \ni_{冶} \tag{2-3}$$

通常采选矿山企业为冶炼厂提供精矿。为发展矿山企业，一方面要从整个国民经济生产各种金属产品的总费用去考核；同时也应使矿山企业为国家积累资金分担责任。因此，从事冶金矿山工作的人员认为，以精矿为产品计算总费用是适宜的。但对具体搞科研的工程技术人员来说，计算投资是很复杂的任务。因此，建议使用成本估算来近似地说明问题。

$$\gamma = \frac{100\beta}{\alpha \cdot \varepsilon} \tag{2-4}$$

$$P \geqslant \gamma \times C \geqslant \frac{100\beta C}{\alpha \cdot \varepsilon}$$

$$\alpha \geqslant \frac{100\beta C}{P \cdot \varepsilon} \tag{2-5}$$

式中　γ——选矿比；

　　　β——精矿中某种元素品位，%；

　　　α——入选最低工业品位，%；

　　　ε——选矿金属回收率，%；

　　　C——1t 原矿石的采选成本，包括运矿成本，元/吨；

　　　P——1t 精矿的国家价格，元/吨。

2.1.3 选定入选最低工业品位的实例

【例1】 某磁选厂位于某大城市郊区，矿石露天开采，自磨单一磁选法选矿，地区经济条件和技术条件均好。但入选铁品位只有 15% ~ 16%，精矿成本高。试问这样的磁铁矿石入选品位提高到什么水平方可使企业经济情况好转？

解： 将 1979 年上半年的有关数据和 1980 年 2 月国家调拨价格 P 代入式（2-5）得：

$$\alpha \geqslant \frac{100 \times 58.8 \times 9.55}{39.0 \times 66.1} \geqslant 21.8\%$$

【例2】 某地极细嵌布的赤铁矿石，需细磨到（98% ~ 99%）$-37\mu m$ 后，经絮凝脱泥—弱磁—离心机—再磨再絮凝脱泥流程处理。$\alpha = 28.26\%$ ~ 28.28%，$\beta = 62.29\%$ ~ 64.66%；$\varepsilon = 68.41\%$ ~ 72.08%；ρ（尾矿品位）$= 11.72\%$ ~ 13.13%。试问目前建设选矿厂处理这种矿石经济上合理吗？

解： 根据设计部门粗算，按年产 250 万吨原矿的采选企业考虑，C 值为 20，代入式（2-5）得：

$$\alpha \geqslant \frac{100 \times 64.66 \times 20.0}{52.5 \times 68.41} \geqslant 36.0\%$$

结果指出，α 由 28% 提高到 36% 或 ε 提高到 80% 以上，同时 C 降低到 18.4 元/吨以下时，开采和选别含铁 28.3% 的这种赤铁矿石才能使企业做到经济上收支平衡。

【例3】 试按式（2-5）验证铜、镍、钨、金的工业矿石入选品位指标。

解： 将原始数据和代入式（2-5）求得的 α 值一并列入表 2-1。

表 2-1　α 值

指　标	精矿种类				
	Cu	Ni	Mo	WO₃	Au
$P/$元·吨$^{-1}$	870.0	350.0	10154.0	6722.0	7.45 元/克
$\beta/\%$	20.0	4.1	45.0	65.0	100g/t
$\varepsilon/\%$	88.5	83.5	88.0	85.0	90.0
$C/$元·吨$^{-1}$	16.3	10.0(20.0)	10.0	15.0	10.0(20.0)
$\alpha/\%$	0.43	0.14(0.28)	0.05	0.17	1.5(3.0) g/t

所得各金属矿的 α 值符合我国当前生产、建设实践情况。

2.2　含氟氧化铁矿石选矿方法的探讨

某矿床是我国特有的伴生有萤石和其他有用成分的铁矿床。在国外没有发现类似的矿床，因而也没有见到这方面的选矿资料。

从 1953 年起先后有中国科学院矿冶研究所、苏联选矿研究设计院、中国冶金部北京矿冶研究院等单位分别对该矿床各种类型矿石进行了选矿试验研究工作。

由于氧化铁矿石（包括原生赤铁矿石在内，下同）的储量占各种矿石总储量的半数以上，并且这些矿石又大部分位于矿体的上部，必须先行开采和利用，因此研究和选择处理氧化铁矿石的选矿方法就成为开采利用该矿床的极重要问题之一了。

2.2.1　原矿石的矿物组成及其特点

某矿床氧化铁矿石的组成矿物种类较多，一般都有 14 种以上，其中主要的有假象赤铁矿、赤铁矿、磁铁矿、褐铁矿、萤石、重晶石、方解石、磷灰石、闪石、辉石、石英等。并且它们之间数量的变化也很大。各种氧化矿石均属细粒嵌布的赤铁矿—假象赤铁矿—磁铁矿矿石，而且都由铁矿物、易浮矿物和硅酸盐矿物三部分组成。这些氧化矿石按其中含铁量多少可分为富、中、低三种品级；按其中所含的脉石矿物多少则可分为萤石类、辉石类、角闪石、云母类和白云石类等类型。由于矿物组成和化学成分是选择选矿方法的重要基础，所以这两种分类法在本文内同时引用。

氧化矿石的结构主要是细粒条带状和细粒及微细粒侵染状。条带状系由金属矿物和非金属矿物（碳酸盐、萤石等）互相交替而成夹层和透镜状体。矿石中各主要组成矿物的结晶粒度是：赤铁矿和假象赤铁矿大多在 0.03~0.05mm；磁铁矿也与之相同，但最大的可达 1.8~4.5mm；萤石大部分为 0.09~0.18mm，个别可达到 2mm；碳酸盐矿物为 0.024~0.04mm，粗者可达 0.75mm。碳酸盐矿物主要与萤石和金属矿物共生，而萤石则多半与铁矿物共生。

根据原矿石物质组成研究和化学分析结果得知本矿床各种类型氧化矿石的特点如下：

（1）萤石类型氧化矿石中，含磁铁矿较多，含褐铁矿较少；含萤石和重晶石等矿物也较多。矿石中萤石含量一般在 13.24%~28.86% 之间；而硅酸盐矿物含量则变化极大，含 SiO_2 量由 2.29% 到 23.69%。

（2）辉石类型氧化矿石中，含萤石等易浮矿物比较少，而含辉石、角闪石等硅酸盐矿物很多。前者占各矿物组成体积的 3.7%~17.3%，而后者占 27.6%~34.9%。

（3）角闪石-云母类型氧化矿石和白云石类型氧化矿石很相似，均含有较多的褐铁矿。矿石基本上由铁矿物和碳酸盐矿物（方解石、白云石等）组成；而矿石中的萤石和重晶石含量与萤石类型和辉石类型两种氧化矿石相比，则要少得多；矿石中的闪石、云母和石英等矿物含量也较前两种氧化矿石所含的量为少。

在上述 4 种类型的氧化铁矿石中，硫、磷、钾和钠等杂质均较多。除了辉石类型富氧化矿样外，其他各矿样中磷含量均在 0.24% 以上，最高可达 0.76%；硫含量均在 0.07% 以上，最高达 0.82%。磷呈磷灰石和其他磷酸盐状态存在，硫则基本上均呈重晶石状态存在。矿石中钾、钠的含量分别与其中的云母和辉石、闪石的含量有密切关系。

2.2.2 氧化矿石选矿方法的研究

根据氧化矿石的上述特点，曾用重选、强磁选、焙烧磁选、浮选和焙烧—磁选—浮选等方法，对各典型矿样进行了选矿试验研究。研究结果表明，由于各氧化矿石中各主要组成矿物的嵌布粒度均较细小，因而用重选法处理没有得到良好的分选效果；用强磁选处理虽然获得部分铁精矿，但其铁分回收率很低，仅达 43.13% ~ 48.8%；焙烧—磁选、浮选和焙烧—磁选—浮选法的选别效果均较好，但对不同类型、不同品级的氧化矿石来说，它们的选别结果又相差极大。

中国科学院矿冶研究所采用反浮选、焙烧—磁选和焙烧—磁选—浮选三种方法，处理各种类型的矿样所获得的工艺指标见表 2-2。

表 2-2　各种类型氧化铁矿石矿样的选别工艺指标

顺序	矿样名称	$\alpha_{TFe}/\%$			$\beta_{TFe}/\%$			$\varepsilon_{TFe}/\%$			$\beta_F/\%$		
		反浮选法	焙烧—弱磁选法	焙烧—磁选—浮选法	反浮选法	焙烧—弱磁选法	焙烧—磁选—浮选法	反浮选法	焙烧—弱磁选法	焙烧—磁选—浮选法	反浮选法	焙烧—弱磁选法	焙烧—磁选—浮选法
1	萤石类型低品位氧化矿样	26.9	26.7/28.2	—	40.0	51.1/61.0	—	65.8	87.4/77.0	—	1.43	3.58/2.28	—
2	萤石类型低品位氧化矿样	29.2	—/30.5	30.5	41.5	—/62.8	64.2	78.6	—/82.3	73.2	1.84	—/1.62	1.03
3	萤石类型低品位氧化矿样	29.6	30.1/30.7	30.1	50.1	60/64.9	67.1	70.8	86.5/87.7	73.6	1.64	24.5/2.19	1.18
4	辉石类型低品位氧化矿样	30.0	30.1/29.9	—	42.8	53.1/60.7	—	73.7	84.7/73.8	—	1.34	3.18/1.62	—
5	角闪石云母类型低品位氧化矿样	26.7	30.5/—	—	45.6	62.8/—	—	55.2	70.9/—	—		0.65/—	—
6	白云石类型低品位氧化矿样	25.8	28.9/—	—	43.6	63.4/—	—	61.8	73.9/—	—	0.44	0.19/—	—
7	萤石类型中品位氧化矿样	40.8	42.8/42.3	42.3	59.6	59.4/64.2	64.2	75.3	92.7/81.5	85.6	1.74	4.65/2.50	1.41
8	萤石类型中品位氧化矿样	40.1	42.9/43.9	43.0	50.3	60.4/64.8	60.3	81.4	91.5/88.8	90.0	0.89	2.22/1.24	1.08
9	辉石类型中品位氧化矿样	38.8	42.4/41.7	—	50.5	60.1/63.6	—	79.4	90.4/81.3	—	0.45	1.14/0.51	—
10	角闪石云母类型中品位氧化矿样	41.2	44.5/—	—	49.7	65.0/—	—	79.4	81.0/—	—	1.10	0.30/—	—
11	白云石类型中品位氧化矿样	3.70	39.4/—	—	51.3	63.3/—	—	81.6	82.8/—	—	0.38	0.10/—	—
12	萤石类型富氧化矿样	44.6	45.5/—	46.8	59.7	64.9/—	68.1	80.8	88.0/—	73.2	1.4	5.30/—	0.89
13	萤石类型富氧化矿样	41.4	—	44.3	54.1	—	64.6	71.2	—	85.1	0.30	—	0.42
14	萤石类型富氧化矿样	58.3	—	—	64.0	—	—	90.0	—	—	0.30	—	—
15	辉石类型富氧化矿样	56.2	56.4/58.5	—	59.9	62.6/66.8	—	87.5	95.7/91.1	—	0.35	0.57/0.42	—

表 2-2 所列结果表明：

（1）选别含铁 26% ~ 41% 的各类型氧化矿石时，用反浮选法只能生产含铁 40% ~ 50%（含 CaF_2 高达 26.1% 的 7 号矿样可得含铁 59.6% 的铁精矿除外）、含氟 0.4% ~ 1.84% 的铁精矿；用焙烧—磁选法或用焙烧—磁选—浮选法时，均能获得含铁 60% 以上，最高到 65%，含氟 4.65% 或 2.5% 以下的铁精矿。

（2）选别含铁大于 41% 的中、富氧化矿石（主要是萤石类中、富氧化矿石）时，可以得到含铁 54% ~ 64%、含氟小于 1.4% 的铁精矿；而用焙烧—磁选法或焙烧—磁选—浮选法处理辉石类型富氧化矿石时，则可得含铁 62.6% ~ 66.8%、含氟 0.42% ~ 0.57% 的铁精矿。

（3）浮选铁精矿中，含 P 为 0.1% ~ 0.4%、含 S 为 0.06% ~ 0.5%；焙烧—磁选铁精矿中，含 P 为 0.1% ~ 0.4%，含 S 为 0.04% ~ 0.24%；焙烧—磁选—浮选铁精矿中，含 P 为 0.1% ~ 0.2%、含 S 为 0.03% ~ 0.1%。在各种铁精矿中 $K_2O + Na_2O$ 的含量均在 0.3% 以下。

根据上述各类型的氧化矿物的测定和分析结果以及有关的实验数据，对氧化铁矿石的反浮选可得出下列关系式：

$$\beta = k\beta_{\circ} = k\frac{TFe}{100 - F} = k\frac{TFe}{M + C} \quad (\%)$$

式中　β——铁精矿含铁品位，%；

　　$\beta_{\circ}$——铁精矿计算含铁品位，%；

　　TFe——全铁品位；

　　M——铁矿物体积比；

　　F——易浮矿物体积比；

　　C——硅酸盐矿物体积比；

　　k——铁精矿中各种矿物综合体积校正系数，通常为 0.9 ~ 1.1。

上式的意义在于当得到原矿石中各矿物的体积测定和全铁分析数据之后，就可以预先估计出采用反浮选法选别时，可得到什么样的铁精矿质量，这对组织生产具有一定的指导意义。上式中的 k 值随氧化矿石的类型和品级的不同通常在 0.9 ~ 1.1 之间变化，对于中品位矿石其 k 值一般都在这个范围之内，而对于低品位矿石，k 值一般趋于偏大，当 $F > 44\%$ 时，k 将大于 1.1；又当 $F < 10\%$ 或 $F < 30\%$ 时（还取决于铁矿物的由多变少），则 k 值将小于 0.9，超出上式的范围。

上述反浮选结果是在开路条件下取得的。此时，浮选矿浆温度为 25℃，并使用大豆油脂肪酸（0.3 ~ 5.5kg/t）作萤石、碳酸盐等易浮矿物的捕收剂，用水玻璃（1.5kg/t）作铁矿物的抑制剂。经过 7 号、8 号两矿样所作的小型闭路浮选实验结果证明，铁精矿含铁品位与开路时没有差别，仅铁分回收率比开路时提高了 8% ~ 9%。

北京矿冶研究院的多次反浮选实验结果证明，采用国产的氧化石蜡皂（0.6 ~ 0.8kg/t）代替脂肪酸及其皂类或油酸，在水玻璃用量为 1.5 ~ 2.5kg/t 时，并添加 1.0 ~ 1.5kg/t 苏打的情况下，可以取得完全类似的工艺指标，并且在半工业和工业规模的实验中得到了验证。

2.2.3 半工业性和工业性试验

为检查实验室实验结果在工业上运用的可能性，中国科学院矿冶研究所又在 4 ~ 6t/d 处理矿石量的半工业试验厂中用反浮选法、焙烧—磁选法和焙烧—磁选—浮选法，分别对萤石类型中品位和辉石类型中品位两个典型矿样（相对于表 2-2 所列的 7 号和 9 号矿样）进行了磨矿粒度、用药量、矿浆温度等条件实验和各种方法的一段磨选及两段磨选流程等实验，结果证明：在磨矿粒度为（70% ~ 86%）- 74μm 的条件下，两段磨浮流程与一段磨浮流程所得的指标基本相同，而以一段磨浮流程的指标更好些；焙烧矿石的两段磨矿、两段磁选流程与一段磨矿一段磁选的流程（包括其与浮选处理磁选精矿的方法在内）所获得的工艺指标也均相接近，唯以两段磁选流程所得铁精矿的含铁品位比较高些。浮选时，矿浆的 pH 值为 9，水质硬度为 10 度（德国硬度），铁矿物的抑制剂水玻璃的用量为 2.0kg/t 萤石、方解石等易浮矿的捕收剂脂肪酸硫酸化皂的用量为 0.3kg/t（矿浆温度为 25℃）~ 0.5kg/t（矿浆温度为 16℃）反浮选过程由一次粗选、两次扫选作业组成，所需的浮选时间分别为 20min、10min 和 5min。还原焙烧的技术条件与鞍钢烧结总厂焙烧大孤山赤铁矿石的条件相同，即还原温度为 600℃，煤气用量为 500m³/h。半工业性试验所用的工艺流程如图 2-1 ~ 图 2-3 所示，实验结果见表 2-3。

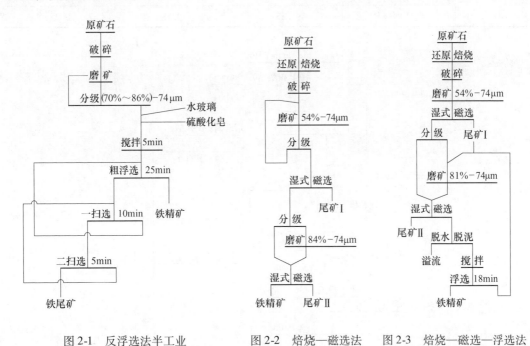

图 2-1 反浮选法半工业　　图 2-2 焙烧—磁选法　　图 2-3 焙烧—磁选—浮选法
　　试验流程　　　　　　半工业试验流程图　　　半工业试验流程图

北京矿冶研究院于 1960 年 1 月，在东鞍山铁矿浮选厂用氧化石蜡皂作捕收剂对萤石类型中品位氧化矿样进行了反浮选法的工业试验（如图 2-4 所示）；某钢铁公司曾先后在鞍钢公司 50m³ 竖式焙烧炉中进行过 6 次萤石类型中、低品位矿石的工业试验。反浮选和焙烧—磁选工业试验所获得的工艺指标见表 2-4。

表 2-3 中品位氧化铁矿样半工业试验工艺指标 （%）

矿 样	指标名称	反浮选法	焙烧—磁选法	焙烧磁选—浮选法
萤石类型	α_{TFe}	38.10	39.93	38.20
	ε_{TFe}	83.20	76.50	73.00
	β_{TFe}			
	TFe	58.85	64.46	66.55
	F	0.95	1.35	0.47
	P	—	0.17	0.08
	S	—	0.07	0.05
	$K_2O + Na_2O$	—	0.16	0.11
辉石类型	α_{TFe}	38.76	40.78	40.02
	ε_{TFe}	86.50	79.90	70.60
	β_{TFe}			
	TFe	48.32	63.49	65.14
	F	0.84	1.09	0.56
	P	0.09	0.17	0.06
	S	0.06	0.09	0.06
	$K_2O + Na_2O$	1.83	0.25	0.25

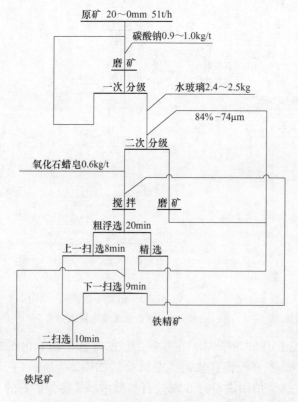

图 2-4 萤石类型中品位氧化矿样反浮选法工业试验流程图

表 2-4 萤石类型中、低氧化矿石工业试验工艺指标

矿样	α_{TFe}/%		焙烧矿 α_{TFe}/%		β_{TFe}/%		ε_{TFe}/%
	TFe	F	TFe	F	TFe	F	TFe
反浮选用样	38.15	—	—	—	53.86	—	86.59
焙烧—磁选用样 1 号	39.71	9.75	40.42	8.00	61.2	2.68	60.90
焙烧—磁选用样 2 号	31.45	14.74	33.33	14.55	60.5	2.73	64.00
焙烧—磁选用样 3 号	38.17	11.55	39.43	12.74	60.64	3.56	70.63
焙烧—磁选用样 4 号	38.17	13.41	39.70	12.97	60.88	3.89	72.00
焙烧—磁选用样 5 号	38.91	—	38.84	11.06	60.55	3.41	70.80

半工业和工业性试验结果证明：采用反浮选法处理中品位氧化矿石，所获得的结果和小型实验的结果基本一致。萤石类型矿石，当原矿含铁38%，铁分回收率为85%左右时，铁精矿含铁品位为54%～58%；辉石类型矿石，当原矿含铁38%，铁分回收率为86%时，铁精矿含铁约达48%。采用焙烧—磁选法或焙烧—磁选—浮选法处理萤石类型和辉石类型的中、低品位氧化矿石时，均能获得含铁60%～65%的铁精矿，唯有铁分回收率低于小型实验（半工业实验时约低10%，而在工业试验时则低18%～20%）。

这些结果指出，为获得合格的铁精矿，对于辉石类型中、低品位矿石，应该采用焙烧—磁选法或焙烧—磁选—浮选法进行处理。对于萤石类型的氧化矿石采用反浮选法、焙烧—磁选法或焙烧—磁选—浮选法处理的合理性仅从工艺上看是不明显的，因此还需进行必需的经济估算。

2.2.4 氧化铁矿石选别方法的经济估算

为了从经济上权衡用反浮选法和用焙烧—磁选—浮选法处理萤石类型中品位氧化矿石的合理范围，特制作表2-5以考查其变化趋势。当然在具体确定有关生产问题时，还必须使用当地的实际或计划指标进行验算和修正。

表 2-5 用反浮选法和用焙烧—磁选—浮选法处理萤石类型中品位氧化矿石的经济估算

指标	反浮选法	焙烧—磁选—浮选法		
		Ⅰ	Ⅱ	Ⅲ
(1) α_{TFe}/%	38	38	38	38
(2) ε_{TFe}/%	85	70	70	75
(3) β_{TFe}/%	54	64	62	62
(4) 选矿比	1.67	2.08	2.33	2.18
(5) 1t 生铁需用精铁矿数量/t	1.85	1.57	1.61	1.61
(6) 1t 生铁需用矿石数量/t	3.09	3.26	3.75	3.50
(7) 1t 原矿石的费用（包括运费）/元	14.0	14.0	14.0	14.0
(8) 1t 矿石的选矿加工费/元	7.0	9.0	9.0	9.0

指　　标	反浮选法	焙烧—磁选—浮选法		
		Ⅰ	Ⅱ	Ⅲ
(9) 1t 精矿烧结费/元	7.0	7.0	7.0	7.0
(10) 1t 精矿的炼铁加工费/元	30.0	30.0	30.0	30.0
(11) 1t 生铁的原料费/元	65.0	75.0	86.3	80.5
(12) 1t 生铁烧结，冶炼加工费/元	68.5	58.1	59.6	59.6
(13) 1t 生铁的计算成本/元	133.5	133.1	145.9	140.1
(14) 1t 矿石的采矿投资/元	9.0	9.0	9.0	9.0
(15) 1t 矿石的选矿投资/元	11.0	14.0	14.0	14.0
(16) 1t 精矿的烧结投资/元	13.0	13.0	13.0	13.0
(17) 1t 精矿的炼铁投资/元	27.0	27.0	27.0	27.0
(18) 1t 生铁的原料所需投资/元	61.8	75.0	86.2	80.5
(19) 1t 生铁的烧结，冶炼投资/元	74.0	62.8	64.3	64.3
(20) 1t 生铁的所需投资/元	135.8	137.8	150.5	144.8

由表2-5可以看出，在原矿石含铁为38%的情况下，焙烧—磁选—浮选法只有保证铁分回收率达到70%~75%以上，精矿含铁品位在62%~64%时，才能与反浮选法在经济上相当，即在产品成本和投资指标方面保持相同的水平。根据前节所述的工业试验，用焙烧—磁选法或焙烧—磁选—浮选法处理中、低品位矿石时所获得的铁分回收率和精矿含铁品位，对各矿样的差异均不大，即回收率均在70%左右，含铁品位均在60%以上；而采用反浮选法处理萤石类型中品位矿石时铁分回收率指标则比较高。从表2-4可以看出，从经济上看，处理含铁高于38%的萤石类型氧化矿石以采用反浮选法较为合理。如果焙烧—磁选—浮选法在工业生产中能够获得高于表2-4所列指标，则用反浮选法处理的下限合理原矿含铁品位将高于38%；反之，如果焙烧—磁选—浮选法在工业生产中达不到表2-4所列指标，则含铁品位低于38%的萤石类型氧化矿石使用反浮选法处理也将是合理的。

2.2.5 结论

（1）某矿床各类型的氧化铁矿石，均由假象赤铁矿、赤铁矿等铁矿物与萤石、碳酸盐矿物等易为脂肪酸类阴离子捕收剂所浮选的矿物和辉石、闪石、石英等硅酸盐矿物三组矿物组成。由于各组矿物的数量变化极大，并且嵌布粒度又都较细（基本上都在0.15mm以下），因此焙烧—磁选法或焙烧—磁选—浮选法是处理这些氧化铁矿石的基本方法。但焙烧—磁选法在我国现实条件下，在投资和生产成本方面均较高于反浮选法，因此，用反浮选法处理含萤石等易浮矿物多、硅酸盐矿物少的富铁矿石还是比较合理的。

（2）用反浮选法处理萤石类型和辉石类型中品位氧化矿石的小型实验、半工业实验和工业实验所得到的选别工艺指标（铁精矿含铁品位和铁分回收率）都相一致；而用焙烧—磁选法或焙烧—磁选—浮选法处理这两类矿石时，在小型实验半工业实验和工业试验中所得的精矿中含铁品位也均相一致，唯铁分回收率则逐渐下降，在小型实验时为 80% ~ 90%，半工业实验时为 70% ~ 80%，在工业试验时则为 60% ~ 72%。

（3）对含 TFe < 38% 的各类型的氧化铁矿石，最好采用焙烧—磁选法或焙烧—磁选—浮选法处理，此时将获得铁分回收率大于 60% ~ 70%、含铁品位大于 60% ~ 65% 的铁精矿。精矿中的 P、S 杂质含量均小于 0.1%。对于含 TFe > 38%、含 CaF_2 > 20% 或 CaF_2 < 20%，但 CaF_2 + TFe > 60% 的氧化铁矿石，采用反浮选法处理是合理的。此时可以获得铁回收率大于 80%、含铁大于 54% 的铁精矿，同时精矿中 P、S 的杂质含量也均在允许限度以下。

2.3 第三流程选矿部分（M-M-F）科研实践

2.3.1 概述

根据中国科学院金属研究所选矿研究室（为长沙矿冶研究院前身）提供的白云鄂博矿多种类型矿样的小型、扩大和半工业规模选矿试验研究工作报告和前苏联列宁格勒选矿研究设计院（Механобр 米哈诺伯尔）的部分小型选矿试验结果，由 Механобр 负责完成包钢选矿厂的初步设计工作。

根据白云鄂博矿山主东两个露天采场开采设计及出矿情况，选矿厂按富氧化矿、原生磁铁矿和中贫氧化矿 3 种原矿石为原料，用油酸（后被我国改为氧化石蜡皂）为捕收剂，反浮选、弱磁选（简称磁选）—反浮选和还原焙烧（简称焙烧）—磁选—反浮选 3 种工艺流程如图 2-5 ~ 图 2-7 所示。

3 种流程、8 个生产系列，年处理原矿石量 1200 万吨，产铁精矿 590 万吨，能满足包钢年产 300 万吨生铁的需要。综合铁精矿铁品位 62.04%，含 CaF_2 1.24%，折合含 F 0.62%，含 P_2O_5 0.16%，铁回收率 81.27%，见表 2-6。

表 2-6 选矿厂设计工艺指标

选矿方法	选矿系列	原矿类别	年处理原矿量/万吨	铁精矿中铁金属量/万吨	选矿比	年产铁精矿量/万吨	原矿铁品位/%	精铁矿品位/%	铁回收率/%	台时能力/t·h⁻¹	作业率/%
反浮选	1,2,3	富氧化矿	380	147	1.59	239	47	62.27	83.40	153	93
磁选—反浮选	4,5	磁铁矿	300	88	2.08	144	34.5	61.90	86.30	183	93
焙烧—磁选—反浮选	6,7,8	中贫氧化矿	520	125	2.50	207	31	62.07	76.80	213	93
合计			1200	360	2.03	590	36.94	62.04	81.27	184	93

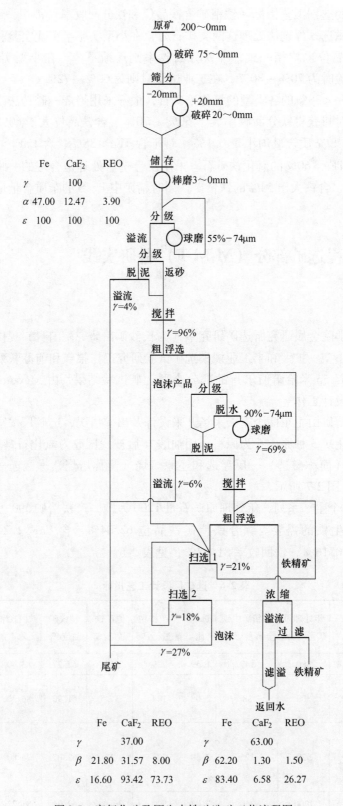

图 2-5 富氧化矿及原生赤铁矿选矿工艺流程图

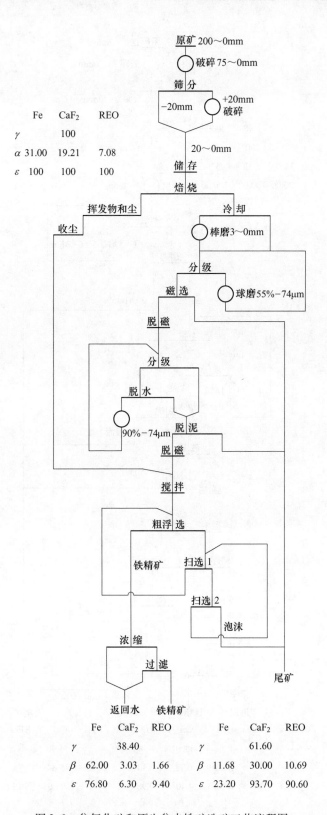

图 2-6 贫氧化矿和原生贫赤铁矿选矿工艺流程图

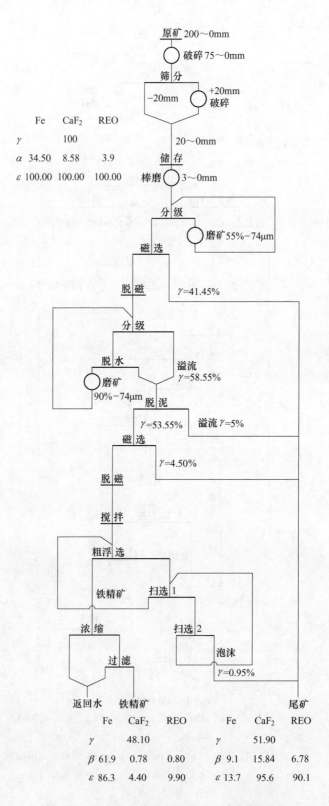

图 2-7 贫磁铁矿及富磁铁矿选矿工艺流程图

M-M-F（磁—磁—浮）选矿部分是第三流程的基础部分。磁—浮—磁和磁—磁—浮两种流程小试结果如图 2-8、图 2-9、表 2-7 和表 2-8 所示。

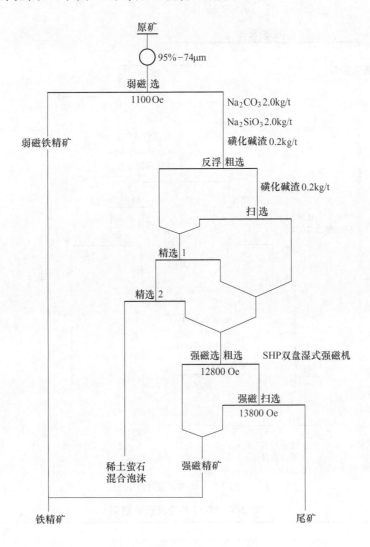

图 2-8 M-F-M 流程图

表 2-7 M-F-M 流程选矿结果

产 品	γ/%	β/%			ε/%		
		TFe	REO	F	TFe	REO	F
弱磁铁精矿	6.15	69.37	0.48	0.39	13.21	0.43	0.147
强磁铁精矿	38.56	59.13	3.08	1.70	70.55	17.20	4.63
铁精矿	44.71	60.54	2.72	1.52	83.76	17.63	4.78
稀土萤石混合泡沫	42.64	8.35	12.00	27.80	10.98	73.99	83.56
尾 矿	12.65	13.46	5.12	13.12	5.26	8.38	11.67
原 矿	100.00	32.32	6.92	14.23	100.00	100.00	100.00

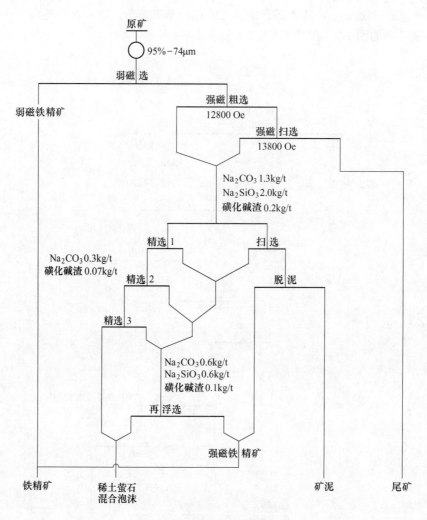

图 2-9 M-M-F 流程图

表 2-8 M-M-F 流程选矿结果

产 品	$\gamma/\%$	$\beta/\%$			$\varepsilon/\%$		
		TFe	REO	F	TFe	REO	F
弱磁铁精矿	7.15	67.85	0.68	0.74	15.01	0.69	0.39
强浮铁精矿	33.72	63.35	1.49	0.75	66.00	7.05	1.73
铁 精 矿	40.87	64.14	1.35	0.75	81.01	7.75	2.12
稀土萤石混合泡沫	14.68	22.12	24.39	14.94	10.05	50.19	15.25
矿 泥	0.48	26.90	7.50	5.10	0.40	0.50	0.24
尾 矿	43.97	6.20	6.74	26.94	8.44	41.55	82.39
原 矿	100.00	32.31	7.13	14.38	100.00	100.00	100.00

因用 SHP 双盘湿式强磁机，反浮选铁捕收剂磺化碱渣，试验分选指标好。铁精矿前者 $\beta_{TFe}=60.54\%$，$\varepsilon_{TFe}=83.76\%$；后者 $\beta_{TFe}=64.14\%$，$\varepsilon_{TFe}=81.01\%$。稀土萤石泡沫前者 $\beta_{REO}=12.00\%$，$\varepsilon_{REO}=73.99\%$；后者 $\beta_{REO}=24.39\%$，$\varepsilon_{REO}=50.19\%$。

图 2-9、表 2-8 数据表明：用磺化碱渣、苏打、水玻璃浮选强磁精矿可使稀土或萤石

或稀土和萤石一起同铁矿物得到较好的分离，因而强浮铁精矿的铁品位和回收率都高。但稀土与萤石的相互分离尚需进一步研究解决。

在此工作结果基础上，进一步提高铁精矿质量，综合回收稀土、铌和钪，在不断完善工艺流程的同时，进行了 M-M-F 流程扩大连选试验，和包钢选矿厂合作进行半工业和工业性选矿工艺流程试验，在两单位共同努力下，取得了处理白云鄂博多金属复杂难选共生矿石、生产优质铁精矿和综合利用稀土矿、铌铁精矿（铌为小型试验）的完全成功。

按 M-M-F 流程技术改造的一、三选矿生产系列在 1989～1990 年共处理 260 万吨原矿石，生产出成品铁精矿的铁品位为 60.90%，含 F 0.671%，含 P 0.134%，铁回收率为 72.53%，较改造前提高了 23%。稀土精矿品位依需要可生产 30%～60% 各种品级的，稀土理论选矿回收率为 19.32%，实际为 6.91%。年增产铁精矿 19.82 万吨，年增产稀土精矿 6130t，按 1990 年当年价格计算，年增经济效益 1400 万元。铁精矿中 F、S、P 杂质的降低，给包钢冶炼生产带来巨大效益。因而被评为 1992 年度代表我国科技界最高水平的十大科技成就奖。

M-M-F 流程生产考查结果如图 2-10 所示。

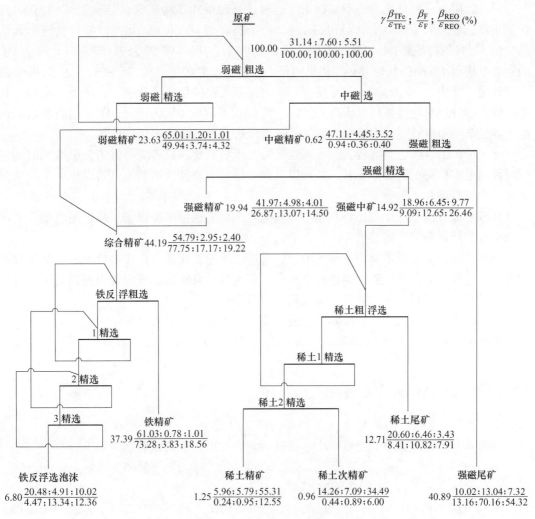

图 2-10　M-M-F 流程生产考查结果

M-M-F 流程的显著特点是在保持原有磨矿粒度（91% −74μm）和原矿石处理能力的情况下适应矿石特性，把由 40 多种化学成分组成 20 多种矿物，按铁磁性分成 4 个大的矿物群组，分别设置铁、稀土、稀有稀散和非金属矿物 4 大矿物分选区，依次生产优质铁精矿、稀土精矿、铁铌精矿、钪富集物和被称为铁的强磁尾矿的非金属矿物群组。

强磁尾矿是被富集的萤石、重晶石、磷灰石、长石、石英等非金属有益矿物群组，还含有相当数量未被选收的稀土矿物和 20% 以下多为单体分离的赤铁矿，及一定数量的含铌、钪矿物等所组成，其价值很高，有待开发利用。近半个世纪以来国内外有关科研单位在这方面也做了许多有益的探索，值得借鉴。

M-M-F 流程的另一个重要特点是对原矿石的适应性强或者说流程的可调性好。

当用户需要更高质量铁精矿时，据第二阶段工业分流试验结果，对弱磁铁精矿和强磁铁精矿可分别进行精选，前者仍按原工艺进行反浮选处理，后者除仍按原工艺进行反浮选处理外，所得精矿再增加一次正浮选铁工艺处理，如此所产的赤铁矿精矿铁品位可提高到 60% 以上，正浮选工艺由一次粗选和两次精选作业组成。

同一原矿石原料情况下，不加铁正浮选时，强磁反浮铁精矿含铁品位为 47.45%，经加铁正浮选处理后该铁精矿铁品位将由 47.45% 提高到 60.30%，从而使综合铁精矿含铁品位由 57.94% 提高到 64.10%，铁综合选矿回收率由 77.48% 降为 71.52%，大约是 1% 的回收率换得 1% 的铁品位。必须指出的是，在这里 γ 7.07%，β_{Fe} 26.90%、ε_{Fe} 5.96% 的正浮铁尾，其中含 Nb_2O_5 和 Sc_2O_3 得到了较大提高，在经处理回收 Nb_2O_5 和 Sc_2O_3 后，其中的铁大部分还有可能被回收成商品产品。即使暂不回收 Nb_2O_5 与 Sc_2O_3，提高铁精矿铁品位降低杂质对炼铁工艺也是有效益的，这需要进行进一步技术经济计算。

稀土精矿的生产也具有较大的可调性，根据市场需要，只需适当提高强磁选机的场强就可使强磁中矿稀土回收率上升，从而提高稀土精矿生产量，当然也可另设生产系统从强磁尾矿中进行增收。

M-M-F 流程的第三个突出特点是它不仅为生产优质铁精矿提供了保障，还为逐步实现全面综合利用开辟了广阔前景。

当然，M-M-F 流程本身仍有很大潜力，与连续试验相比还有许多事情要做，使流程不断完善，效益不断提高。随着钢铁冶金技术不断进步，对铁精矿质量提出更高要求，选矿技术的进步、原矿石性质的变化也要求我们不断创新。

第二阶段工业分流半工业试验 5 种成分数质量流程如图 2-11 所示。

M-M-F 选矿工艺流程的研制成功，历经十余年的克难攻关，积累创立了许多宝贵经验。

2.3.2 磁—磁（M-M）选矿流程试验

2.3.2.1 包钢矿山研究室（包钢矿山研究院前身）小型试验成果

1970 年该研究室每次用 233 ~ 229g 矿样，球介质做的强磁试验结果如下：

α_{TFe} = 32.71%，α_{REO} = 7.85%，γ_{TFe} = 50.64%，β_{TFe} = 55.65%，ε_{TFe} = 86.15%，$\beta_{Nb_2O_5}$ = 0.15%，$\varepsilon_{Nb_2O_5}$ = 54.83% 铁精矿；

$\alpha_{Nb_2O_5}$ = 0.1386%，γ_{REO} = 15.29%，β_{REO} = 25.30%，ε_{REO} = 49.30%，$\beta_{Nb_2O_5}$ = 0.24%，$\varepsilon_{Nb_2O_5}$ = 26.48% 稀土精矿。

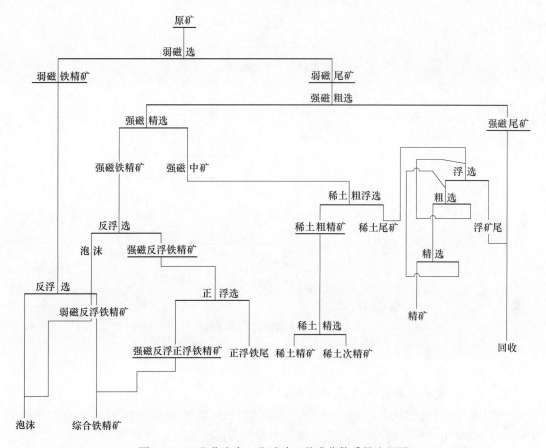

图 2-11　工业分流半工业试验 5 种成分数质量流程图

特点：

（1）中低场强选出磁铁矿和半假象及部分假象赤铁矿；高场强粗选另部分假象赤铁矿和原生赤铁矿、褐铁矿，再经低场强精选得富铁中矿和稀土精矿。

（2）稀土和铌在弱磁铁精矿和强磁粗精矿中得到了富集，后者通过精选作业使铁和稀土、铌获得了初步分离。

（3）铁和稀土精矿品位低杂质高，急待提高。详见图 2-12 和表 2-9。

表 2-9　M-M 小型试验选别指标

产　品	$\gamma/\%$	$\beta/\%$				$\varepsilon/\%$			
		TFe	REO	F	Nb_2O_5	TFe	REO	F	Nb_2O_5
铁精矿 A	43.43	57.77	3.23	3.82	0.136	76.70	17.83	11.33	42.42
尾　矿	34.07	4.88	5.34	30.27	0.076	5.08	23.19	70.82	18.69
强磁粗精矿	22.50	26.49	20.58	11.55	0.240	18.22	58.98	17.85	38.89
铁精矿 B	7.21	42.87	10.54	7.07	0.240	9.45	9.68	3.50	12.41
稀土精矿	15.29	18.80	25.30	13.70	0.240	8.77	49.30	14.35	26.48
铁精矿（A + B）	50.64	55.65	4.26	4.26	0.150	86.15	27.51	14.83	54.83
原　矿	100.00	32.71	7.85	14.56	0.1386	100.00	100.00	100.00	100.00

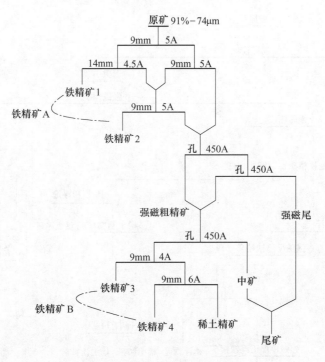

图 2-12 M-M 小型试验流程图

2.3.2.2 包钢选矿厂工业试验成果

1970 年 10 月包钢选矿厂在一个生产系列进行了 M-M 流程选矿工业试验,规模为 120t/d、2880t/h、95 万吨/年。工艺流程和主要设备连接如图 2-13 所示。

原矿石经三段两闭路磨矿,分级溢流细度为 91.6% - 74μm,矿石处理能力为 120t/h 或 2880t/d 即 95 万吨/年。

弱磁选磁场强度为 1800 ~ 1300Oe。中强磁选机为 φ2.3m 强磁环,场强为 6000 ~ 8000Oe,作业为一次粗选、一次扫选和两次精选,扫选精矿和两次精选尾矿一起经浓密机返回粗选作业。

1970 年 9 月 15 日全天完整班样的取样、化验、计算结果见表 2-10 ~ 表 2-13。

表 2-10 M-M 流程工业试验选矿指标

产品	γ/%	β/%							ε/%						
		Fe	Nb₂O₅	REO	F	S	P₂O₅	SiO₂	Fe	Nb₂O₅	REO	F	S	P₂O₅	SiO₂
弱磁铁精矿	29.80	62.30	0.068	0.98	1.30	0.175	0.273	2.00	54.28	16.92	6.02	4.26	9.09	5.25	8.90
中强磁铁精矿	18.03	46.80	0.108	2.20	4.50	0.424	0.635	5.71	24.67	16.25	8.18	8.94	13.36	7.41	15.41
磁选铁精矿	47.83	56.46	0.083	1.44	2.51	0.269	0.410	3.41	78.95	33.17	14.20	13.20	22.45	12.66	24.31
弱磁选尾矿	70.20	22.27	0.142	6.49	12.41	0.743	2.092	8.70	45.72	83.08	93.98	95.74	90.91	94.75	91.10
中强磁尾矿	52.17	13.80	0.154	7.98	15.14	0.853	25.95	9.72	21.05	66.83	85.80	86.80	77.55	87.34	75.69
原矿	100.00	34.20	0.120	4.85	9.10	0.574	1.55	6.70	100.00	100.00	100.00	100.00	100.00	100.00	100.00

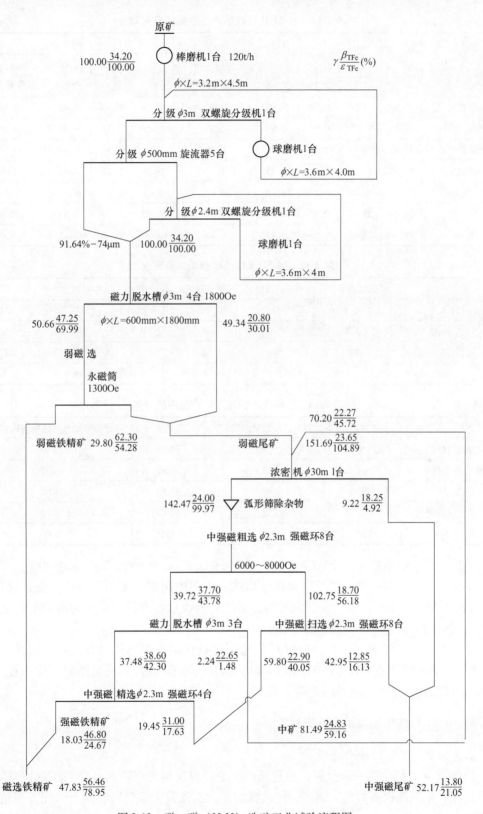

图 2-13　磁—磁（M-M）选矿工业试验流程图

表 2-11 M-M 流程选矿产品铁物相分配率

产　品	$\gamma/\%$	$\beta/\%$				$\varepsilon/\%$			
		TFe	Fe_3O_4 之 Fe	Fe_2O_3 之 Fe	硅酸盐和 其他难溶 Fe	TFe	Fe_3O_4 之 Fe	Fe_2O_3 之 Fe	硅酸盐和 其他难溶 Fe
弱磁铁精矿	29.80	62.50	32.30	29.90	0.30	53.16	97.96	36.48	11.46
中强磁铁精矿	18.03	47.70	0.93	45.97	0.80	24.55	1.71	33.93	18.49
磁选铁精矿	47.83	56.93	20.49	35.96	0.48	77.71	99.67	70.41	29.95
中强磁尾矿	42.95	14.10	0.05	12.95	1.10	17.29	0.22	22.77	60.59
浓密溢流	9.22	19.00	0.12	18.08	0.80	5.00	0.11	6.82	9.46
中　矿	81.49	25.90	0.12	24.53	1.25	60.25	1.00	81.83	130.61
原　矿	100.00	35.03	9.83	24.43	0.78	100.00	100.00	100.00	100.00

表 2-12 M-M 流程铁矿物单体解离度

产　品		弱磁铁精矿	中强磁铁精矿	磁选铁精矿	中矿	中强磁选尾矿	原矿
单体解离度/%		92.4	85.1	87.4	78.6	75.5	79.3
连生体	铁-萤石/%	2.5	5.0	4.3	9.1	9.6	9.7
	铁-稀土/%	3.2	5.4	4.3	7.3	9.6	6.0
	铁-其他/%	1.9	4.5	4.0	5.0	5.3	5.0

表 2-13 各种铁矿物在选矿产品中的分布 （％）

产　品	磁铁矿	假象、半假象赤铁矿	赤铁矿	铁硅酸盐及其他难溶铁矿物
弱磁铁精矿	约98	约90	约10	约10
中强磁铁精矿	约2	约10	约50	约20
中强磁尾矿	微	微	约30	约60
浓密机溢流	微	微	约10	约10
总　计	100	100	100	100

可以看出，铁精矿 $\gamma=47.83\%$，$\beta_{Fe}=56.46\%$，$\varepsilon_{Fe}=78.95\%$，$\alpha_{Fe}=34.20\%$。

稀土、萤石、硫、磷、硅等绝大部分均选入中强磁尾矿。铌 1/3 分布在磁选铁精矿、2/3 在尾矿中，因未经浮选，无药剂影响，对综合回收这些有用矿物较为有利。铁精矿品位低、杂质高，需进一步进行精选分离。

证明弱磁—中强磁（M-M）流程对分选中贫氧化矿石中之铁是有效的，成功的。表 2-11 显示，原矿中有 99.67% Fe_3O_4 和 70.41% Fe_2O_3 的 Fe 被选入磁选铁精矿中。在 20 世纪 70 年代期间，这样的成果已是很可贵了。

2.3.3 M-M-F 选矿流程扩大连选试验

2.3.3.1 流程的重大进展

1983 年 4 月提出第三流程后，通过长沙矿冶研究院和北京科大（原北京钢铁学院）3 个月工作，使该流程获得重大进展，使选铁指标大有改善，综合回收稀土、铌方面达到了新水平。

1983 年 11 月，长沙矿冶研究院提交了一份选矿扩大连选试验报告，各项指标比预料的要好。

在处理原矿量为 1.2t/d，磨细度为 95% −74μm 条件下，获得了以下结果。

铁精矿：$\gamma = 40.55\%$，$\beta_{Fe} = 62.92\%$，$\varepsilon_{Fe} = 81.63\%$。$\beta_F = 0.20\%$，$\beta_P < 0.1\%$，$\beta_{K_2O+Na_2O} = 0.36\%$。

用扩大试验的强磁中矿为原料经实验室浮选试验获得了以下结果。

稀土精矿：$\beta_{REO} = 67\%$，$\varepsilon_{REO} = 28\%$；$\beta_{REO} = 40\% \sim 50\%$，$\varepsilon_{REO} = 12\%$。

铌精矿：$\beta_{Nb_2O_5} = 0.52\%$，$\varepsilon_{Nb_2O_5} = 20.00\%$，$\beta_{Fe} = 25.94\%$，$\varepsilon_{Fe} = 3.85\%$。

如图 2-14 所示，M-M-F 流程由三部分组成。即弱磁—强磁选生产磁选铁精矿，铁精矿反浮选，除氟精选和强磁中矿浮选稀土及稀土尾矿，浮选铌铁精选三部分。前两部分是选铁精矿（连选结果详见图 2-14、表 2-14、表 2-15），后部分系综合回收稀土、铌，实验室小型试验结果如图 2-15、表 2-16、表 2-17 所示。磁选铁精矿降氟降钾钠精选新方案小型试验结果如图 2-14、表 2-14 所示。

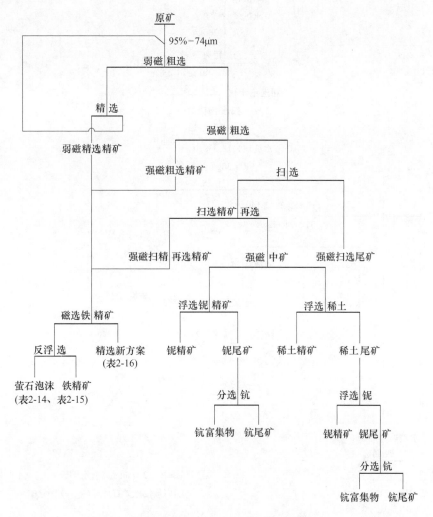

图 2-14　M-M-F 流程扩大连选试验原则流程图

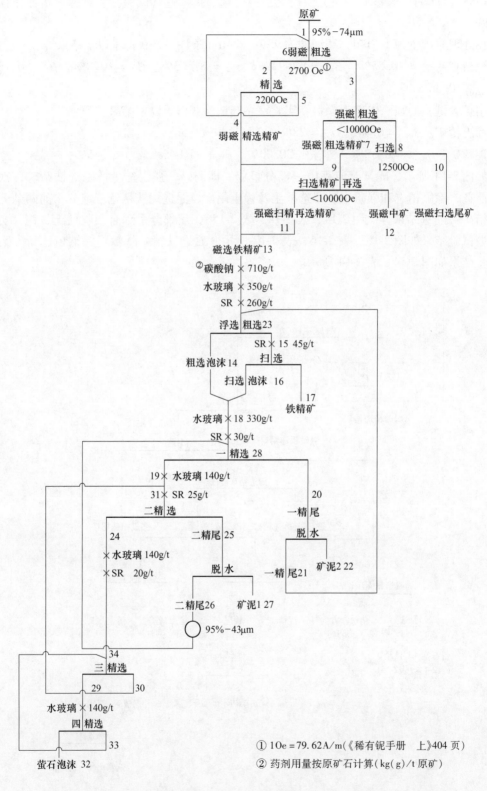

图 2-15 混合型矿样弱磁—强磁—浮选（中矿再磨）扩大连选试验工艺流程图

① 1Oe＝79.62A/m（《稀有铌手册 上》404 页）

② 药剂用量按原矿石计算（kg(g)/t 原矿）

表 2-14 中贫氧化矿混合型矿样 M-M-F（中矿再磨）流程扩大连续试验结果

产　品	$\gamma/\%$	$\beta\%$						$\varepsilon/\%$					
		Fe	F	REO	Nb_2O_5	Na_2O	K_2O	Fe	F	REO	Nb_2O_5	Na_2O	K_2O
（1）原矿	100.00	31.25	9.08	6.68	0.12	0.54	0.16	100.00	100.00	100.00	100.00	100.00	100.00
（2）弱磁粗选精矿	27.55	58.04						51.17					
（3）弱磁粗选尾矿	78.29	22.19	11.28	8.24	0.14	0.68	0.19	55.58	97.23	96.59	94.58	97.99	93.19
（4）弱磁精选精矿	21.71	63.93	1.16	1.05	0.03	0.05	0.05	44.42	2.77	3.41	5.42	2.01	6.81
（5）弱磁精选尾矿	5.84	36.19						6.75					
（6）原矿＋弱精尾	105.84	31.52						106.75					
（7）强磁粗选精矿	7.49	53.84	3.76	2.17	0.09	0.21	0.06	12.90	3.10	2.43	5.59	2.89	2.81
（8）强磁粗选尾矿	70.80	18.84	12.01	8.89	0.15	0.13	0.20	42.68	94.13	94.16	88.99	95.10	90.38
（9）强磁扫选精矿	34.80	33.06	6.29	12.43	0.21	0.96	0.25	36.82	24.11	64.74	61.97	61.95	54.38
（10）强磁扫选尾矿	36.00	5.09	17.66	5.46	0.09	0.50	0.16	5.86	70.02	29.42	27.02	33.15	36.00
（11）强磁扫精再选精矿	18.04	50.86	3.84	4.07	0.17	0.61	0.07	29.34	7.63	11.00	25.61	20.26	7.88
（12）强磁扫精再选尾矿（强磁中矿）	16.76	13.95	8.93	21.42	0.26	1.34	0.44	7.48	16.48	53.74	36.36	41.69	46.50
（13）磁选铁精矿	47.24	57.32	2.59	2.38	0.09	0.29	0.06	86.66	13.50	16.84	36.62	25.16	17.50
（14）浮选粗选泡沫													
（15）浮选粗选尾矿													
（16）浮选扫选泡沫													
（17）浮选扫选尾矿-浮选铁精矿	40.55	62.92	0.20	0.58	0.085	0.31	0.059	81.63	0.89	3.52	28.78	23.37	15.00
（18）浮选粗、扫选泡沫	22.10	43.39	5.93	8.67	0.22	0.27	0.070	30.69	14.43	28.68	39.95	11.09	9.94
（19）一精选精矿	18.52	37.26	7.82	12.77	0.21	0.21	0.050	22.08	15.96	35.41	32.27	7.35	5.88
（20）一精选尾矿	15.64	51.66	1.11	6.75	0.26	0.33	0.080	25.86	1.92	15.80	32.78	9.50	7.81
（21）脱水一精选尾矿	15.41	52.06	1.07	6.66	0.25	0.33	0.080	25.66	1.82	15.36	32.11	9.30	7.44
（22）矿泥 2	0.23	26.95	3.95	12.78	0.35	0.48	4.530	0.20	0.10	0.44	0.67	0.20	0.37
（23）磁选铁精矿＋脱水－精选尾矿	62.65	56.03	2.22	3.43	0.13	0.29	0.660	112.32	15.32	32.20	68.73	34.36	24.94
（24）二精选精矿	14.71	34.13	11.07	12.16	0.18	0.19	0.060	16.06	17.94	26.78	30.36	7.65	3.31
（25）二精选尾矿	12.14	44.46	2.61	12.51	0.25	0.26	0.050	17.28	3.49	22.73	25.35	5.82	3.88
（26）脱水二精选尾矿	12.06	44.69	2.60	12.45	0.25	0.26	0.050	17.25	3.45	22.53	25.10	5.76	3.75
（27）矿泥 1	0.08	10.04	4.54	16.70	0.38	0.40	0.300	0.03	0.04	0.20	0.25	0.06	0.13
（28）浮选粗、扫选泡沫＋脱水二精选尾矿	34.16	43.85	4.75	10.01	0.23	0.27	0.060	47.94	17.88	51.21	65.05	16.85	13.69
（29）三精选精矿	12.28	31.03	14.42	11.08	0.15	0.15	0.050	12.19	19.50	20.37	15.76	3.37	4.19
（30）三精选尾矿	8.33	42.28	5.96	11.31	0.21	0.24	0.050	11.26	5.47	14.10	14.60	3.68	3.12
（31）一精选精矿＋三精选尾矿	26.85	38.81	7.25	12.32	0.21	0.22	0.050	33.34	21.43	49.51	46.87	11.03	9.00
（32）萤石泡沫	6.38	23.51	17.75	13.27	0.13	0.13	0.050	4.80	12.47	12.68	6.92	1.53	2.00
（33）四精选尾矿	5.90	39.20	10.82	8.71	0.18	0.17	0.060	7.39	7.03	7.69	8.84	1.84	2.19
（34）二精选精矿＋四精选尾矿	20.61	35.57	4.26	11.15	0.18	0.18	0.060	23.45	24.97	34.47	30.36	7.65	3.31

表 2-15   M-M-F 流程选铁产品铁物相分配率

产品	$\gamma/\%$	$\beta/\%$						$\varepsilon/\%$					ε_{Fe}
		TFe	其中					其中					
			Fe_3O_4 之 Fe①	Fe_2O_3 之 Fe②	硅酸盐 之 Fe③	碳酸盐 之 Fe④	硫化物 之 Fe⑤	①	②	③	④	⑤	
强磁尾矿	36.61	5.75	0.11	3.44	1.77	0.40	0.03	0.41	6.33	38.27	34.57	28.99	6.62
强磁中矿	15.97	14.99	0.15	11.35	3.16	0.31	0.02	0.25	9.12	29.80	11.69	8.42	7.52
磁选铁精矿	47.42	57.58	20.48	35.45	1.14	0.48	0.05	99.34	84.55	31.93	59.74	62.59	85.86
原矿	100.00	31.81	9.78	19.88	1.69	0.42	0.04	100.00	100.00	100.00	100.00	100.00	100.00

2.3.3.2   综合回收稀土、铌小型试验成果

以扩大连选试验所获强磁中矿为原料，用羟肟酸药剂组合浮选稀土精矿，再以稀土浮选尾矿为原料，用另一种羟肟酸药剂组合，浮选铌精矿，均获得了较好的选别结果。它们的工艺条件和所得指标分别如图 2-16、表 2-16 和图 2-17、表 2-17 所示。

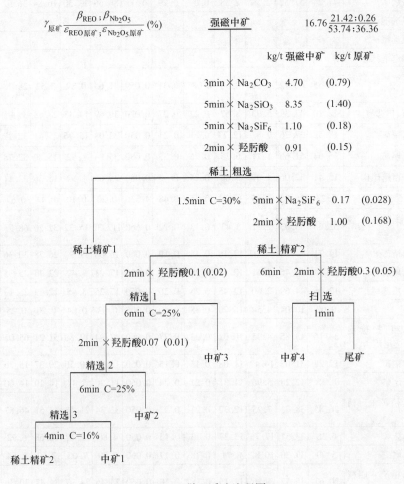

图 2-16   稀土浮选流程图

表 2-16 稀土浮选结果

产 品	γ/%		β_{REO}/%	ε_{REO}/%	
	对强磁中矿	对原矿		对强磁中矿	对原矿
稀土精矿1	6.02	1.01	67.42	18.85	10.13
稀土精矿2	10.53	1.76	67.23	32.87	17.66
稀土精矿合计	16.55	2.77	67.30	51.72	27.79
中矿1	3.81	0.64	58.70	10.86	5.84
中矿2	5.89	0.99	38.66	10.58	5.69
中矿合计	9.70	1.63	46.53	21.44	11.53
中矿3	22.16	3.71	14.29	14.72	7.91
中矿4	3.81	0.64	24.15	4.27	2.29
尾 矿	47.78	8.01	3.53	7.85	4.22

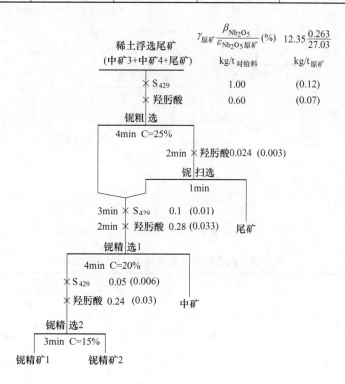

图 2-17 铌矿物浮选流程图

表 2-17 铌矿物浮选结果

产 品	γ/%		β/%		$\varepsilon_{Nb_2O_5}$/%	
	对给料	对原矿	Nb_2O_5	Fe	对给料	对原矿
铌精矿1	19.85	2.45	0.73	31.93	55.01	14.80
铌精矿2	6.98	0.86	0.36	20.41	9.53	2.58
中矿	10.73	1.33	0.23	18.51	9.38	2.54
粗精矿	37.56	4.64	0.52	25.94	73.92	20.01
尾 矿	62.44	7.71	0.11	9.61	26.08	7.06
给 料	100.00	12.35	0.263	15.47	100.00	27.07

2.3.3.3 磁选铁精矿精选新成果

扩大连续试验所得铁精矿含（$K_2O + Na_2O$）为 0.36% ~ 0.38%。为进一步降低其含量，继而开展了铁精矿脱除钾、钠的试验研究。

试验是在连选磁选铁精矿已有细度（96.45% − 74μm）条件下进行的。试验选矿流程、工艺条件、所得结果如图 2-18、表 2-18 所示。

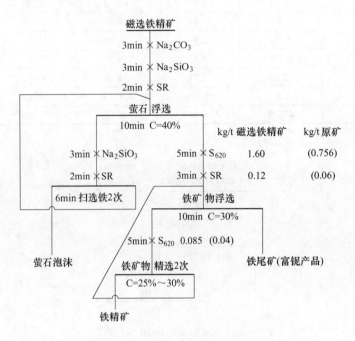

图 2-18 磁选铁精矿脱氟降钾、钠浮选流程图

表 2-18 磁选铁精矿脱氟降钾、钠试验结果

产品	γ/%		β/%					ε/%			
								Fe		Nb_2O_5	
	对磁选铁精矿	对原矿	TFe	F	Nb_2O_5	K_2O	Na_2O	对磁选铁精矿	对原矿	对磁选铁精矿	对原矿
萤石泡沫	17.52	8.28	31.25		0.10			7.66	6.65	15.64	5.82
铁精矿	75.98	35.89	65.13	0.21	0.09	0.02	0.17	86.50	75.10	61.13	22.75
铁尾矿（富铌产品）	6.50	3.07	51.45		0.40			5.84	5.07	23.23	8.65
磁选铁精矿	100.00	47.24	57.21		0.11			100.00	86.82	100.00	37.22

试验结果表明：可获得 β_{Fe} 64% ~ 66%，ε_{Fe} 75% 左右的铁精矿，含 $Na_2O + K_2O$ 降至 0.2% 以下。

对浮选铌精矿而言，将表 2-17 所记的铌精矿 1 和铌精矿 2 合并，其中含 Nb_2O_5 为 0.63%，含 Fe 为 29%，再与表 2-18 所记的富铌产品（铁尾矿）加在一起，可得到对原矿计算的 γ = 6.38%，$\beta_{Nb_2O_5}$ = 0.52%，$\varepsilon_{Nb_2O_5}$ = 25% 左右的铌铁精矿，其中含 Fe 40% ~ 45%，ε_{Fe} 约 8%。

2.3.3.4 选矿产品 3 个表

磁选铁精矿、强磁中矿、强磁尾矿、浮选铁精矿、浮选萤石泡沫产品的多元素化学分析及粒度分析结果见表 2-19、表 2-20。各选矿产品比重测定结果见表 2-21。

表 2-19 M-M-F 流程混合型矿样扩大连续试验主要产品多元素化学分析

产　品		$\beta/\%$													
		TFe	SFe	FeO	F	SiO$_2$	CaO	MgO	REO	Nb$_2$O$_5$	Al$_2$O$_3$	K$_2$O	Na$_2$O	MnO	BaO	P
中矿再磨	强磁尾矿	5.60	5.44	0.11	17.66	25.64	29.26	0.40	5.39	0.09	2.53	0.17	0.50	0.21	7.27	1.50
	强磁中矿	14.62	13.03	0.24	8.93	22.41	14.44	1.40	21.42	0.26	3.74	0.16	1.35	0.58	1.24	2.03
	磁选铁精矿	57.60	57.41	6.06	2.24	7.54	2.92	0.41	2.62	0.10	0.61	0.02	0.29	0.29	0.26	0.26
	浮选铁精矿	62.44	62.18	6.94	0.20	7.53	0.93	0.33	0.58	0.10	0.62	0.02	0.31	0.25	<0.10	0.07
	萤石泡沫	24.12	24.07	1.49	18.34	3.03	28.18	0.28	11.88	0.13	0.64		0.11	0.44	2.07	1.29
中矿不再磨	浮选铁精矿	62.03	61.48	6.87	0.24	7.73	1.73	0.29	0.72	—	0.25	0.05	0.29	0.26	<0.10	0.10
	萤石泡沫	22.76	22.62	1.42	19.65	2.79	30.90	0.34	11.02	0.10	0.45	0.05	0.14	0.43	1.80	1.12

表 2-20 混合型矿样扩大连选试验主要产品粒度分析

产　品	粒级/μm	$\gamma/\%$	$\beta/\%$				
			TFe	F	REO	K$_2$O	Na$_2$O
强磁尾矿	+74	7.41	1.01	11.41	1.05		
	74~37	24.26	1.53	19.45	2.60		
	37~19	27.92	2.91	19.70	6.10		
	19~10	14.42	7.11	18.33	9.26		
	−10	25.99	12.57	15.01	7.98		
	合计	100.00	5.55	17.61	5.82		
强磁中矿	+74	9.52	7.75	9.87	3.35		
	74~37	52.88	12.10	10.10	23.41		
	37~19	28.57	21.21	5.68	25.97		
	19~10	5.27	26.77	4.75	22.68		
	−10	3.76	29.65	4.47	15.47		
	合计	100.00	15.72	8.32	21.90		
磁选铁精矿	+74	3.55	23.12	6.60	2.10		
	74~37	64.54	62.02	1.55	1.78		
	37~19	26.99	54.31	2.66	4.10		
	19~10	3.79	48.29	3.28	5.25		
	−10	1.13	41.76	4.33	5.15		
	合计	100.00	57.81	2.12	2.59		
浮选铁精矿	+74	2.22	17.79	1.87	1.97	0.47	0.96
	74~45	14.85	54.51	0.54	1.80	0.11	0.38
	45~37	50.30	68.53	0.11	0.71	0.01	0.16
	37~19	29.06	62.73	0.12	0.50	0.04	0.31
	19~10	2.82	56.01	0.12	0.62	0.11	1.16
	−10	0.75	49.82	0.26	0.83	0.21	1.13
	合计	100.00	63.13	0.25		0.05	0.2

产　品		粒级/μm	γ/%	β/%				
				TFe	F	REO	K₂O	Na₂O
萤石泡沫		+74	4.40	8.02	33.76	2.77		
		74~37	77.84	28.30	18.79	8.93		
		37~19	16.33	32.15	9.62	14.58		
		19~10	1.01	30.45	6.65	16.92		
		-10	0.42	24.17	8.37	13.24		
		合计	100.00	28.04	17.80			
中矿再磨	浮选铁精矿	+74	4.22	29.74	1.60	1.79	0.35	0.83
		74~45	14.68	58.03	0.38	1.39	0.10	0.38
		45~37	58.72	67.22	0.12	0.64	0.04	0.14
		37~19	19.40	60.89		0.59	0.10	0.64
		19~10	2.18	54.39	0.18	0.98	0.16	0.92
		-10	0.80	53.89	0.25	1.11	0.23	0.64
		合计	100.00	62.68	0.22	0.80	0.07	0.32
	萤石泡沫	+74	2.12	12.36	27.37	4.90		
		74~37	61.73	29.95	18.00	8.60		
		37~19	27.97	14.62	15.78	18.10		
		19~10	5.37	14.77	13.63	21.88		
		-10	2.82	12.87	13.87	18.21		
		合计	100.00	23.99	17.22	12.15		

表 2-21　混合型矿样扩大连选试验选矿产品比重测定结果

产品	比重/g·cm⁻³	干容重/g·cm⁻³	产品	比重/g·cm⁻³	干容重/g·cm⁻³
尾矿	3.4025	1.11	萤石稀土泡沫	4.0061	
强磁中矿	3.7919	1.78	铌铁精矿	4.2255	1.81
最终铁精矿	4.9287	2.23	稀土精矿	4.7143	2.16

　　由表 2-20 可以看出，混合型矿样 M-M-F 中矿再磨时浮选铁精矿，粒度适中，95.78%
-74μm，而 -20μm 只占 2.98%，有利于脱水过滤作业；强磁中矿中 -10μm 粒级只占
3%～4%，对回收稀土和铌精矿也是有帮助的。

2.3.4　M-M-F 选矿流程工业分流半工业试验

2.3.4.1　半工业试验总成果

　　在 M-M-F 选矿流程扩大连续试验，取得突破性重大成果基础上，包钢公司（选矿厂）
和长沙矿冶研究院商定，合作进行第三流程选矿部分（M-M-F）工业分流、半工业选矿
试验。

　　在 1987～1988 年两年期间，进行了两个阶段处理原矿 100～120t/d 的半工业试验。第
一阶段，在第 3 生产系列做铁和稀土选矿试验。第二阶段，在第二生产系列做铁、稀土和

铌选矿试验。

对所获弱磁铁精矿和强磁铁精矿的精选采取两种方式：两种精矿合在一起进行反浮选，得最后铁精矿；两种精矿分别精选，对弱磁铁精矿仅做反浮选，而对强磁铁精矿，既做反浮选，以脱除萤石等易浮矿物；又进行弱酸性介质中的正浮选，以排除含铁硅酸盐为主要成分的杂质，求得铁精矿含铁品位的进一步提高。

第一阶段取得的试验成果：

原矿：TFe 33.57%～35.11%；REO 5.49%～5.21%；F 8.37%～7.39%；P 0.975%～0.901%。

铁精矿：TFe 60.54%～61.10%；F 0.85%～0.74%；P 0.12%～0.14%。

$\gamma_{铁精矿}$ 43.90%～46.15%；ε_{TFe} 79.17%～80.31%。

稀土精矿：γ 1.69%；β_{REO} 61.44%；ε_{REO} 18.81%。

稀土次精矿：γ 2.31%；β_{REO} 39.91%；ε_{REO} 16.70%。

第二阶段取得的试验成果：

原矿：TFe 31.90%；REO 4.90%；Nb_2O_5 0.097%；Sc_2O_3 120.32×10^{-4}%。

反浮弱磁铁精矿：γ 24.28%；β_{TFe} 65.88%；ε_{TFe} 50.14%。

反浮正浮强磁铁精矿：γ 11.31%；β_{TFe} 60.30%；ε_{TFe} 21.38%。

综合铁精矿：γ 35.59%；β_{TFe} 64.10%；ε_{TFe} 71.52%。

稀土精矿：γ 1.34%；β_{REO} 61.50%；ε_{REO} 16.82%。

稀土次精矿：γ 1.83%；β_{REO} 38.75%；ε_{REO} 14.47%。

铌铁精矿：γ 1.93%；$\beta_{Nb_2O_5}$ 0.81%；β_{TFe} 43.60%；$\varepsilon_{Nb_2O_5}$ 16.08%；ε_{TFe} 2.64%。

钪富集产品：浮铌尾矿 γ 14.29%；$\beta_{Sc_2O_3}$ 244.15×10^{-4}%；$\varepsilon_{Sc_2O_3}$ 29.00%。

强磁反浮正浮尾矿 γ 7.07%；$\beta_{Sc_2O_3}$ 227.69×10^{-4}%；$\varepsilon_{Sc_2O_3}$ 13.38%。

2.3.4.2 试验成功的七项先进有效技术措施

120t/d 规模两个阶段工业分流半工业试验，之所以获得优异成果，除了包钢选矿厂和长沙矿冶研究院团结合作、创造性的工作、人为因素最重要之外，他们的七项先进、有效的技术措施保证了试验的成功。

（1）工艺矿物学研究新成果起了重要作用。结合半工业试验，对矿物包裹体和贫连生体的研究结果，有助于选矿工艺流程的改善和选矿工艺指标的提高。

研究指出，原矿磨至 90%－74μm 后，继续细磨，铁矿物单体解离度增加趋缓，因各矿物间广泛存在 5～20μm 微细粒，互相包裹所致。进一步细磨，仅可把较大连生的包裹体变为较多、较小的连生包裹体，除能少许改善铁精矿质量外，将使磨矿费用猛增，选矿过程恶化，增加金属损失。据包钢选厂多年生产实践经验，采取降低磨矿机给矿粒度，稳定给矿量，补加 φ30mm 小球，加强分级作业操作等措施，在磨矿细度 90%－74μm 左右条件下，减少过磨现象，保证选矿厂，稳定正常生产，完全可行。

（2）先进的强磁机、合理的聚磁介质组合形式。采用长沙矿冶研究院研制的 SHP-700 型强磁选机，粗选作业，用尖尖相对齿板，场强 1114kA/m，精选用尖谷齿板，场强 480kA/m 的齿板组合形式，保证了强磁作业的正常运行。

（3）紧抓选铁这一主要矛盾，把磁—浮二法的特长充分开发利用起来。对包头白云鄂博异常复杂的矿石，铁的回收是综合利用的主要矛盾，即只有把铁的问题解决好了，才有可能解决其他有用成分的利用问题。第三流程的本质优越性就在于此。

在当前科技发展历史阶段，首先利用诸种组成矿物的磁性差别，依次分成强磁性、中强磁性、弱磁性和基本无磁性4组，相应地采用弱磁场磁选、中强磁场磁选和高场强磁选，进行分选4组产品；接着再用行之有效的阴离子捕收剂，浮选、磁选铁精矿中的萤石等易浮的诸矿物。如此，可以获得优质铁精矿，满足钢铁生产的需要。

对含硅高的中贫氧化矿石，是否还需要增加赤铁矿和铁硅酸盐的弱酸性介质正浮选分选作业，将由市场需要和经济效益二因素决定。

（4）几种新药剂的使用效果良好。长沙矿冶研究院研制成功两种新型浮选捕收剂，加上使用 H205 稀土浮选捕收剂，是 M-M-F 流程成功的重要因素之一。

一是 SR 捕收剂，其分子式为：

$$\begin{array}{c} H \\ | \\ C-COOH \\ H_2C \quad CHCH_3 \\ | \qquad | \\ H_2C-CH_2 \end{array}$$

它是粗环烷酸经磺化缩合而成。水溶性好，耐硬水性和耐湿性的新型捕收剂。

二是 EM—2，其分子式为：

它是含芳基、羧基及磺酸基团的新型捕收剂。

EM-2 和氧化石蜡皂混合使用称为 SLM 药剂。用 SLM 或单用 SR，在碱性介质中浮选萤石、重晶石、磷灰石等易浮矿物，或在弱酸性介质中浮选赤铁矿，都获得了良好结果。

（5） Na_2SiF_6 与乳化氧化石蜡皂（SLM）正浮选铁。在 pH 值为 5~6，用 Na_2SiF_6 调浆并抑制含铁硅酸盐矿物，用乳化氧化石蜡皂为捕收剂，正浮选赤铁矿工艺，取得了 α_{TFe} = 47.45%，β_{TFe} 60.30%，ε_{TFe} 78.19%，γ 61.53% 的良好结果。

（6）少量添加剂改善了 H205 的稀土浮选指标。在 H205 中加入 5% 的环肪酸后，提高了浮选稀土的工艺指标。

稀土浮选给矿即强磁中矿含 REO 13.58%。

稀土粗精矿含 REO 49.00%；γ 23.53%；ε_{REO} 84.91%。二精分选开路分离成两种产品：

一是稀土精矿：γ 9.94%；β_{REO} 61.44%；ε_{REO} 44.98%。

二是稀土次精矿：γ13.59%；β_{REO} 39.91%；ε_{REO} 39.93%。

（7）制定了浮选铌铁精矿的工艺技术。在使用 $C_{5~9}$ 羟肪酸为捕收剂的情况下，通过多方案探索、比较、研究，选择出 CMC 和草酸两种最佳调整抑制剂，使选铌指标取得了突破性进展。用 H_2SO_4 调浆，pH 值为 5.5~6。

2.3.4.3 第一阶段工业分流选矿试验

（1）工艺流程（如图2-19所示）和设备联结（如图2-20所示）。原矿经弱磁选、一次粗选、一次精选，其尾矿经强磁一次粗选、一次精选。选出的弱磁铁精矿和强磁铁精矿合在一起，进行反浮选，强磁中矿作稀土浮选给矿。

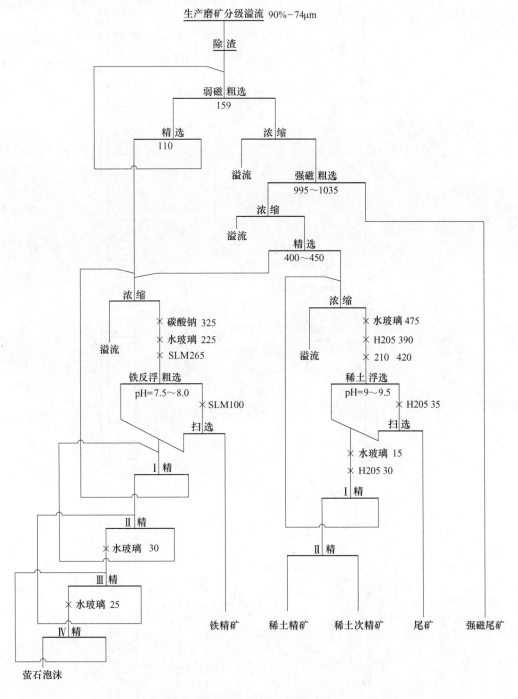

图2-19 弱磁—强磁—浮选回收铁、稀土试验工艺流程

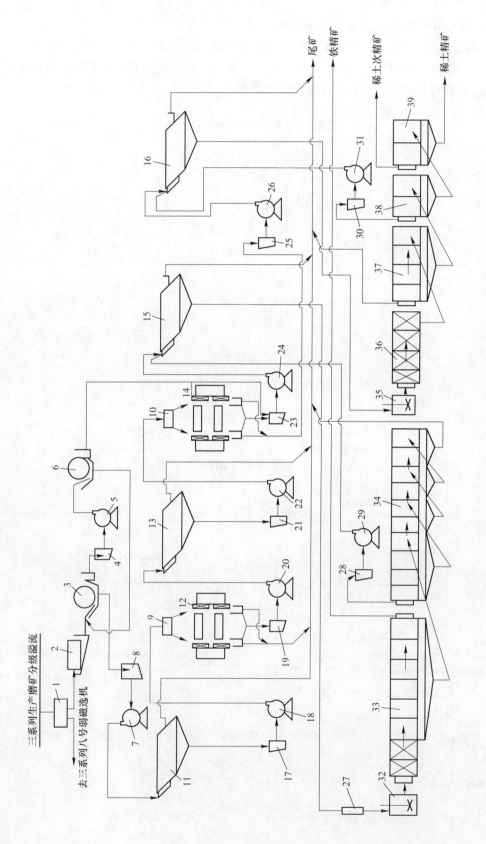

图 2-20 弱磁—强磁—浮选工业分流实验设备联系图

图 2-20 中设备见表 2-22。

表 2-22 图 2-20 设备清单

序号	设备名称及规格	单位	数量	序号	设备名称及规格	单位	数量
1	分矿器	台	1	21	泵箱	个	1
2	ϕ600mm×700mm 圆筒隔渣筛	台	1	22	1in 衬胶砂泵	台	1
3	ϕ1050mm×2400mm 永磁磁选机	台	1	23	泵箱	个	1
4	泵箱	个	1	24	2in 衬胶砂泵	台	1
5	2in 衬胶砂泵	台	1	25	泵箱	个	1
6	ϕ750mm×1800mm 永磁磁选机	台	1	26	2in 衬胶砂泵	台	1
7	2in 衬胶砂泵	台	1	27	脱磁器	个	1
8	泵箱	个	1	28	泵箱	个	1
9	分矿器	个	1	29	1in 衬胶砂泵	台	1
10	分矿器	个	1	30	泵箱	个	1
11	3m 倾斜浓密箱	个	1	31	1in 衬胶砂泵	台	1
12	SHP-700 型强磁选机	台	1	32	搅拌筒	台	1
13	3m 倾斜浓密箱	个	1	33	4A 浮选机	箱	5
14	SHP-700 型强磁选机	台	1	34	3A 浮选机	箱	10
15	3m 倾斜浓密箱	个	1	35	搅拌筒	台	1
16	3m 倾斜浓密箱	个	1	36	4A 浮选机	箱	4
17	泵箱	个	1	37	3A 浮选机	箱	4
18	1in 衬胶砂泵	台	1	38	3A 浮选机	箱	2
19	泵箱	个	1	39	3A 浮选机	箱	2
20	2in 衬胶砂泵	台	1				

原矿取自第 3 生产系列 8 号弱磁选机给矿管。分出的矿流入 ϕ600mm×700mm 圆筒隔渣筛 2，筛下矿浆流入 ϕ1050mm×2400mm 永磁弱磁选机 3 进行粗选，粗精矿经 2in 泵送入 ϕ750mm×1800mm 永磁弱磁选机 6 进行精选，得弱磁铁精矿。

弱磁粗选尾矿，经 2in 泵送到 3m×3m 倾斜浓密箱 11 脱水，底流经 1in 泵 18 送至 SHP-700mm 强磁选机 12 粗选，粗选尾矿作最终尾矿排出。强磁粗选精矿经 2in 泵 20，送入 3m×3m 倾斜浓密箱 13 脱水，底流矿浆经 1in 泵送到 SHP-700 强磁选机 14 精选。

弱磁铁精矿和强磁铁精矿合并在一起，送 3m×3m 倾斜浓密箱 15 脱水，底流矿浆控制其浓度至 35% 左右，自流入 ϕ1.5m 储矿缓冲搅拌槽 32，并加入碳酸钠。4A 浮选机 33 中，第一槽加入水玻璃，第二槽加 SR（SLM），铁反浮选粗选 4 个槽，扫选 2 个槽。扫选、浮选槽的沉矿即最终浮选铁精矿。

反浮选、粗选和扫选泡沫给入 3A 浮选机 34，一次精选 4 个槽，2~4 次精选各 2 槽。一次精选中矿（即一次精选尾矿）经 1in 泵 29 返回，加入浓密箱 15，2~4 次精选的中矿，依次返回前一作业。第 4 次精选泡沫作为最终尾矿排出。

因浓密和浮选设备所限，在磁选铁精矿进行反浮选时，将强磁中矿并入尾矿排掉。反浮选试验完成后，弱磁—强磁作业仍然照常进行，而将磁选铁精矿排入第 3 生产系列的精矿泵池。将强磁中矿经2in泵26（稀土浮选所用设备和磁选铁精矿，反浮选所用的是同一套设备。为图示稀土浮选设备的联结情况，所以再次画出该套设备）送至3m×3m浓密箱16脱水，底流浓密控制在40%左右，自流入φ15储矿缓冲搅拌筒35，然后自流入4A浮选机36。前2槽加入水玻璃搅拌，第3槽加入捕收剂H205搅拌，第4槽加入起泡剂210。

经药剂作用过的矿浆进入到3A浮选机37浮选稀土，粗选2槽，扫选2槽，扫选槽内沉矿，作为尾矿排出（作下一步浮选铌铁精矿的给料）。

稀土粗选泡沫1次精选2槽，2次精选2槽。1次精选中矿，经1in泵送至倾斜浓密箱16和强磁中矿一起脱水，2次精选泡沫即稀土精矿，2次精选槽内产品为稀土次精矿。

浮选过程给药，均使用杯式给药机，它供给液体药剂准确。每分钟最少量为5mL。浮选稀土用的起泡剂为210，则用液恒压的下口瓶，经玻璃旋塞给药。

（2）M-M-SR反浮选铁数质量、矿浆、加药三张流程图如图2-21～图2-23所示。

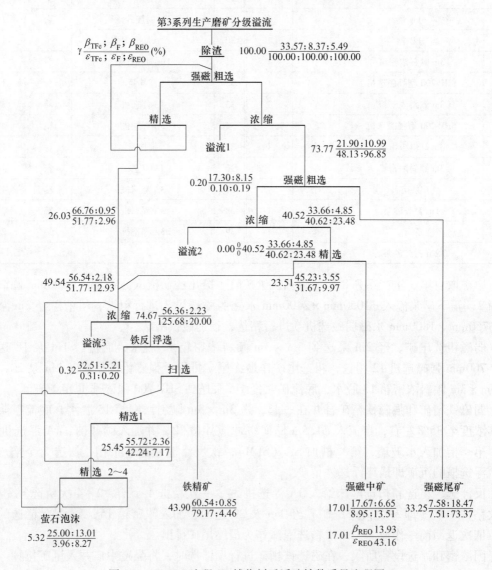

图2-21 M-M-F流程SR捕收剂反浮选铁数质量流程图

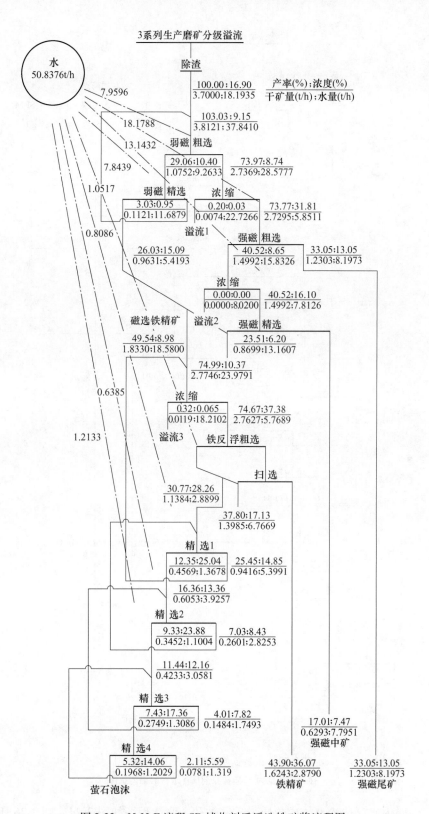

图 2-22 M-M-F 流程 SR 捕收剂反浮选铁矿浆流程图

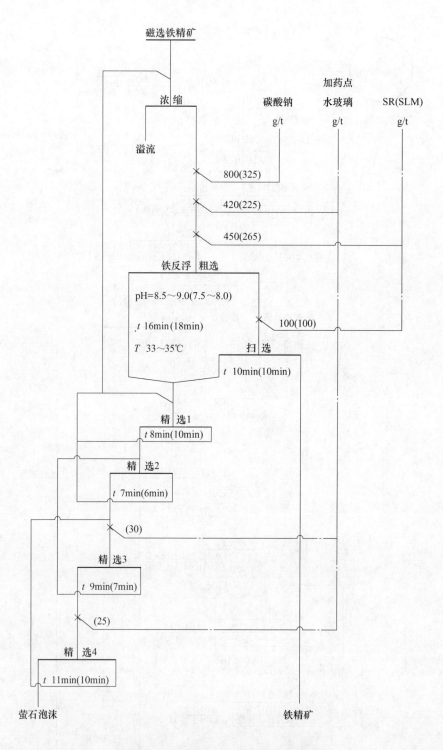

图 2-23 磁选铁精矿反浮选工艺流程图
（括号内数据为 SLM 捕收剂反浮选铁的工艺条件）

（3）强磁中矿浮选稀土精矿数质量矿浆加药 3 张流程图如图 2-24 ~ 图 2-26 所示。

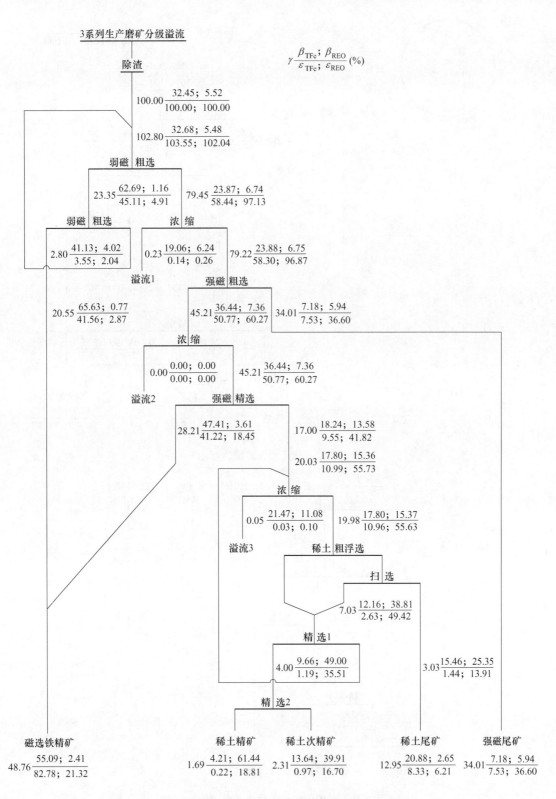

图 2-24　M-M-F 流程强磁中矿浮选稀土数质量流程图

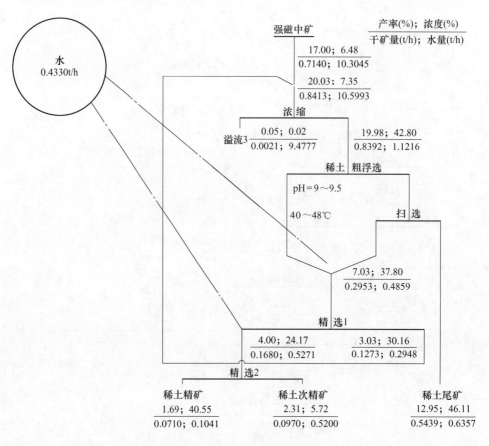

图 2-25　稀土浮选矿浆流程图

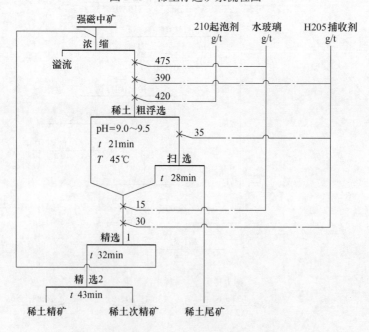

图 2-26　强磁中矿稀土浮选药剂添加系统图

（4）选矿产品的矿物组成、多元素化学分析和粒度分析见表2-23～表2-25。

表2-23　工业分流选矿试验原矿石和选矿各产品的矿物组成　　　　（%）

矿物名称	原矿石			弱磁铁精矿	弱磁强磁综合铁精矿	强磁铁精矿	强磁中矿	强磁尾矿	弱磁强磁反浮选铁精矿	弱磁强磁反浮选泡沫	稀土精矿	稀土次精矿	稀土浮选尾矿
	1号	2号	3号										
(1)铁矿物含量	46.8	46.3	43.1	95.2	77.70	61.6	22.9	8.4	85.6	35.6	4.9	18.0	25.5
(2)钠辉石、钠闪石	8.4	8.4	5.2	1.0	5.15	12.4	12.5	4.8	7.3	2.6	0.4	2.3	15.5
(3)黑云母、金云母	4.0	3.7	3.7	0.3	1.11	2.5	6.8	5.3	0.8	0.9	—	0.5	8.7
(4)石英长石	4.3	6.8	8.8	0.7	1.82	2.7	10.3	9.5	1.4	1.2	0.2	2.4	13.7
(2)~(4)含量	16.7	18.9	17.7	2.0	8.08	17.6	29.6	19.6	9.5	4.7	0.6	5.2	37.9
(5)其他主要含铌矿物	0.5	0.5	0.5	少	0.30	0.5	0.5	0.5	少	1.0	微	1.0	1.0
(6)萤石	16.3	15.2	18.6	1.5	6.46	8.1	14.6	37.0	1.6	28.2	0.3	7.5	17.9
(7)磷灰石	3.1	3.0	3.0		0.70	1.0	3.2	7.5	0.2	3.5		1.0	2.5
(8)重晶石	3.2	2.5	3.3		0.40	0.5	1.9	8.7	—	1.3	4.1	5.9	1.5
(9)黄铁矿	0.5	0.6	—				0.7		0.8	0.4		0.3	
(10)白云石、方解石	5.4	5.2	5.9	0.6	2.93	5.2	9.0	8.6	1.6	10.9	2.9	6.2	9.9
(6)~(10)含量	28.5	26.5	30.8	2.1	10.49	15.5	28.7	62.6	3.8	44.2	7.3	20.6	31.8
(11)氟碳铈矿	5.1	5.5	5.5	0.5	2.22	3.3	12.5	8.9	0.77	10.1	67.0	37.4	2.4
(12)独居石	2.4	2.3	2.4	0.2	1.21	1.5	5.8		0.33	4.4	20.2	17.8	1.4
(11)、(12)总量	7.5	7.8	7.9	0.7	3.43	4.8	17.3	8.9	1.10	14.5	87.2	55.2	3.8
(6)~(12)总量	36.0	34.3	38.7	2.8	13.92	20.3	47.0	71.5	4.9	58.7	94.5	75.8	35.6
(1)~(12)总量	100.00	100.00	100.00	100.00	100.00	100.00	100.00	100.00	100.00	100.00	100.00	100.00	100.00

表2-24　原矿石和选矿主要产品多元素化学分析

项　目	γ/%	β/%																				
		TFe	SRe	FeO	Fe$_2$O$_3$	REO	Nb$_2$O$_5$	F	SiO$_2$	TiO$_2$	MnO	MgO	CaO	BaO	Na$_2$O	K$_2$O	ThO$_2$	P	S	CO$_2$	Al$_2$O$_3$	TFe/FeO
原矿石样1号		34.17	33.37	5.77		5.38	0.086	8.60	9.16	0.54	0.89	1.51	15.40	2.23	0.8	0.52	0.034	0.898	0.98	3.34	1.25	5.92
原矿石样2号		34.98	33.39	5.53		5.50	0.122	7.60	11.66	0.46	1.37	1.22	14.10	1.68	0.8	0.45	0.046	0.95	0.67	3.31	1.07	6.33
原矿石样3号		31.25	30.00	4.70		5.70	0.140	9.68	12.50	0.558	1.09	1.12	16.00	2.34		0.41	0.032	0.943	0.99	—	1.06	6.65
SR-4 弱磁铁精矿	26.03	66.95	66.53	19.99	73.50[x)]	0.60	0.014	0.78	1.60	0.16	0.39	0.25	1.45	0.05	0.09	0.09	0.023	0.09	0.10	0.95	0.25	
SR-8 强磁铁精矿	23.51	46.15	43.39	1.53	64.28	3.50	0.140	4.04	8.76	0.91	2.61	1.15	7.70	0.33	1.15	0.33	0.023	0.40	4.04	3.37	0.66	
SR-9 强磁中矿	17.01	19.20	15.68	2.16	25.05	15.30	0.204	7.00	16.46	0.91	1.43	3.31	12.50	1.13	1.50	0.27	0.064	1.32	0.63	6.49	2.42	
SR-强磁尾矿	33.45	7.89	6.60	0.59	10.62	6.60	0.11	18.75	12.46	0.33	0.65	5.00	34.30	6.22	0.49	0.64	0.034	1.82	2.16	4.03	1.62	
SR-12 反浮铁精矿	43.90	61.02	59.24	12.93	72.87	0.80	0.11	0.92	5.36	0.51	0.72	0.57	1.85	0.09	0.68	0.20	0.023	0.112	0.26	1.39	0.37	
SR-19 反浮泡沫	5.64	27.09	26.22	6.88	33.31	10.08	0.145	13.28	2.74	0.53	0.15	1.66	23.40	0.91	0.24	0.20	0.005	1.14	0.67	3.31	0.48	
SLM-12 反浮铁精矿	43.90	61.71	60.25	12.71		0.88	0.10	0.89	4.82	0.36	1.10	0.64	1.65	0.11	0.43	0.18	0.023	0.136	0.25	1.39	0.37	

续表 2-24

项目	γ/%	β/%																				
		TFe	SRe	FeO	Fe₂O₃	REO	Nb₂O₅	F	SiO₂	TiO₂	MnO	MgO	CaO	BaO	Na₂O	K₂O	ThO₂	P	S	CO₂	Al₂O₃	TFe/FeO
SLM-9 反浮泡沫	5.64	23.88	23.18	4.83		9.65	0.10	15.05	2.53	0.40	2.83	1.37	16.60	1.17	0.20	0.10	0.018	1.14	0.44	9.20	0.40	
																				CO₂ +H₂O		
稀土精矿	4.15	3.55	0.05			61.50	0.065	6.20	1.24	0.16	0.69	0.12	5.01	0.29	0.07	0.02	0.320	3.495	0.48	13.97	0.15	
稀土次精矿	13.35	12.60	0.55			38.75	0.18	7.03	3.84	0.55	1.17	0.60	11.08	0.76	0.24	0.10	0.245	3.524	0.67	10.55	0.36	
稀土尾矿	20.40	17.60	2.80			2.63	0.27	9.08	23.75	1.09	1.43	3.86	17.34	1.62	1.59	1.04	0.022	0.489	0.65	4.97	2.82	
铌铁精矿																						
铌尾矿																						
溢流1		17.30						8.15														
溢流3		32.51						5.21														

表 2-25 选矿产品粒度分析 （%）

粒度/μm		>76	76~38	38~32	32~23	23~16	16~7	<7	合计
弱磁铁精矿	γ	7.48	43.8	10.68	6.95	10.26	6.94	13.89	100
	β_{TFe}	59.2	66.7	69.1	68.5	68.5	68.7	68.8	67.14
	β_{F}	2	0.8	0.6	0.6	0.7	0.6	0.5	0.79
	ε_{TFe}	6.6	43.51	10.99	7.09	10.47	7.1	14.24	100
	ε_{F}	18.97	44.43	8.12	5.29	9.11	5.28	8.8	100
强磁铁精矿	γ	12.82	45.83	13.89	7.16	11.22	4.81	4.27	100
	β_{TFe}	31.8	47.1	55.2	50.2	46.6	48	49.4	46.57
	β_{F}	7.9	4.27	1.5	2.4	2.5	2.1	1.9	3.81
	ε_{TFe}	8.75	46.35	16.46	7.72	11.23	4.96	4.53	100
	ε_{F}	26.56	51.33	5.46	4.51	7.36	2.65	2.13	100
弱磁尾矿	γ	12.34	36.16	10.73	5.9	11.8	6.44	16.63	100
	β_{TFe}	15.4	24.25	18.75	22.5	18.7	18.25	18.1	21.47
	β_{F}	13.7	4.55	7.8	10.4	11.4	11.3	10.85	8.66
	ε_{TFe}	8.85	40.84	14.36	6.18	10.28	5.47	14.02	100
	ε_{F}	19.51	18.99	9.66	7.08	15.53	8.4	20.83	100
SR 铁反浮选泡沫	γ	7.59	47.79	4.75	12.45	6.33	11.6	9.49	100
	β_{TFe}	15.8	23.7	21.6	31.9	25.3	21.7	46.1	25.92
	β_{F}	22.9	13.9	9.3	7.8	9.6	9.5	4.9	11.97
	ε_{TFe}	4.62	43.7	3.96	15.32	6.18	9.71	16.51	100
	ε_{F}	14.52	55.5	3.69	8.11	5.08	9.21	3.89	100
SLM 铁反浮选泡沫	γ	8.91	43.81	13.59	7.61	13.04	5.43	7.61	100
	β_{TFe}	14.05	21.4	29.6	23.15	19.85	19.25	30.5	22.37
	β_{F}	29.1	19.8	9.8	12.2	13	12.5	9.8	16.65
	ε_{TFe}	5.6	41.92	17.98	7.88	11.57	4.67	10.38	100
	ε_{F}	15.57	52.11	8	5.58	10.18	4.08	4.48	100
强磁选尾矿	γ	18.29	25.33	8.04	4.82	14.57	8.84	20.11	100
	β_{TFe}	3.4	2.95	4.3	4.2	5.65	8.45	14.2	6.34
	β_{F}	3.05	4	10.95	8.55	8.35	8.3	5.5	5.92
	ε_{TFe}	9.81	11.78	5.45	3.19	12.98	11.78	45.01	100
	ε_{F}	9.42	17.12	14.87	6.96	20.55	12.4	18.68	100

2.3.4.4 第二阶段工业分流选矿试验

A 工艺流程、设备联结及药剂

a 原矿

试验用原矿石取自第二生产系列的磨矿分级溢流。处理矿量为 5t/h，即 120t/d。磨细度为 92.97%，铁、稀土、铌的单体解离度分别为 85%、70% 和 50%。

矿石化学成分（%）：TFe 31.90、REO 4.90、Nb_2O_5 0.097、F 8.20、SiO_2 15.50、CaO 14.40、BaO 1.91、K_2O 0.82、Na_2O 0.86、P_2O_5 1.96、MnO 1.44、S 1.08、CO_2 3.74。组成矿物主要有磁铁矿（14.9%）、赤铁矿（26.0%）、氟碳铈矿（4.6%）、独居石（2.1%）、萤石（16.1%）、钠辉石和钠闪石（8.9%）、石英（8.6%）、白云石和方解石（6.2%）、云母（4.5%）、重晶石（2.6%）、磷灰石（3.1%）。铁和铌矿物的物相分析结果见表 2-26 和表 2-27。

表 2-26 原矿铁物相分析结果 （%）

铁物相	磁铁矿之铁	赤褐铁矿之铁	碳酸铁之铁	硫化铁之铁	硅酸铁之铁	总铁量
含量	16.50	11.25	0.50	0.50	2.85	31.60
分布率	52.22	35.60	1.58	1.58	9.02	100.00

表 2-27 原矿铌物相分析结果 （%）

铌物相	铌铁矿之 Nb_2O_5	铌铁金红石之 Nb_2O_5	烧绿石之 Nb_2O_5	易解石之 Nb_2O_5	总量 Nb_2O_5
含量	0.038	0.031	0.023	0.010	0.102
分布率	37.26	30.39	22.55	9.80	100.00

b 流程

原矿经弱磁选（一次粗选、一次精选，场强 0.12T）选出磁铁精矿。弱磁选尾矿进行强磁选（场强 1.5T）粗选，尾矿为最终尾矿，粗精矿用场强 0.6T 强磁机精选，得到强磁铁精矿和强磁中矿，即强磁精选尾矿。

弱磁选出的磁铁精矿得铁精矿 1 和萤石泡沫 1。

强磁铁精矿先经铁反浮选，得萤石泡沫 2 和强磁反浮铁精矿，为排除其中 $K_2O + Na_2O$ 等杂质，提高其精矿铁品位，再进行一次铁正浮选作业，得铁精矿 2 和反正浮选铁尾矿。

强磁中矿浮选稀土精矿后，浮选铌，得富铌铁精矿。

c 药剂

铁反浮选用碳酸钠、水玻璃、SLM 捕收剂；铁正浮选用氟硅酸钠、SLM 捕收剂。

稀土浮选用水玻璃、H205 捕收剂、210 号起泡剂。

铌浮选用硫酸、CMC、草酸和 $C_{5 \sim 9}$ 羟肟酸捕收剂。

M-M-F 流程第二阶段半工业分流试验 Fe、Nb、Sc、RE、F 五大元素数质量流程图如图 2-11 所示。

d 设备联结

试验所用主要设备及其相互联结如图 2-27 所示。

B 浮选铌精矿的两个技术方法

长沙矿冶研究院在半工业分流试验阶段提出两个浮选铌铁精矿的方法：一是从强磁中矿直接浮选铌铁精矿；二是先从强磁中矿浮选稀土精矿，再从稀土浮选尾矿中浮选铌铁精矿。两种方法所获得的选铌工艺指标，较以前均有很大提高。

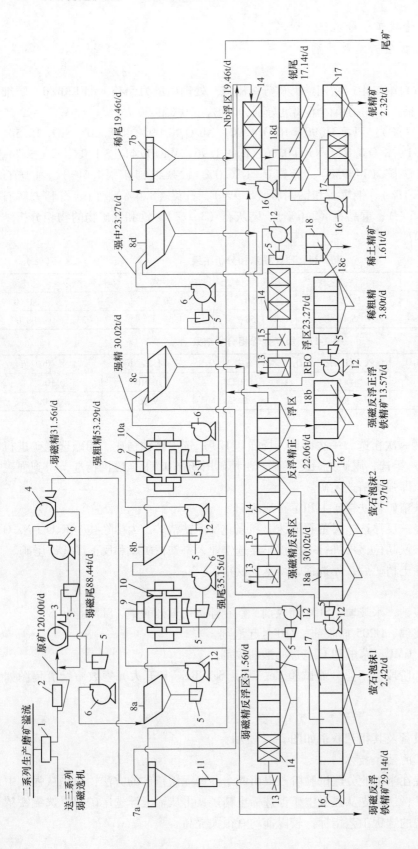

图 2-27 弱磁—强磁—浮选第二阶段工业分流实验设备联系图

1—分矿箱；2—φ600×700 圆筒隔渣筛 1 台；3—φ1050×2400 永磁弱磁选机 1 台；4—φ750×1800 永磁弱磁选机 1 台；5—泵箱 11 个；6—2in 衬胶砂泵 5 台；
7—φ1500 脱水槽 2 个；8—3m 倾斜浓密箱 4 个；9—分矿器 2 个；10—SHP-700 强磁选机 2 台；11—脱磁器 1 台；12—1in 衬胶砂泵 6 台；
13—φ1500 脱水槽 14 槽；14—4A 浮选机 22 槽；15—φ1000 搅拌槽 2 台；16—3/4in 立式砂泵 4 台；
17—1A 浮选机 14 槽；18—3A 浮选机 24 槽

从强磁中矿直接浮选铌铁精矿如图 2-28、表 2-28 所示。

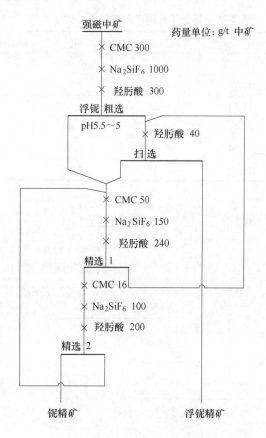

图 2-28　强磁中矿直接浮选铌铁精矿

表 2-28　强磁中矿浮铌试验指标　　　　　　　　　　　　　　（%）

试验	产品	γ/%	$\beta_{Nb_2O_5}$	β_{Fe}	β_{REO}	$\varepsilon_{Nb_2O_5}$	ε_{Fe}	ε_{REO}
小型试验	铌精矿	24.13	0.75	34.07	9.03	69.43	56.53	10.95
	铌尾矿	75.87	0.105	8.33	23.38	30.57	43.47	89.05
	强磁中矿	100.00	0.26	14.54	19.92	100.00	100.00	100.00
扩大连续试验	铌精矿	24.28	0.68	32.58	7.64	63.50		
	铌尾矿	75.72	0.124	8.99	21.81	36.50		
	强磁中矿	100.00	0.26	14.72	18.37	100.00		

　　矿浆浓度：粗选 35%~40%

　　　　　　精选 15%~20%

　　矿浆温度：30℃

　　搅拌时间：Na_2SiF_6　　　　　3~5min

　　　　　　CMC

　　　　　　$C_{5~9}$羟肟酸　　　　3~5min

　　　　　　H_2SO_4

从稀土浮选尾矿浮选铌铁精矿见表2-29、图2-29。

表2-29 稀土浮选尾矿浮选铌开路试验结果 （%）

产 品	产率	$\beta_{Nb_2O_5}$	β_{Fe}	β_{REO}	$\varepsilon_{Nb_2O_5}$
铌铁精矿	7.51	1.28	49.00	3.50	38.52
中矿1	6.78	0.61	37.53		16.54
中矿2	17.14	0.34	26.41		23.71
中矿3	11.14	0.12	18.90		5.35
尾矿	57.14	0.069	12.08		15.88
原料（稀土浮选尾矿）	100.00	0.25	19.84	2.63	100.00

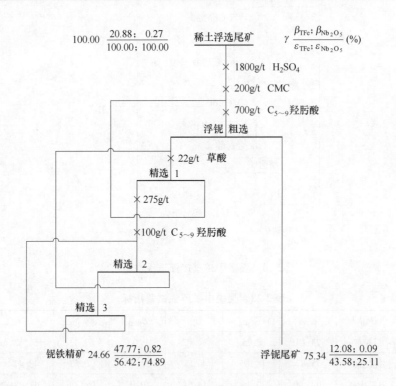

图2-29 铌浮选工艺流程及药剂制度

第二阶段工业分流试验选矿产品多元素化学分析结果见表2-30。

表2-30 第二阶段工业分流试验选矿产品多元素化学分析结果 （%）

产品	原矿石	铌铁精矿	浮铌尾矿	稀土尾矿	稀土次精矿	稀土精矿	稀土粗精矿	强磁中矿	萤石泡沫	反浮铁精矿	强磁铁精矿	正浮铁精矿	正浮铁尾矿	反浮铁精矿
γ	100	1.93	14.29	16.22	1.83	1.34	3.17	19.39	6.64	18.38	25.02	11.31	7.07	18.38
TFe	31.9	43.6	11.3	15.14	13.35	4.15	9.46	14.21	19.2	47.45	39.95	60.3	26.9	47.45
Nb_2O_5	0.097	0.81	0.085	0.17	0.18	0.065	0.131	0.164	0.162[x)]	0.128	0.137	0.12	0.14	0.128
TiO_2	0.44	0.8	0.38	0.43	0.56	0.16	0.39	0.42						

产品	原矿石	铌铁精矿	浮铌尾矿	稀土尾矿	稀土次精矿	稀土精矿	稀土粗精矿	强磁中矿	萤石泡沫	反浮铁精矿	强磁铁精矿	正浮铁精矿	正浮铁尾矿	反浮铁精矿
SiO_2	15.5	9.6	26.4	24.4	3.84	1.24	2.74	20.86				6.4	33.8	16.94
MnO	1.44	3.69	2.49	2.63	1.17	0.69	0.97	2.36						
K_2O	0.82	0.22	1.14	1.03	0.1	0.02	0.07	0.87				0.15	1.04	0.49
Na_2O	0.855	1.5	2	1.94	0.24	0.07	0.17	1.65				0.52	3.29	1.59
Al_2O_3	1.27	0.47	1.98	1.8	0.36	0.15	0.27	1.55						
MgO	1.86	0.85	4.42	4	0.61	0.12	0.4	3.41				0.55	1.9	1.07
REO	4.9	2.1	3.9	3.69	38.75	61.5	48.37	10.99	9	1.13	3.22	0.4	2.3	1.13
P_2O_5	1.96	0.71	1.88	1.74	3.52	3.5	3.51	2.03	2.55	0.38	0.96	0.17	0.72	0.38
CaO	14.4	3.85	20.35	18.39	11.08	5.01	8.51	16.77	27.45	2.88	9.4	1.1	5.73	2.88
F	8.2	2.45	9.7	8.84	7.03	6.2	6.68	8.48	15.68	1.71	5.42	0.75	3.25	1.71
BaO	1.91	0.76	1.74	1.62	0.76	0.29	0.56	1.45				0.16	0.65	0.35
S	1.08	3.44	0.52	0.87	0.67	0.48	0.59	0.82	0.57	0.6	0.59	0.66	0.51	0.6
CO_2	3.74	3.15	5.61	5.32	—	—	—	6.41	9.39	2.08	4.02	1.04	3.74	2.08
Sc_2O_3	120.32	248.92	244.15	244.72				117.69	223.95					
$CO_2 + H_2O$					10.55	13.97	12							
SFe												58.8	20.1	43.91
TFeO												1.65	2.9	2.13
FeSi												2.8	6.25	4.13
FeS												0.6	0.75	0.66
$FeCO_3$												0.4	0.3	0.36

2.3.5 M-M-F 流程改造选矿厂生产第 1、第 3 系列可行性研究

包钢公司领导，根据包钢选矿厂和长沙矿冶研究院合作进行的白云鄂博主东矿，中贫氧化矿 M-M-F 流程（第三流程选矿部分）综合回收铁、稀土工业分流半工业试验所取得的优异成果，决定按照该工艺流程对包钢选矿厂第 1 和第 3 两个生产系列（处理原矿石量为 7200t/d，即 232.58 万吨/年，产铁精矿 84 万吨/年，稀土精矿 7 万吨/年，其中，高品位近 3 万吨/年）进行技术改造。

整个设计工作由包钢设计院负责，在通过可行性研究工作报告后，直接进行初步设计和施工设计工作。流程如图 2-30 所示。

2.3.5.1 综合技术经济指标

综合技术经济指标见表 2-31。

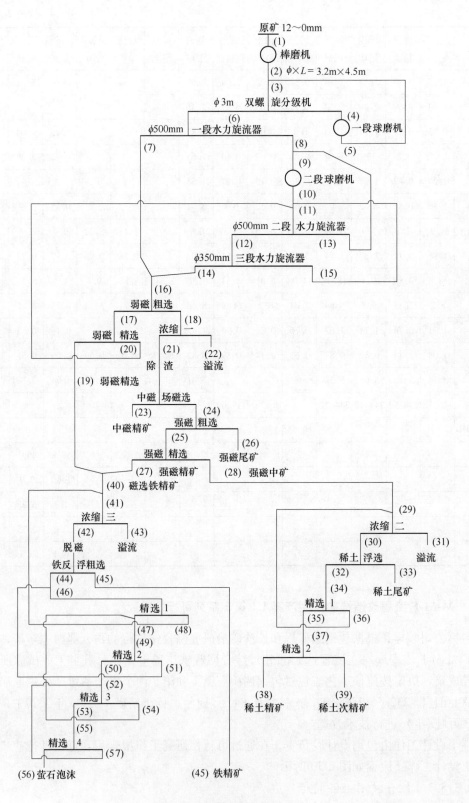

图 2-30 数质量与矿浆流程图

表 2-31 综合技术经济指标

指　　标		改 造 后	改 造 前	增（＋），减（－）
(1)年处理原矿石量/万吨·年$^{-1}$		232.58	232.58	0.00
(2)年产铁精矿量/万吨·年$^{-1}$		83.73	58.14	+25.59
(3)年产稀土精矿量	$\beta_{REO}60\%$/万吨·年$^{-1}$	2.56	0.70	+1.86
	$\beta_{REO}30\%$/万吨·年$^{-1}$	4.09	0.63	+3.46
(4)原矿石	α_{Fe}/%	30	30	0.00
	α_{REO}/%	5.5	5.5	0.00
(5)精矿中金属回收率/%	ε_{Fe}	72	50	+22.00
	$\varepsilon_{REO}60\%$	12	3	+9.00
	$\varepsilon_{REO}30\%$	9.6	1.48	+8.12
(6)作业率/%		88.5	88.5	0.00
(7)总产值/亿元		1.208	0.547	+0.661
其中	铁精矿/亿元	0.610	0.424	+0.187
	稀土精矿(60%)/亿元	0.474	0.104	+0.370
	稀土精矿(30%)/亿元	0.123	0.019	+0.104
(8)总成本/亿元		0.940	0.688	+0.253
其中	铁精矿/元·t^{-1}	59.29	85.17	-25.88
	稀土精矿(60%)/元·t^{-1}	1346.40	2243.24	-897.37
	稀土精矿(30%)/元·t^{-1}	243.46	560.81	-317.35
(9)计算总投资/万元		4415.11		
(10)项目总投资/万元		2259.62		
(11)流动资金/万元		2005.00	646.00	+1359.00

2.3.5.2　数质量与矿浆流程

数质量与矿浆流程见表 2-32。

表 2-32 矿浆明细表

序号	产品名称	产率/%	β_{Fe}/%	β_{REO}/%	ε_{Fe}/%	ε_{REO}/%	Q/t·h^{-1}	W/m^3·h^{-1}	P/%	V/m^3·h^{-1}	d/% $-74\mu m$
1	原矿石	100.00	30.00	5.50	100.00	100.00	300.00	6.1	98.0		9.0
2	棒磨机排矿	100.00					300.00	75.0	80.0		33.0
3	ϕ3m 双螺分级机给矿	375.00					1125.0	815.4	58.0		26.5
4	一段球磨给矿	275.00					825.0	206.3	80.0		10.0
5	二段球磨排矿	275.00					825.0	275.0	75.0		24.2
6	ϕ3m 双螺分级机溢流	100.00					300.00	609.1	33.0	690.2	72.0
7	ϕ500mm 一段旋流器溢流	53.00					159.0	533.2	23.0		97.0
8	ϕ500mm 一段旋流器排矿	47.00					141.0	75.9	65.0		43.8
9	二段球磨给矿	100.00					300.00	147.7	67.0		36.5
10	二段球磨排矿	100.00					300.00	147.7	67.0		60.4
11	ϕ500mm 一段旋流器给矿	134.00					402.00	1149.5	25.9	1252.5	59.6
12	ϕ350mm 三段旋流器给矿	81.00					243.0	1077.7	18.4	1140.8	78.9
13	ϕ500mm 二段旋流器排矿	53.00					159.0	71.8	68.9		43.8
14	ϕ350mm 三段旋流器溢流	51.00					153.0	987.7	13.4		93.0
15	ϕ350mm 三段旋流器排矿	30.00					90.0	90.0	50.0		55.0
16	弱磁粗选给矿	104.00					312.0	1520.9	17.0	1605.3	95.0

续表2-32

序号	产品名称	产率/%	β_{Fe}/%	β_{REO}/%	ε_{Fe}/%	ε_{REO}/%	$Q/t \cdot h^{-1}$	W/$m^3 \cdot h^{-1}$	P/%	V/$m^3 \cdot h^{-1}$	d/% $-74\mu m$
17	弱磁精选给矿	24.77					74.3	160.0	31.7		
18	弱磁尾矿	79.23					237.7	1600.9	12.9	1669.1	
19	弱磁精矿	20.77					62.3	160.0	28.3	173.2	
20	弱磁精选尾矿	4.00					12.0	400.0	2.9		75.0
21	浓缩弱磁尾矿	77.73					233.2	233.2	50.0	299.8	
22	浓缩溢流一	1.50					4.5	1367.7	0.33		
23	中磁精矿	0.94					2.8	30.0	8.5	30.7	
24	强磁给矿	76.79					230.4	263.2	46.7	269.2	
25	强磁精选给矿	35.91					107.7	360.0	23.0	387.7	
26	强磁尾矿	40.88					122.7	333.2	26.9		
27	强磁精矿	19.91					59.7	330.0	15.3	344.5	
28	强磁中矿	16.00	20.00	12.00	10.67	34.91	48.0	430.0	10.0	443.2	
29	浓缩二给矿	18.5					55.5	455.0	10.9	470.4	
30	稀土浮选给矿	18.30					54.9	72.8	43.0	88.0	
31	浓缩溢流二	0.20					0.6	382.2	0.16		
32	稀土粗选精矿	5.36					16.1	27.1	27.3		
33	稀土尾矿	12.94					38.8	45.7	45.9		
34	精选1给矿	5.36					16.1	47.1	25.5		
35	精选1精矿	2.86					8.6	22.1	28.0		
36	精选1尾矿	2.50					7.5	25.0	23.1		
37	精选2给矿	2.86					8.6	32.1	21.1	34.3	
38	稀土精矿	1.10		60.00		12.00	3.3	27.1	10.9		
39	稀土次精矿	1.76		30.00		9.60	5.3	25.0	17.5		
40	磁选铁精矿	41.62	45.50		77.00		124.8	520.0	19.4		
41	浓缩三给矿	55.62					166.8	699.1	19.3	737.9	
42	浓缩磁选铁精矿	55.42					166.3	308.8	35.0	347.2	
43	浓缩溢流三	0.20					0.6	390.3	0.15		
44	铁反浮粗精上	19.42					58.3	129.8	31.0		
45	铁精矿	36.00	60.00	$\beta_F \leqslant 1$ $\beta_P \leqslant 0.15$	72.00		108.0	179.0	37.6	202.5	
46	铁反浮粗精下	28.42					85.3	296.2	22.4	318.9	
47	精选1精矿上	14.42					43.3	117.1	27.0		
48	精选2尾矿	14					42.0	179.1	19.0	189.5	
49	精选1精矿下	20.5					61.5	251.9	19.6	269.0	
50	精选2精矿上	11.5					34.5	115.5	23.0		
51	精选2尾矿	9					27.0	136.4	16.5		
52	精选2精矿下	14.08					42.2	207.1	16.9	218.5	
53	精选3精矿上	8					24.0	102.3	19.0		
54	精选3尾矿	6.08					18.2	104.8	14.8		
55	精选3精矿下	8					24.0	135.9	15.0	142.5	
56	萤石泡沫	5.42					16.3	104.3	13.5		
57	精选4尾矿	2.58					7.7	61.6	11.1		

2.3.5.3　主要工艺设备选择

主要工艺设备选择见表 2-33 ~ 表 2-38。

表 2-33　磨矿分级设备验算与选择

作业	设备	规格	流程量		% -74μm		单产量	台数	容积	电机	备注
			t/h	m³/h	给矿	产品	t/m³·h⁻¹		/m³	/kW	
一次磨矿	棒磨机	$\phi \times L\,3.2 \times 4.5$m	300	—	9	33	1.125	2	32 ×2	900 ×2	原有
二次磨矿	格子型磨机	$\phi \times L\,3.6 \times 4.0$m			10	24.2	1.627	2	36 ×2	1100 ×2	原有
三次磨矿	溢流型磨机	$\phi \times L\,3.6 \times 6.0$m			36.5	60.4	0.664	2	54 ×2	1250 ×2	TDMK1250-40
一次分级	高堰双螺分级机	$\phi 3$m			26.5	72		2		40 ×2	原有
一段旋流器	水力旋流器	$\phi 500$mm	300	690.2	72	97		6(6)			原有，括号内为备用
二段旋流器	水力旋流器	$\phi 500$mm	402	1252.5	59.6	78.9		12(6)			
三段旋流器	水力旋流器	$\phi 350$mm	243	1140.8	78.9	93		16(8)			

表 2-34　磁选机、脱水设备选择（第一方案）

工艺	设备名称	型号	干矿/t·h⁻¹	流程量/m³·h⁻¹	选用台数	铭牌	实际	备注
弱磁粗选	永磁磁选机	TRJ2-1024	312	1605.3	8	40-100	39	原有 2 台半逆流
弱磁精选	永磁磁选机	CTB-718	74.3	176.2	8	35-45	9.3	原有
中磁选	中磁机	YZJ-1024	233.2	299.8	3	40-100	77.7	逆流型
强磁粗选	强磁机	SHP-3200	230.4	269.1	3	80-120	76.8	
强磁精选	强磁机	SHP-3200	107.7	387.7	2	80-120	35.9	
	强磁机	JoneS-DP317			1			
除渣	平面隔渣筛	2 ×2m	233.2	299.8	3		77.7	原有，以稀土矿物计，溢流最大粒度 10μm
弱磁尾浓缩	周边传动浓密机	$\phi 50$M	237.7	1669.1	1			原有
磁铁精矿浓缩	周边传动浓密机	$\phi 50$m	470.4	737.9	1			原有
强磁中矿浓缩	周边传动浓密机	$\phi 50$m	55.5	166.8	1			$\phi 325$
铁反浮前脱磁	脉冲脱磁器	MT-2	166.3	347.2	1			

表 2-35　搅拌与浮选设备选择

作业		流程量		搅拌槽		计算台数	选用台数	规格	浮选机		计算台数	选用台数	备注
		干矿/t·h⁻¹	矿浆/m³·h⁻¹	规格	搅拌时间/min				浮选时间/min				
铁反浮选	粗选	166.3	347.2	$\phi 3 \times 3$m	3(水玻璃)	0.83	1	SF-20	20		6.43	1	1 系列原有设备
				$\phi 3 \times 3$m	3(苏打)	0.83	1	JJF-20				6	
				$\phi 3 \times 3$m	3(SLM)	0.83	1						
	泡沫 1 精选	85.3	318.9					SF-20	18		5.32	2	
								JJF-20				5	
	泡沫 2 精选	61.5	269.0					XJK-5.8	12		9.65	10	
	泡沫 3 精选	42.2	218.5					XJK-5.8	8		6.58	6	
	泡沫 4 精选	24.0	142.5					XJK-5.8	12		5.46	6	

| 作业 | | 流程量 | | 搅拌槽 | | 计算台数 | 选用台数 | 规格 | 浮选机 | 计算台数 | 选用台数 | 备 注 |
		干矿 /t·h⁻¹	矿浆 /m³·h⁻¹	规格	搅拌时间 /min				浮选时间 /min			
稀土浮选	粗选	54.9	88	φ3×3m	12（水）	0.84	1	JJF-4	32	13.04	16	新稀土浮选车间已上设备
				JJF-4 浮选机	10（H205）	3.67	4					
				JJF-4 浮选机	2（210）	0.73	1					
	一精选	16.6	51.5					SF-4	20	4.77	1	
								JJF-4			4	
	二精选	9.1	34.3					SF-4	20	3.18	1	
								JJF-4			4	

表 2-36 稀土浮选给药设备选择

| 作业 | 水玻璃 | | | | H205 | | | | 210 | | | |
| | 用量/L | 给药点 | 计量泵 | | 用量/L | 给药点 | 计量泵 | | 用量/L | 给药点 | 计量泵 | |
			型号	台数			型号	台数			型号	台数
粗选	670.5	1	JZ 型双缸 Q=2500L/h	1	2202	1	JD 型双缸 Q=4000L/h	1[x]	118.6	1	JZ 型单缸 Q=250L/h	1[x]
扫选					198	1	JZ 型单缸 Q=250L/h	1[x]				
一次精选	21.2	1	JX 型双缸 Q=100L/h	1	170	1	JZ 型单缸 Q=250L/h	1[x]				

注：[x] 为新增泵。

表 2-37 矿浆泵初选表

序号	矿浆来源	送往地点	矿浆量 m³/h	矿浆浓度 %	矿浆密度	矿浆泵 型号	矿浆泵 转数 /r·min⁻¹	电动机 型号	电动机 功率 /kW	矿浆泵 工作台数	矿浆泵 备用台数	备注
1	φ3m 螺旋分级机溢流	一段 φ500mm 旋流器	690.2	33	1.32	6PNJ	980	JS117-6	115	2	2	原有
2	二次球磨排矿，φ350mm 旋流器沉砂	二段 φ500mm 旋流器	1252.5	25.9	1.25	6PNJ	980	JS117-6	115	4	2	原有
3	三段 φ500mm 旋流器溢流	三段 φ350mm 旋流器	1140.8	18.4	1.16	6PNJ	980	JS117-6	115	4	2	原有
4	弱磁粗选尾矿	1 号 φ50m 中矿浓密机	1669.1	12.9	1.10	8/6E-AH	980	JS117-6	115	4	2	新增
5	弱磁精矿，铁反浮选 1 精底流	2 号 φ50m 中矿浓密机	326.7	23.5	1.22	8/6E-AH	980	JS117-6	115	1	1	新增
6	1 号 φ50m 浓密机底流	强磁间分矿器	299.8	50.0	1.56	8/6E-AH	980	JS117-6	115	1	1	新增
7	强磁粗精矿	强磁精选前分矿器	387.7	23.0	1.20	6PNJ	980	JS117-6	115	1	1	新增

序号	矿浆来源	送往地点	矿浆量 m³/h	矿浆浓度 %	矿浆密度	矿浆泵 型号	转数 /r·min⁻¹	电动机 型号	功率 /kW	矿浆泵 工作台数	备用台数	备注
8	强磁尾矿	尾矿流槽	372.8	26.9	1.22	8/6E-AH	980	JS117-6	115	1	1	新增
9	强磁中矿	3号φ50m中矿浓密机	443.2	10.0	1.08	8/6E-AH	980	JS117-6	115	1	1	新增
10	强磁、中磁精矿	2号φ50m浓密机	375.2	14.8	1.13	6PNJ	980	JS117-6	115	1	1	新增
11	3号φ50m浓密机底流	新稀土浮选车间	88.0	43.0	1.45	6/4E-AH	1400	Y260M-4	90	1	1	原有
12	2号φ50m浓密机底流	铁反浮φ3m搅拌槽	347.2	35.0	1.37	8/6E-AH	980	JS117-6	115	1	1	新增
13	铁反浮精矿	铁精矿流槽	202.5	37.6	1.42	6PNJ	980	JS117-6	115	1	1	原有
14	铁反浮二精底流	铁反浮一精	144.2	16.5	1.13	4PNJ	1470	Y250M-4	55	1	1	原有

表2-38 重型设备的最大部件

设备	容积/m³	最大装球量/t	功率/kW	电压/V	外形尺寸/m	机重/t	最大部件/t
φ3.6×60m溢流型球磨机	55	102	1250	6000	17.44×7.76×6.33	154	67.5
φ3.6×4.0m溢流型球磨机	36	75	1000	6000	15.2×7.7×6.3	145	42.7
φ3.2×4.5m棒磨机	32.8	82	630	6000	12.7×7.23×5.65	108	39.5

2.3.5.4 基建投资概算

生产系列技术改造基建投资概算总额为2260万元，详见表2-39。

表2-39 按工程项目内容和建筑工程、设备安装等构成 （万元）

费用名称	建筑工程	设备费	安装费	器具	其他	合计
(1)工程费						
室内						
1)1、3系列技术改造	126.34	145.60	58.79	2.38	—	333.11
2)强磁车间	37.25	991.58	132.74	14.88	—	1176.45
3)变电所	36.11	17.56	1.34	0.23	—	55.24
4)空压机站	3.50	10.70	1.44	0.16	—	15.80
5)加压泵房	22.74	14.17	1.90	0.22	—	39.03
6)循环水泵房	4.30	0.80	0.11	0.02	—	5.23
小计	230.24	1180.41	196.32	17.89	—	1624.86
室外	66.99					66.99
合计	297.23	1180.41	196.32	17.89	—	1691.85
(2)其他费用						
1)设计费(可行性阶段)					5.20	5.20

费用名称	建筑工程	设备费	安装费	器具	其他	合计
2)设计费(施工图阶段)					42.24	42.24
3)联合试车运转费					8.46	8.46
4)场地清理费					0.99	0.99
小　计					56.89	56.89
(1)、(2)合计	297.23	1180.41	196.32	17.89	56.89	1748.74
(3)未预料费					262.32	262.32
(1)、(2)、(3)合计	297.23	1180.41	196.32	17.89	319.21	2011.06
(4)涨价预备金					248.56	248.56
总　计	297.23	1180.41	196.32	17.89	567.77	2259.62
占总计的百分比/%	13.15	52.24	8.69	0.79	15.13	100.00

铁精矿和稀土精矿单位成本见表2-40和表2-41。

表2-40　铁精矿单位成本技术表

项　目	单位消耗量/kg·t^{-1}	单价/元	金额/元	铁精矿分摊(除三药剂外,其余各项均按72%分摊)
(1)原料(原矿石)	1t	17.50	17.500	12.60
(2)辅助材料				
1)钢棒	0.371	0.90	0.334	
2)一、二次钢球	1.109	1.084	1.202	
3)衬板	0.152	2.72	0.413	
4)油脂	0.038	1.60	0.061	
5)滤布	0.00013m^2	2.80 元/m^2	0.003	
6)皮带	0.005m^2	20.5 元/m^2	0.103	
小　计			2.116	1.524
(3)药剂				
1)苏打	0.26	0.60	0.156	
2)水玻璃	0.23	0.46	0.106	
3)氧化石蜡皂	0.15	0.98	0.147	
4)EM—2	0.15	1.20	0.180	
小　计			0.589	0.589
(4)新水	0.676m^3	0.11	0.074	0.053
(5)耗电	33.24kW·h	0.091	3.025	2.178
(6)耗热	0.10GJ/t	3.45	0.345	0.248
(7)生产工人工资及附加费			0.563	0.405
(8)折旧及大修费			1.600	1.152
(9)维修费			1.450	1.044
(10)车间经费			2.130	1.534
(11)每吨原矿加工费				8.727
(12)每吨精矿加工费				24.261
(13)每吨铁精矿成本				59.289

注:选矿比 i =2.78。

表 2-41 稀土精矿单位成本计算表

项 目	单位消耗量	单价/元	金额/元	稀土精矿分摊(除三药剂外,其余各项均按28%分摊)
(1)原料(原矿石)	1t	17.50	17.50	4.90
(2)辅助材料			2.116	0.592
(3)药剂	kg/t			
1)水玻璃	0.46	0.46	0.212	
2)H205	0.43	18.00	7.740	
3)210	0.40	3.80	1.520	
4)环肟酸	0.027	18.00	0.486	
5)氨水	0.086	0.21	0.018	
小 计			9.976	9.976
(4)耗水			0.074	0.021
(5)耗电			3.025	0.847
(6)耗热			0.345	0.097
(7)生产工人工资及附加费			0.563	0.158
(8)折旧及大修费				0.718 　[1.60×0.28+0.27 (新稀土浮选车间的份额)]
(9)维修费			1.450	0.406
(10)车间经费			2.130	0.596
(11)每吨原矿加工费				13.411
(12)每吨精矿加工费				440.08
(13)每吨精矿包装费			30.000	30.00
(14)每吨精矿(综合)成本				641.83

2.3.6 M-M-F 新工艺技术改造工业试生产成功实践

2.3.6.1 工艺流程与设备简述

一、三两个生产系列的技术改造工艺流程,是基于第一次工业分流试验成果进行的。与可行性研究工作所用的不同点仅在磨矿分级部分,生产技术改造中的磨矿分级部分,与现场使用的完全相同,只是在第一系列中安装了 $\phi 3.6m \times 6.0m$ 溢流型大型球磨机,其余的均未变化,是一段棒磨开路、两段球磨、两分级闭路流程。原矿石处理量平均为 132.6 吨/(台·时),磨矿粒度为 91.5% $-74\mu m$。

两个磨矿分级系统的磨矿产品,经弱磁选所得的尾矿,一起经浓缩后,用一个生产磁选系列进行中磁、除渣、强磁粗选和精选,所得的中磁和强磁铁精矿与弱磁铁精矿合在一起,统一送铁反浮选工序,反浮选尾矿,即是最终铁精矿。强磁中矿,经浓缩后用 H205 为捕收剂,水玻璃为调整抑制剂,和起泡剂 210,经一次粗选两次精选作业,获得两种稀土精矿。

两个系列弱磁—强磁—浮选生产工艺流程如图 2-31 所示,设备联结如图 2-32 所示。

所用设备和可行性研究工作报告所介绍的基本相同。

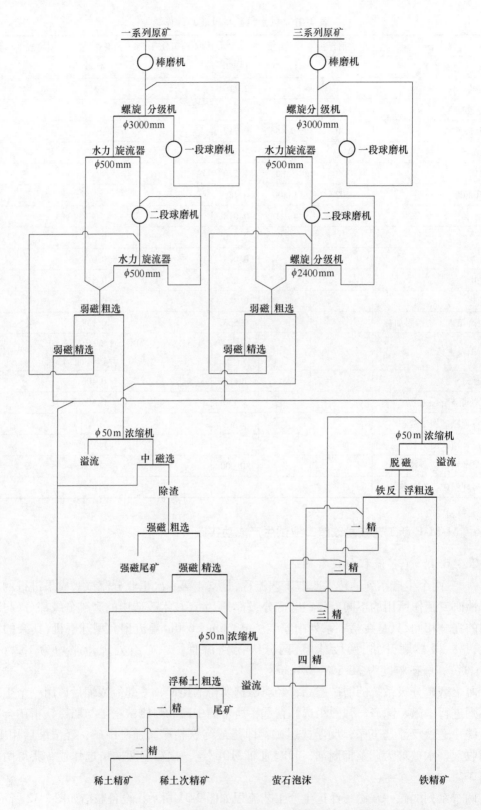

图 2-31　一、三系列弱磁—强磁—浮选生产工艺流程

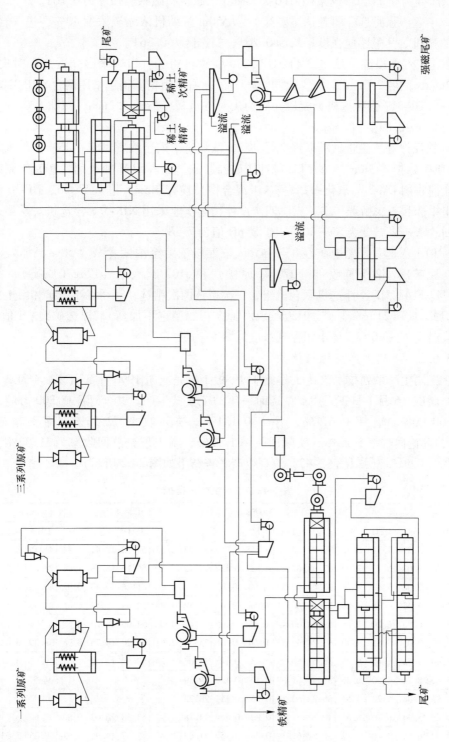

图 2-32 一、三系列技术改造工艺设备联结系统

（1）弱磁选。一次选别改为一次粗选、一次精选闭路。粗选采用 CTB-1024 筒式永磁机，磁感应应为 0.2T，精选采用 CTB-718 筒式永磁机，磁感应强度为 0.16T。

（2）中磁、强磁选。弱磁选尾矿经 1 号 φ50m 浓缩机浓缩至浓度 40%，进 3 台 CBN-1024 中磁选机，其磁感应强度平均为 0.26T，扫选区为 0.36T。

中磁尾矿经两段除渣筛进 3 台 SHP-3200 强磁机粗选。粗选聚磁介质为尖对尖齿板，齿距 3.2mm，间隙 2.0mm，磁感应强度为 1.4T 左右。粗精矿精选采用两台 SHP-3200 强磁选机和一台 DP-317 强磁选机，聚磁介质为尖对谷齿板，齿距 3.2mm，间隙 3.0mm，磁感应强度为 0.5~0.8T。

（3）铁反浮选。磁选铁精矿经 2 号 φ50m 浓缩机浓缩至浓度 40%~45%，加入水玻璃（710g/t 原矿）搅拌 3min，经 MT-2 脉冲脱磁器脱磁，加入 SLM 捕收剂（200g/t 原矿系新型磺酸盐捕收剂 EM-2 与氧化石蜡皂 1∶1 混合物）搅拌 3min，进入 SF-20、JJF-20 浮选机联合机组粗选和一次精选，二、三、四次反浮精选作业采用 XJK-5.8 浮选机。反浮选用水为尾矿回水。矿浆温度为 35~40℃，矿浆 pH 值为 7~8。

（4）稀土浮选。强磁中矿经 3 号 φ50m 浓缩机浓缩至浓度 45%~50%，加入水玻璃（1.1kg/t 原矿）、H205 捕收剂（270g/t 原矿）和 J102 起泡剂（173g/t 原矿），各搅拌 12min。进 SF-4、JJF-4 浮选机联合机组，一次粗选两次精选，获得稀土精矿和稀土次精矿（一精选加水玻璃215g/t 原矿、H205 47g/t 原矿，二精选不加药）。浮选矿浆 pH 值为 9~10，矿浆温度 35~40℃，稀土粗浮选浓度以 50% 为最好。

2.3.6.2 年度生产指标与效益

一、三两生产系列技术改造工程始于 1989 年，完成于 1990 年 3 月末。4 月 2 日至 5 月末生产调试，6 月 1 日正式生产。历时一年的工业试生产，共处理原矿 200 万吨，铁精矿品位 60.90%，含 F 0.671%，含 P 0.134%，铁回收率 72.53%；稀土精矿品位 32.20%，理论回收率 5.23%，实际回收率 1.93%，稀土理论总回收率为 19.32%，实际总回收率为 6.91%（详见表 2-42，流程生产考查结果如图 2-32 所示）。

表 2-42 工业试生产指标 （%）

时间	原矿				铁精矿					稀土精矿			稀土次精矿			磨矿粒度 -74μm
	TFe	FeO	REO	F	γ	TFe	F	P	ε_{TFe}	γ	REO	ε_{REO}	γ	REO	ε_{REO}	
1990.6	31.67	5.21	7.31	8.72	39.03	60.31	0.758	0.157	74.42	1.52	59.72	12.41	1.44	41.19	8.10	92.40
1990.7	31.29	6.03	6.73	7.25	37.98	60.24	0.633	0.137	73.12	2.29	55.19	18.78	1.01	28.07	4.23	91.41
1990.8	30.60	7.02	5.62	8.36	37.08	60.54	0.50	0.10	73.36	0.96	61.26	10.43	0.92	40.66	6.69	91.17
1990.9	31.32	6.42	6.35	7.86	37.36	60.21	0.58	0.10	71.82	1.59	52.64	13.14	0.81	24.55	3.12	91.92
1990.10	31.95	6.26	6.20	7.66	39.33	60.47	0.48	0.10	74.42	1.02	54.06	8.87	0.58	33.24	3.10	92.76
1990.11	31.13	7.06	5.81	7.29	37.74	60.53	0.54	0.10	73.38	1.61	53.20	14.75	0.95	34.39	5.62	92.18
1990.12	33.04	7.52	5.44	8.09	40.67	60.99	0.931	0.183	75.07	1.24	50.85	11.59	1.01	29.66	5.41	90.84
1991.1	31.66	8.74	4.50	6.36	35.97	61.07	0.703	0.122	69.39	停产			停产			91.63
1991.2	32.05	7.98	5.23	7.54	36.22	62.14	0.647	0.111	70.22	停产			停产			92.44
1991.3	33.02	8.46	6.20	8.61	40.17	61.47	0.809	0.144	74.78	1.93	53.38	16.62	0.80	29.66	3.83	88.68
1991.4	31.54	6.55	7.46	8.12	36.52	61.49	0.707	0.121	71.09	2.81	52.49	19.96	0.97	30.25	3.93	91.55
1991.5	31.03	6.27	5.99	8.69	34.86	61.49	0.753	0.161	69.08	1.45	51.42	12.44	1.80	30.85	9.27	91.25
平均	31.69	6.90	6.07	7.88	37.74	60.90	0.671	0.134	72.53	1.57	54.47	14.09	0.99	32.20	5.23	91.52

改造前，铁精矿品位 55% ~60%，含 F 2.5%，含 P 0.3%，铁回收率 60% ~45%。稀土精矿品位 50% ~60%，稀土回收率 4% ~4.5%。

经济效益显著，一、三生产系列技术改造后，铁回收率增加 23%，年增产铁精矿 19.82 万吨，稀土实际回收率增加 1.85%，年增产稀土精矿 6130t，按 1990 年价格计算，年经济效益 1366 万元。铁精矿质量的提高，还将给冶炼带来巨大的经济效益。

2.4 包钢 M-M-F 选矿工艺流程新发展

2.4.1 概述

年处理含有 TR、CaF_2、Nb_2O_5、Sc_2O_3、BaO、P 等多种有用成分的共生铁矿石 1200 万吨的我国巨型选矿厂——包钢选矿厂，根据国家地质部门提供的矿石品质和储量成果，自 1953 年起由中国科学院金属研究所对白云鄂博主、东、西三大矿床所产的各种类型的矿石，全面系统地进行了矿石物质组成、嵌布特性和选矿试验研究。选矿试验从小型、扩大直到半工业、工业规模，取得了丰富可靠的科研成果，加上苏联选矿研究设计院（简称米哈诺布尔 MexaHOδp）做的小型补充选矿结果（我国委托米哈诺布尔，根据白云鄂博主东两露天矿山开采生产计划进行研究），针对富氧化铁矿石（$\alpha_{TFe} \geqslant 47\%$）、磁铁矿石和中贫氧化铁矿石（$\alpha_{TFe} = 46.9\% \sim 20\%$）三种出矿情况按铁反浮选（或称稀土萤石混合浮选，下同），弱磁选—反浮选和焙烧—磁选—反浮选三种选矿工艺流程，设计建设了八大生产系列，可处理原矿石 1200 万吨/年，年产铁精矿 590 万吨（$\beta_{TFe} = 62.04\%$，$\varepsilon_{TFe} = 81.27\%$，$\alpha_{TFe} = 36.94\%$），铁精矿含铁量为 360 万吨/年，可满足供包钢年产 300 万吨钢铁的需要。

八大生产系列中，有三个处理富氧化铁矿石、二个处理磁铁矿和三个处理中贫氧化铁矿石生产系列，它们可年处理原矿石分别为 380 万吨、300 万吨和 520 万吨，如将富氧化铁矿石也改为处理中贫氧化铁矿石时，年处理中贫氧化铁矿石量就是 900 万吨了。

在国家第一个五年经济建设计划期间，因国家急需钢铁，故决定富氧化铁矿石不经反浮选处理直接被送入高炉炼铁。因此原设计建设的三个富氧化铁矿石生产系列必须改为处理中贫氧化铁矿石。从而研究掌握中贫氧化铁矿石生产技术，使之达到设计、生产产品指标就成为包钢钢铁生产的重大关键问题之一。

包钢选矿厂是整个包钢生产全过程的一个组成部分，其基本任务就是为包钢生产优质铁精矿。自 1965 年陆续建成投产到 1970 年前后，多个生产系列都已基本建成。

随着国家地质工作的新进展和国民经济迅速发展需要，国家要求开展白云鄂博矿产资源综合利用研发工作。全国各有关科研院所、设计生产单位、高等院校积极响应党和国家的号召，各自根据自身的特长优势开展了卓有成效的工作并且取得了可喜的成果，对白云鄂博矿产资源综合利用做出了贡献。

2.4.2 M-M-F 选矿工艺流程成功是对白云鄂博矿石分选红铁矿（赤、褐铁矿）技术一大贡献

包钢选矿厂经过近 40 年的生产实践、科研探索，在国内外有关单位、专家学者们的共同努力下，和长沙矿冶研究院合作，总结吸纳各方面的科研生产实践经验（见表 2-43）

特别是自己的新鲜经验，于1987年创造性地制定出M（弱磁选）-M（强磁选）-F（浮选）选矿工艺流程（图2-33）。经小型、扩大、分流半工业和一年生产系列的实际生产考验，证明该流程是成功的（见表2-44）。

表2-43 选矿厂1970~1991年间多种选矿流程工业试验指标

系列	流程	规模	时间	矿石类型	磨细度/% −74μm	α_{SFe} /%	α/%				$\gamma_精$ /%	β_{SFe} /%	β/%			ε_{SFe} /%
							FeO	REO	F	P			REO	F	P	
一生产系列	磁—磁(环)	工业	1970	萤石型	91.6	34.20		4.85	9.10	0.68	47.83	56.46				78.95
三生产系列	磁—浮—磁(环)	工业	1973	混合型	83~95	33.17	7.93	3.88	6.86	0.59	44.98	55.42	1.34	2.10	0.18	74.87
三生产系列	磁—浮—磁(环)	工业		萤石型	84~92	29.10	1.99	9.04	9.89	1.85	36.82	55.73	2.54	2.90	0.45	70.15
三生产系列[1]	磁—浮—磁(环)	工业		萤石型	89~94	31.40	5.61	5.64	8.04	1.01	40.72	55.60	1.70	2.35	0.27	71.31
三生产系列	磁—浮—磁(环)	工业		混合型		33.20	8.33	3.73	6.78	0.57	45.58	55.32	1.29	2.14	0.18	75.52
三生产系列	磁—浮—磁(环)	工业		萤石型	86~93	31.35	3.65	7.24	11.46	1.00	39.69	54.93	2.37	2.94	0.30	69.32
五生产系列	磁—浮—磁(笼)	工业	1977	生产矿石		32.68	4.20	5.26	10.31	0.91	37.32	57.29	—	2.60	0.24	66.30
五生产系列[2]		工业		生产矿石		31.65	3.78	7.76	10.38	1.14	30.05	59.63	—	1.38	0.21	56.62
一生产系列	磁—浮—磁(多)	工业	1981	生产矿石		32.05	5.45	7.00	8.68	1.04	38.39	62.49	0.94	1.17	0.15	74.85
四生产系列	磁—浮	工业	1980	磁铁矿		31.60	9.90	5.30	6.60	0.72	35.40	62.80	0.90	0.75	0.11	70.35
二生产系列[3]	反浮—絮脱	半工业		中贫氧化矿		29.00	—	6.73	8.55	—	39.21	61.36	0.60	0.23	0.10	80.47
七生产系列	焙烧—磁选	烧—工业	1981	中贫氧化矿	93~95	33.04	11.88	7.87	8.00	1.06	40.75	60.53	2.05	1.75	0.30	74.07
三生产系列[4] 新工艺考查[4]	磁—磁(强)—浮	磁—小型														
		工业	1987	中贫氧化矿	91	33.57					43.90	60.54				79.17
		工业	1991	中贫氧化矿	91	31.14					37.39	61.03				73.28
生产考查		工业	1995	中贫氧化矿	91	31.91					36.68	60.90				70.00

①北京矿冶研究院；

②包钢矿山研究所；

③北京矿冶研究院、包头冶金研究所、包钢有色三厂；

④包钢选矿厂、长沙矿冶研究院。

其余由包钢选矿厂自己完成。

表 2-44 M-M-F 流程选铁部分试验结果

试 验 规 模	α_{TFe} /%	铁精矿/%			综合铁精矿/%			弱磁精矿/%			中强磁精矿/%		
		γ	β	ε	γ	β	ε	γ	β	ε	γ	β	ε
扩大试验 1.5t/d	31.25	40.55	62.92	81.63	47.24	57.32	86.66	21.71	63.93	44.42	25.53	51.70	42.24
三生产系列一次 工业分流试验 120t/d	33.57	43.90	60.54	79.17	49.54	56.54	89.44	26.03	66.76	51.77	23.51	45.23	31.67
二生产系列二次 工业分流试验 120t/d	31.90	42.66	57.94	77.48	—	—	—	24.28	65.88	50.14	18.38	47.45	27.34
	31.90	35.59	64.10	71.52	—	—	—	24.28	65.88	50.14	11.31	60.30	21.38
	32.16	35.59	64.55	71.44	—	—	—	24.28	66.41	50.14	11.31	60.57	21.30
新工艺考查一~三生产 系列试生产一年(100 万吨)	31.14	37.39	61.03	73.28	44.19	54.79	77.75	23.63	65.01	49.94	20.56	42.12	27.81
生产考查	31.91	36.68	60.90	70.00	44.07	54.67	75.50	25.10	63.83	50.21	18.97	42.54	25.29

如图 2-33 所示，该流程取得了铁精矿 $\beta_{TFe} = 61\%$，$\varepsilon_{TFe} = 73.28\%$ 的好成绩。稀土精矿的生产和铌精矿的回收也取得了很好的成果。

该流程在包钢选矿厂推广应用（1991 年）后，选矿指标逐年提高，精矿含 F、P 逐年下降，见表 2-45。

表 2-45 包钢选矿厂历年选铁生产工艺指标

顺序	年度	原矿铁品位/%	铁精矿铁品位/%	铁实际回收率/%	铁精矿含 F/%	铁精矿含 P/%
（1）	1966	41.04	54.46	61.57	—	—
（2）	1970 ~ 1978	31.53 ~ 33.23	53.59 ~ 54.90	53.79 ~ 61.20	3.3 ~ 2.8	0.3 ~ 0.3
（3）	1979 ~ 1984	31.16 ~ 33.15	56.43 ~ 56.86	62.53 ~ 69.09	2.1 ~ 2.4	0.2 ~ 0.3
（4）	1985 ~ 1987	31.58 ~ 32.67	58.03 ~ 58.53	63.72 ~ 67.23	1.8 ~ 1.9	0.2 ~ 0.2
（5）	1988 ~ 1990	31.73 ~ 32.67	59.55 ~ 59.84	63.75 ~ 66.08	1.5 ~ 1.7	0.2 ~ 0.2
（6）	1991	32.40	60.60	68.93	1.4	0.18
（7）	1992	32.56	61.33	69.70	1.1	0.15
（8）	1993 ~ 1995	32.42 ~ 32.68	62.25 ~ 62.63	68.13 ~ 68.48	0.66 ~ 0.97	0.10 ~ 0.12
（9）	2000	32.45	62.48	70.20	0.65	0.09
（10）	2002 ~ 2005	32.55 ~ 32.67	63.35 ~ 63.91	72.67 ~ 74.45	0.42 ~ 0.55	0.07 ~ 0.09

选矿厂一、三生产系列 M-M-F 流程处理中贫氧化矿石稳定生产时选矿生产考查结果如图 2-11 所示，铁和稀土的数质量流程计算结果见表 2-46。

表 2-46 铁、稀土数质量流程

成分	（6） 磁铁精矿	（3） 中磁精	（5） 强磁精	（6） 综磁精	（11） 铁精矿	（12） 反浮泡沫	（4） 强磁尾矿	（7） 强磁中	（8） 稀土尾矿	（9） 稀土次精矿	（10） 稀土精矿	（1） 原矿
γ/%	23.63	0.62	19.94	44.19	37.39	6.80	40.89	14.92	12.71	0.96	1.25	100.00
β_{TFe}/%	65.01	47.11	41.97	54.79	61.03	20.48	10.02	18.96	20.60	14.26	5.96	31.14
F/%	1.20	4.45	4.98	2.95	0.78	14.90	13.04	6.45	6.46	7.09	5.79	7.60
REO/%	1.01	3.52	4.01	2.40	1.01	10.02	7.32	9.77	3.43	34.49	55.31	5.51
ε_{TFe}/%	49.94	0.94	26.87	77.75	73.28	4.47	13.16	9.09	8.41	0.44	0.24	100.00
F/%	3.74	0.36	13.07	17.17	3.83	13.34	70.14	12.65	10.81	0.89	0.95	100.00
REO/%	4.32	0.40	14.50	19.22	18.56	12.36	54.32	26.46	7.92	6.00	12.55	100.00

该流程包钢选矿厂坚持并发展了 40 年弱磁选生产实践经验；坚持 1970 年永磁—强磁（中强磁，场强 6000～8000Oe 永磁环式磁性机，北京矿冶研究总院研制）工业试验经验，并用长沙矿冶研究院研制、生产的仿琼式强磁机代替了永磁环式强磁机。其中包括了选矿厂磁—浮—磁（基本属中强磁的场强的多梯度磁性机等）工艺流程的生产实践经验。

坚持并发展了在弱酸性介质中用正浮选法分离赤、褐铁矿和铁硅酸盐矿物的试验工作经验。

该流程吸纳了絮凝工业试验中反浮选即混合浮选工艺部分的经验，用于精选磁铁精矿和中强磁精矿作除杂，以提高铁精矿质量。吸纳了包头稀土研究院研发的并在生产中证明十分有效的稀土矿物捕收剂 H205 的经验，用于浮选强磁中矿的稀土精矿，吸纳了广东有色金属研究院的 $C_{5\sim9}$ 羟肟酸，用于浮选稀土尾矿中的铌矿物成铌粗精矿。

该流程涵盖了长沙矿冶研究院整个历史进程，尤其把该院最新研制成功的仿琼式强磁机这一关键设备巧妙地应用在 M-M-F 工艺流程中，其作用是十分明显的，同时还为混合浮选（或称铁反浮选）作业成功研制出新的较石蜡皂选择性更好的、被称为易浮矿物的捕收剂 SR 和 EM-2。

2.4.3 M-M-F 选矿工艺流程科研生产新进展

为不断提高 M-M-F 流程选铁部分的技术经济指标和深入开展综合利用科研工作，在包钢选矿厂和各有关单位共同努力下，近年来取得了显著进展。

简要情况如图 2-33 和表 2-47 所示。

表 2-47 M-M-F 流程（图 2-33）生产科研新进展综合表

顺序	原料	产品	$\alpha/\%$	$\gamma/\%$	$\beta/\%$	$\varepsilon/\%$	工艺流程	单位或作者
(1)	反浮泡沫 96% −74μm 或 30% −25μm	铁精矿	TFe 28.59	25.06	β_{TFe} 64.47	ε_{TFe} 56.51	反浮泡沫磨至 86.6% −25μm，弱磁粗选粗精矿再磨至 93.2% −25μm，一精矿再磨至 96.8% −25μm，二精矿为铁精矿。粗尾、一精尾和二精尾合并用 BGH 为捕收剂 3.5kg/t，水玻璃作抑制剂 3.0kg/t，分散剂为 XJ 浮选稀土精矿	姬俊梅，欧俊英. 白云鄂博氧化矿反浮尾矿泡沫综合回收稀土和铁的选矿新工艺研究[J]. 矿山，2012，2：19～20
		稀土精矿	REO 8.87	9.88	β_{REO} 58.12	ε_{REO} 64.75		
(2)	稀土尾矿	铁精矿	TFe 24.51	19.08	β_{TFe} 60.30	ε_{TFe} 46.76	HR 为捕收剂用量为 2.0kg/t，pH = 5～7，温度为 30～40℃，ε_{TRe} 对原矿为 3%	赵建春，张新民，刘醒. 提高白云鄂博中贫氧化矿选别的新途径[J]. 矿山，1996，2：24～27
	稀土尾矿	铁精矿	TFe 27.53	26.55	β_{TFe} 61.65	ε_{TFe} 59.46	首先浓缩脱泥，依次进行混合浮选—浓缩—浮选铁矿物—浓缩—浮选铌矿物—浮选铌精矿，经强磁选分离得铌精矿和铌次精矿	陈泉源，余永富，等. 白云鄂博铌资源选矿新工艺工业分流试验[J]. 矿山工程，1996，3：22～24
		铌精矿	Nb₂O₅ 0.185	1.72	$\beta_{Nb_2O_5}$ 2.842 0.916	$\varepsilon_{Nb_2O_5}$ 26.42 14.77		
		铌次精矿	0.185	2.99				

顺序	原料	产品	α/%	γ/%	β/%	ε/%	工艺流程	单位或作者
(3)	稀土尾矿	酸浸—萃取液	$\alpha_{Se_2O_3}$ 244.7 ppm				$\varepsilon_{Sc_2O_3浸出}=71.54\%$ $\varepsilon_{Sc_2O_3萃取}=99.71\%$	林东鲁,等.白云鄂博特殊矿采选冶工艺攻关与技术进步[M].北京:冶金出版社,2007:138
(4)	强磁尾矿	稀土精矿 萤石精矿 萤石次精矿	α_{REO} 8.59 α_{CaF_2} 32.30 32.30	19.19 14.47 1.93	β_{REO} 60.68 β_{CaF_2} 95.56 65.59	ε_{REO} 35.40 ε_{CaF_2} 42.81 3.92	高频振筛脱粗(+74μm),离心机脱泥(-10μm)-易浮-H$_2$O$_5$ 为捕收剂,一粗回转作业得稀土精矿,稀土次精矿。 稀尾经混合浮选—萤石粗精矿再磨—萤石浮选—粗六精浮选萤石精矿—强磁分离,得萤石精矿和萤石次精矿	田俊德,刘跃.从包钢选矿厂选铁尾矿中回收稀土概况与生产实践[J].稀土,1999,10:54~58 王景伟,等.从包钢选矿厂强磁尾矿综合回收稀土萤石的选矿工艺研究[J].矿山,1995,3:33~36 钱淑慧.白云鄂博氧化矿尾矿中萤石资源回收试验研究[J].矿山,2013,1:11~14
		稀土精矿 萤石精矿 重晶石精矿	α_{REO} 5.25 α_{CaF_2} 30.79 α_{BaSO_4} 7.60	$\gamma_{技算}$ 7.91 8.31 4.57	β_{REO} 48.50 β_{CaF_2} 95.82 β_{BaSO_4} 86.35	ε_{REO} 73.07 ε_{CaF_2} 25.85 ε_{BaSO_4} 51.98	优先浮选稀土—萤石—重晶石工艺流程	李艳春.我国铁选厂尾矿综合利用和研究与实践[J].矿山,2000,6:31~39
(5)	强磁精矿	**α/%　γ/%　β/%　ε/%** 反浮铁精矿　37.22　53.01　52.15　72.94 正浮铁精矿　52.15　38.53　61.22　86.88					反浮药剂:捕—GE—28　抑—水玻璃 正浮药剂:捕—GK—68　调—浓 H$_2$SO$_4$ $\varepsilon_{总}=72.94×86.88=63.37\%$	刘玉明.白云鄂博氧化矿强磁精矿采用反—正浮新工艺工业试验研究[J].矿山,2007,4:29~32
		反浮铁精矿　38.71　64.07　47.18　84.19 正浮铁精矿　47.18　64.23　60.20　81.96					反浮药剂:捕—GE—28　抑—水玻璃 正浮药剂:捕—SZ　调—H$_2$SO$_4$ $\varepsilon_{总}=84.19×81.96=69.00\%$	宋常青.反正浮处理氧化矿新工艺[J].矿山,2007,3:25~29

　　由上述科研成果可以看出,包钢选矿厂不仅能够稳定优质高产地为包钢提供钢铁生产必需的铁精矿,还同时根据国内外市场和国民经济发展的需要生产各种品级的稀土精矿、

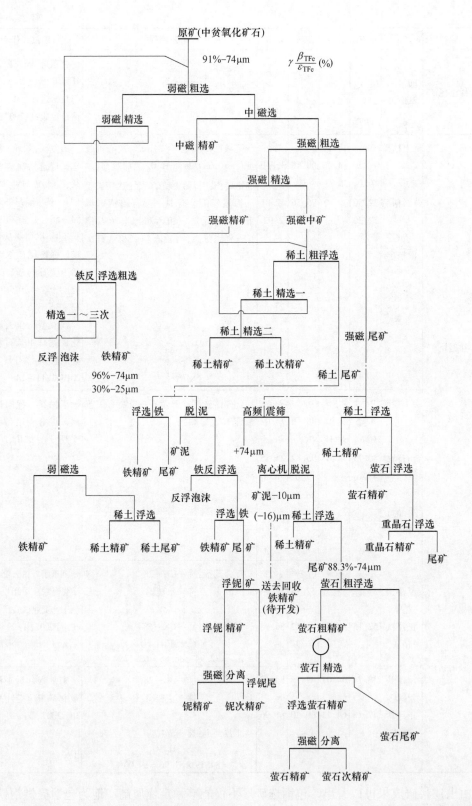

图 2-33 M-M-F 工艺流程从三种尾矿综合回收铁、铌、稀土、萤石和重晶石精矿原则试验流程图

铌精矿、萤石精矿、重晶石精矿、钪产品等。

2.4.4 对几个问题的探讨

（1）弱磁作业对铁精矿生产起稳定保证作用，一定要维护好。根据原矿铁物相分析结果见表 2-48。

表 2-48 根据原矿铁物相分析结果

矿样	铁物相	磁铁矿之铁	赤铁矿之铁	碳酸铁之铁	硅酸铁之铁	硫化铁之铁	总铁
2 次分流样	含量/%	16.50	11.25	0.50	2.85	0.50	31.60
	分布率/%	52.22 35.60 87.82		1.58	9.02	1.58	100.00
1 次分流样	含量/%	20.20	11.20	0.50	2.30	0.40	34.60
	分布率/%	58.38 32.37 90.75		1.44	6.65	1.16	100.00

1）依图 2-33 和表 2-46，磁铁精矿中铁回收率为 49.94%，金属率 $\alpha \times \beta = \alpha\beta$（23.65% × 65.01% = 15.36%），相当于将原矿中呈磁铁矿、半假象赤铁矿存在的 16.50% 铁的 $\frac{1536.19}{1650.00} \times 100\% = 93.10\%$ 选入其中。铁精矿铁品位和回收率均高。

2）二系列分流试验结果指出，磁铁精矿铁品位经反浮选后由 63.68% 提高到 66.41%，铁回收率由 52.08% 降低到 50.14%，即 1% 回收率换 1.41% 精矿品位。磁铁精矿含铁品位和中、强磁组成综合磁铁精矿后经反浮选又被降至 61.03%，因此可以说，磁铁精矿总的回收率贡献应该加上由 65.01% 降至 61.03% 相对应增加的铁回收率为（65.01 − 61.03）$\times \frac{1.00}{1.41} = \frac{3.98}{1.41} = 2.82\%$。总之，磁铁精矿的贡献应该是 $\beta_{TFe} = 61.03\%$，$\varepsilon_{TFe} = 49.94\% + 2.82\% = 52.76\%$。它的 γ 应为 26.92%。

3）在图 2-33 中，中、强磁精矿铁品位达到 61.03% 时，实际回收率贡献额应为 73.28% − 52.76% = 20.52%，此时它的 γ 应为 37.39% − 26.92% = 10.47%。其 $\gamma\beta$ = 61.03% × 10.47% = 638.98，相当于把 $\alpha_{TFe} = 11.25\%$ 的赤铁矿原矿中的铁回收到铁精矿中的回收率为 $\frac{638.98}{11.25} \times 100\% = 56.80\%$，尚有 43.20% 的铁有待进一步回收。这部分的铁经过强磁粗选、精选、反浮选和正浮选四道工序的连续作业总计回收了原矿赤褐铁矿的 56.80%，应该说尚有较大潜力，有待进一步挖掘。每段工序都有一定潜力，尤其是四工序的上游工序，即排头工序。

4）中、强磁精矿入反浮选前是 $\gamma 20.56 \frac{\beta 42.12}{\varepsilon 27.81}$ 经反浮选后实际是 $\gamma 10.47 \frac{\beta 61.03}{\varepsilon 20.52}$，其作

业铁回收率为 73.5%。铁品位由 42.12% 提高到 61.03%，净提高 18.91%。

(2) 强磁作业是 M-M-F 流程的核心是保证铁精矿的质和量以及综合利用各种有用成分的总调度环节。

由 42 种化学元素、20 余种矿物组成的白云鄂博主矿、东矿氧化矿石，在各矿物单体解离的情况下，根据它们含 Fe 元素多少所赋予的天然磁性排序，含铁相对高的有用铁矿物和目前尚不能被工业应用的铁硅酸盐矿物，可在较低或再高些磁场强度下被吸选上来，含钙、氟、钡、磷和不含铁硅酸盐矿物在高场强磁选设备中不会被吸附上来，因而可以和具有中等强度磁场吸选的铈族稀土矿物和部分铌矿物分离开来。问题是需要对这一系列的 20 余种矿物依组成不同找好和调控好它们之间的分界范围，或在一定范围内的不同分界线。只有这样，才能充分发挥现代强磁选设备的分选效能，生产优质高产各种有用成分精矿。

1) 主矿、东矿混合型中贫氧化矿石弱磁选尾矿（原矿磨细至 95% −74μm 时进行弱磁选的）在钢板网介质强磁试验装置上，200g 矿样/次不同磁场强度与各成分磁选回收率的关系小型试验结果如图 2-34 所示。

图 2-34 表明，小试结果只说明了一种大趋势，可做考虑问题时的参考，但尚需在扩大和工业生产中具体的去探索。

2) 关于强磁作业粗、扫、精选作业的优化组合如图 2-34 所示。

看似按磁场强度由低往高变化多次扫选方式更好些。

表 2-44 说明新工艺考查与一次分流比较，除后者原矿 Fe 高 2.43% 有影响外，强磁对铁分的分配关系发生了变化，Fe 与 TR 较多地被分到强磁中、尾矿中，最终致使 ε_{Fe} 少 5.89%，日常工业生产 ε_{TFe} 只有 70% 了。

(3) 强磁精矿选铁是保铁精矿优质足量供应的关键所在，须长期不断进行改进、提高和创新。

以强磁精矿为原料经反、正浮选均得 $\beta_{TFe} > 60\%$ 铁精矿的条件下，它们的连乘回收率即 $\varepsilon_1 \cdot \varepsilon_2 = \varepsilon$ 较好，以% 表示。

	反浮药剂 1	正浮药剂 1	反浮 ε_1	正浮 ε_2	$\varepsilon = \varepsilon_1 \cdot \varepsilon_2$	注
方案 1	SR 水玻璃. SR	S620. SR	87.24	78.20	68.22	二次分流试验
方案 2	GE-28. 水玻璃	GK-68 浓 H_2SO_4	72.94	86.88	63.37	刘玉明
方案 3	GE-28. 水玻璃	SZ, H_2SO_4	84.19	81.96	69.00	宋常青

如方案 $1\varepsilon_1$（87.24）× 方案 $2\varepsilon_2$（86.88）将为 75.79，将较方案 1 提高 7.75% 铁精矿的回收率。

(4) 磨矿方式与矿泥。组成矿石的诸矿物均呈不同粒径的结晶状态存在，在分选其中有用的矿物之前，必须进行破磨，在破磨过程中本不应被磨的也连带地被磨细了，细粒级称为矿泥。本书所指的矿泥是指 −10μm 以下的矿物颗粒群。

一般情况下，为改善选矿过程都设有一些脱泥作业，但不能一概而论，把它当成是不利的因素，在一定情况下，根据矿石原料粒度和金属分布特点（见表 2-49），巧妙地和现代选矿方法相结合，会产生意想不到的良好效果。

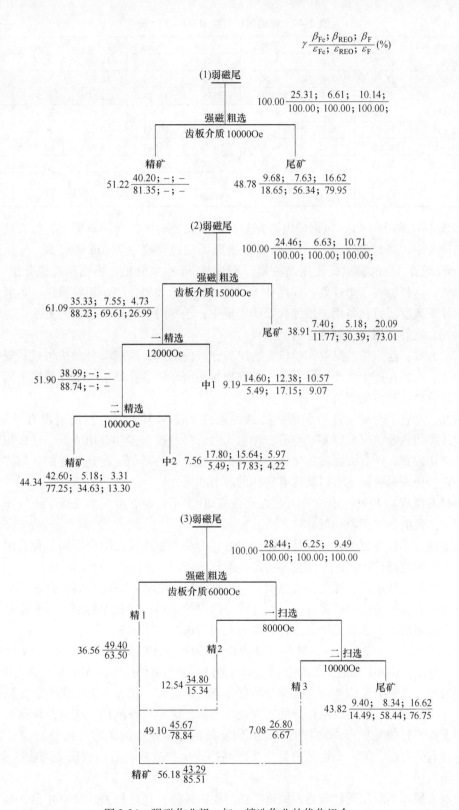

图 2-34 强磁作业粗、扫、精选作业的优化组合

表 2-49   强磁尾矿粒度 REO、TFe 分布   （%）

粒级/μm	α	β_{TFe}	β_{REO}	ε_{TFe}	ε_{REO}	Γ	β_{TFe}	ε_{TFe}
+76	18.29	3.40	3.05	9.81	9.42	14.20	7.10	9.08
−76 +38(43)	25.33	2.95	4.00	11.78	17.12	9.95	9.60	8.60
−38(43) +32	8.04	4.30	10.95	5.45	14.87	2.57	6.50	1.51
−32 +23	4.82	4.20	8.55	3.19	6.96	7.21	6.40	4.16
−23 +16	14.57	5.65	8.35	12.98	20.55	10.47	8.90	8.39
−16 +7	8.84	8.45	8.30	11.78	12.40	15.62	12.70	17.87
−7 +0	20.11	14.20	5.50	45.01	18.68	39.98	13.99	50.39
总计	100.00	6.34	5.92	100.00	100.00	100.00	11.10	100.00
其中 16~0	28.95	12.44	—	56.79	—	55.60	13.63	68.26

如表 2-47 顺序（4），包钢矿山研究院在对强磁尾矿中综合回收稀土、萤石精矿选矿工艺的研究中，就做到了这一点。他们根据现场强磁尾矿 +74μm 粒级 β_{TFe} 与 β_{REO} 较低 −16μm 粒级 β_{TFe} 高的特点，先用高频振筛把 +74μm 粒级分出，再用离心机分出 −16μm 富铁粒级，这样做有 2 个好处：提高稀土和萤石的分选效果，便于粗粒级送去再磨，提高矿物单体解离度或暂存备用；使细粒级矿泥集中，送专门系统用专门工艺方法，为回收其中铁、铌、钪等有用成分创造了有利条件。

磨矿方式：这里指的是磨矿阶段，磨矿与分级的搭配，磨机与分级机形式、规格、介质、操作、水质在那个生产阶段设置，被磨物料的物理化学性质……都应根据不同具体情况、具体分析、具体的解决。

研究、考查、总结上述有关磨矿方式的条件，在 M-M-F 流程投产前没有足够条件，在国内外类似企业情况个别零星的有，像包头白云鄂博这么多种有用成分，这么相互粗细间有、密切嵌布，既有大粒贫连生体又有极细的包裹体的复杂情况是空前的。只有在该矿石在一定历史发展阶段才有可能遇有这样的环节和条件。

M-M-F 流程从 1991~1992 年开发至今仅有 20 多年，但它给人们开辟了进一步了解选矿过程中出现的各种现象和规律。

从上述各单位各有关科技人员工作结果看，为了不断地开发综合利用各种有用成分的需要，不断研究磨矿方式的工作是不可避免的。

回收反浮泡沫中铁、稀土需要再磨；回收强磁尾矿中萤石需要再磨；强磁中矿、稀土尾矿也有研究再磨再选的必要性……是分组分阶段的再磨，还是先集中再磨弱磁尾矿，还是再磨强磁粗精矿？这些都需要进行必要的调研与试验工作。

根据对反浮选—絮凝脱泥选铁，KHD 全优先细磨深选流程以及优先萤石、稀土铁流程，优先稀土流程，M-M-F 流程的综合分析，得出的结论是当前仍然以 M-M-F 流程最为优秀。

原因有：M-M-F 流程实质上是完全的优先选铁的流程，优先什么也比不上优先铁的选矿更适合于包钢生产需要，原设计的三大流程就都是优先选铁流程。这与综合利用的要求不但不矛盾而且相互依存，相互促进，共同发展。对多种有用矿物（成分）综合选矿来说，总得有先有后，第一个被选的是排头产品排头生产过程，后边依次要回收的有稀土、萤石、铌……

包钢之所以不断发展壮大与包钢选厂供应原料铁精矿息息相关，1990 年前基本上是靠弱磁选，选出磁铁精矿供高炉生产。当然也有矿山直接供应富铁矿石保证在内。

絮凝脱泥选铁流程要求全部停止弱磁选生产，全改为反浮选和细磨，但把 $\gamma = 62\%$ 的原矿石都细磨至 98.6% -43μm 或 97.43% -37μm 或 91.12% -25μm，要成倍地增添磨矿设备，并且 91.12% -25μm 的细粒铁精矿含水分高，会产生过滤遭遇困难等问题，使得在选矿厂难以推广应用。

联邦德国 KHD 公司推荐的选矿工艺流程是个依次排队的生产工艺流程，尽管主流仍能做到选铁为排头生产工序，但由于对铁精矿质量较超前要求，也需要增添大量磨细设备，与现有生产情况差距较大，是当前生产建设要求所不能接受的。当然可做企业今后发展的良好借鉴。

其他的各种优先其他有用矿物的选矿工艺流程，都因做不到和当前生产铁精矿实际情况相适应而只能作为近期和长期综合利用参考使用的宝贵财富。

总之，M-M-F 流程既能保证稳定生产包钢生产必需的优质铁精矿，根据生产、科技、市场发展的需要还能提供各种精矿产品，还可从上游生产环节——强磁粗选作业处进行灵活地调控，可以保证多方面、多层次的需要。

（5）包钢选矿厂选铁指标达到 $\beta_{Fe} = 60\%$、$\varepsilon_{TFe} = 80\%$ 的可能与措施：

过去各科研单位所做的各种选矿工艺流程处理主矿、东矿混合型中贫氧化矿石，在 $\alpha_{TFe} = (30 \pm 2)\%$ 的情况下，从小型试验到扩大试验的结果，都能达到 $\beta_{TFe} = 60\%$；$\varepsilon_{TFe} = 80\%$ 的工艺指标。

但做到选矿厂年处理矿量数以百万吨规模，长达一年以上稳定正常的只有 M-M-F 流程。在铁精矿 $\beta_{TFe} = 60\%$ 的条件下，ε_{TFe} 实际达到的是 70% ~73%，即由扩大至大工业正常生产铁的回收率实得的较扩大时的减少 7% ~10%。同时也指出再回收这 7% ~10% 的铁回收率的可能和途径，当然更是选矿科研工作人员经过努力工作才被发现的。他们的工作结果表明，须从反浮泡沫、浮选稀土尾矿，强磁尾矿，特别要从强磁精矿反、正浮选过程的改进挖掘中回收本该被选入铁精矿中的铁分。如图 2-33 和表 2-47 所示。

1）可从反浮泡沫中回收 $\varepsilon_{1TFe原矿} \approx 1\%$ 的 $\beta = 60\%$ 以上铁精矿，已在生产中运行中。

2）可从稀土浮选尾矿中回收 $\varepsilon_{2TFe} = 3\%$ 的 $\beta_{TFe} > 60\%$ 的铁精矿（表 2-47 顺序（2）的试验结果）。

3）用改善强磁精矿反、正浮选工艺技术提高 $\varepsilon_{3TFe} = 75.79\% - 68.22\% = 7.57\%$。当强磁精矿 $\beta_{TFe} = 39.79\%$；$\varepsilon_{3TFe} = 30.97\%$ 时，ε_{TFe} 将提高 2.17%。

4）生产铁精矿的 $\varepsilon_{总} = 73.28\% + 6.17\%$（$\varepsilon_1 + \varepsilon_2 + \varepsilon_3 = 1\% + 3\% + 2.17\% = 6.17\%$）= 79.45%，考虑到生产中有时生产铁精矿之 ε 为 70.00%，因为 $\varepsilon_{总}$ 还有 75.17%，距 $\varepsilon_{TFe} = 80.00\%$ 仍差 4.87%。

5）$\varepsilon_{TFe} = 4.87\%$ 或 5% 只能从强磁尾矿中回收。

6）强磁尾矿含铁 $\beta_{TFe} = 11\% ~14\%$，$\varepsilon_{TFe} = 13\% ~15\%$。

长沙矿冶研究院的报告指出：强磁尾矿中的铁矿物、赤铁矿和褐铁矿呈三种形态存在：

1）呈单体占铁矿物总量的 25%，粒度相对粗为 10 ~60μm。

2）呈极小粉尘状占总量的 50%，粒度为 2 ~6μm，呈单体存在。

3）呈与脉石矿物连生，以包裹体为主。

脉石矿物萤石含量高，解离度为 57.3%，钠辉石、钠闪石含有一定量，相对比例很少。根据强磁尾矿的特点，预计从中回收 3% ~5% 的铁分是有可能的。相信在包钢选矿厂、包钢矿山研究院和有关兄弟单位共同努力下定会尽早实现这一目标。

2.5　细磨絮凝脱泥选铁工业试验重要收获

反浮选—絮凝脱泥选铁工艺作为处理细粒赤铁矿新技术于 1977 年首先被北京矿冶研究总院包头矿专题组提出后，接着于 1978 年 8 月又完成了日处原矿量 1.5t 的扩大连续试验，获得了较佳的选矿工艺指标。

两种类型中贫氧化矿连续运转 6 个班（48h）选铁指标：

高硅中贫氧化矿 $\beta_{Fe}=60.34\%$；$\beta_F=0.26\%$；$\beta_P=0.036\%$；$\varepsilon_{Fe}=80.37\%$。

高氟中贫氧化矿 $\beta_{Fe}=64.30\%$；$\beta_F=0.27\%$；$\beta_P=0.092\%$；$\varepsilon_{Fe}=77.77\%$。

1979 年北京矿冶研究总院和首先成功研制新型稀土矿物浮选捕收剂分离混合泡沫生产出高品位稀土精矿的包头稀土研究院，两家合作共同强化与完善反浮选（稀土萤石混合浮选泡沫分离优质稀土精矿）絮凝脱泥选铁（进一步补充试验絮凝脱泥工艺）流程试验研究工作，并于 1980 年 4 月在中国稀土公司三厂（即包钢公司稀土三厂）进行了日处理原矿量 30t 规模的半工业试验，也取得了预期的好成绩。

全流程（11 个班平均）试验指标：

原矿：$\alpha_{SFe}=30.34\%$；$\alpha_{REO}=6.79\%$；$\alpha_F=8.88\%$。

铁精矿：$\beta_{SFe}=61.30\%$；$\beta_F=0.18\%$；$\varepsilon_{SFe}=82.72\%$。

高品位稀土精矿：$\beta_{REO}=61.91\%$；$\varepsilon_{REO}=22.47\%$。

低品位稀土精矿：$\beta_{REO}=42.54\%$；$\varepsilon_{REO}=18.86\%$。

萤石精矿：$\beta_F=40.46\%$；$\beta_{CaF_2}=86.06\%$；$\varepsilon_F=18.20\%$。

原矿石经棒磨和球磨磨细到 95% −74μm，进行铁反浮选亦即稀土萤石等混合浮选，所得泡沫产品用羟肟酸铵为捕收剂浮选稀土，其尾矿用混合捕收剂浮选萤石。

混合浮选尾矿，即槽产品，再经细磨至 98.6% −325 目（43μm）后进行絮凝脱泥选铁作业。

近 10 年来，对反浮选—絮凝流程的学习与参与的实践中，使作者受益匪浅，体会很深，仅就以下几个问题简要汇报如下。

2.5.1　3.6 个百分点之差，却使设备能力少了 2/3

絮凝过程的关键是磨矿细度。美国蒂尔登选矿厂絮凝的磨矿细度是（75% ~ 85%）−500 目（25μm）。

1980 年 4 月，北京矿冶研究总院和包头稀土研究院在包钢稀土三厂做了 30t/d 规模的半工业试验，获得最终工艺指标的磨细度是 98.60% −325 目（43μm），即 97.43% −400 目（37μm），亦即 91.12% −500 目（25μm）。应以此为据设计工业性试验工程。

小型验证试验流程，二段球磨细度为 95% −325 目（43μm），但已被半工业试验所校正。校正后的细度是 98.60% −325 目（43μm），也就是 97.43% −400 目（37μm），而不再是 95% −325 目，所以计算细磨设备数量应该以 98.60% −325 目为依据；用 95% −325 目为依据进行计算是不正确的。

用不正确的数据去选择设备，当然会出现差错的，数字虽小，只有 3.6%，但却使设备少选了 2/3，还影响了工业试验的工作进度，这是一个很严重的教训。

科研单位提供给设计部门做工业性试验设计依据的是半工业规模试验的数据。1980 年 9 月，白云鄂博主矿、东矿混合型中贫氧化矿浮选—选择性絮凝脱泥流程半工业试验报告，第 28 页二段旋流器溢流（即絮凝的给料）的粒度测定值见表 2-50。

表 2-50　粒度测得值

粒　度	絮凝给料	美国蒂尔登	反浮选给矿	粒　度	絮凝给料	美国蒂尔登	反浮选给矿
$+74\mu m$（200 目）	0		5.97	$-10\mu m$（1200 目）	46.73		24.09
$+43\mu m$（325 目）	1.40		14.93	合　计	100.00		100.00
$+37\mu m$（400 目）	1.17		20.42	$-43\mu m$	98.60		85.07
$+25\mu m$（500 目）	6.31		23.80	$-37\mu m$	97.43		79.58
$+10\mu m$（1200 目）	44.39		10.79	$-25\mu m$	91.12	75~85	76.20

2.5.2　反浮选尾矿细磨直接脱泥与絮凝脱泥均能得到铁精矿，以后者为佳

2.5.2.1　反浮选尾矿直接脱泥选铁流程

北京有色金属研究院（现在称总院）在 1961 年 6 月的中间报告中指出：原矿石含 SiO_2 10% 以上的中贫氧化矿石，经磨细到 95% $-74\mu m$（200 目）和反浮选或优先浮选萤石、稀土等可浮矿物后的尾矿（含铁得到相当富集）直接脱出约 $20\mu m$ 粒级即可得到 $\beta_{Fe} > 55\% \sim 57\%$ 的铁精矿，ε_{Fe} 作业在 90% 以上。两次试验结果如下。

反浮选尾矿 1：

$\alpha_{Fe} = 53.93\%$，$\gamma_{精} = 85.20\%$，$\beta_{Fe} = 57.25\%$，$\varepsilon_{Fe} = 90.45\%$。

$\gamma_{矿泥} = 14.80\%$，$\delta_{Fe} = 34.80\%$，$\varepsilon_{Fe} = 9.55\%$。

原矿石含 SiO_2 9.97%。

反浮选尾矿 2：

$\alpha_{Fe} = 50.50\%$，$\gamma_{精} = 84.41\%$，$\beta_{Fe} = 54.71\%$，$\varepsilon_{Fe} = 90.10\%$。

$\gamma_{矿泥} = 15.59\%$，$\delta_{Fe} = 32.07\%$，$\varepsilon_{Fe} = 9.90\%$。

原矿石含 SiO_2 9.97%。

作者认为矿泥含铁高达 32% ~ 35% 不宜作尾矿丢弃，应继续研究处理方法。

2.5.2.2　反浮选尾矿—细磨直接脱泥（$-20\mu m$）选铁流程

反浮选尾矿直接脱出 $-20\mu m$ 粒级，粗粒产品添加 0.5kg/t 原矿水玻璃后细磨再将新生 $-20\mu m$ 粒级进行第二次脱泥后得铁精矿。$-20\mu m$ 粒级合计 γ 为 7.8%，$\varepsilon_{Nb_2O_5} = 28.30\%$，$\beta_{Nb_2O_5} = 0.300\%$，为原矿中 Nb_2O_5 0.083% 的 3.6 倍，$\beta_{Fe} = 28.53\%$，$\varepsilon_{Fe} = 6.2\%$。似可做选铌原料，需作进一步研讨。$+20\mu m$ 粒级产品即铁精矿 $\gamma = 40.7\%$，$\beta_{Fe} = 62.06\%$（$\alpha_{Fe} = 35.93\%$），$\varepsilon_{Fe} = 70.3\%$。

原矿磨到 93.9% $-74\mu m$ 用 $(NH_4)_2CO_3$ 活化，水玻璃抑制，油酸为捕收剂外加起泡剂，采用一次粗选一次扫选、二次精选，获得萤石稀土等混合泡沫，过滤，三次精选，添加 Na_2CO_3 5kg/t 和 NaF 3kg/t，在 90℃ 条件下加热 20min，同时补加油酸 0.06kg/t，再经 4 次精选得萤石精矿和稀土精矿。试验指标见表 2-51、表 2-52，小型开路流程如图 2-35 所示。此流程是苏联列宁格勒选矿研究设计院（简称米哈诺伯尔 Механобр）于 1960 年在实验室条件下，从包头矿尾矿中提取稀土的工艺研究报告中提出的。

表 2-51 N337 试验结果

产 物	$\gamma/\%$	$\beta/\%$				$\varepsilon/\%$			
		Fe	REO	CaF$_2$	Nb$_2$O$_5$	Fe	REO	CaF$_2$	Nb$_2$O$_5$
萤石精矿	21.3	4.71	1.67	88.91	0.029	2.8	6.40	73.6	7.5
稀土精矿	22.7	18.84	18.50	22.00	0.0106	11.9	75.8	19.4	2.9
1/2 精尾	7.5	42.26	4.35	9.34	0.024	8.8	5.9	2.7	2.2
矿泥(−20μm)	7.8	28.53	5.67	11.34	0.300	6.2	8.0	3.4	28.3
萤石稀土混合泡沫	51.5	16.40	9.48	47.83	0.020	23.5	88.1	95.7	12.6
精铁精矿	48.5	56.67	1.35	2.28	0.121	76.5	11.9	4.3	87.4
铁精矿(+20μm)	40.7	62.06	0.52	0.55	0.083	70.3	3.9	0.9	59.1
原 矿	100.0	35.93	5.54	25.74		100.0	100.0	100.0	100.0

表 2-52 N337 成分分析结果 （%）

−74μm	铁精矿		稀土精矿		萤石精矿	
	β_{Fe}	ε_{Fe}	β_{REO}	ε_{REO}	β_{CaF_2}	ε_{CaF_2}
97.1	59.84	74.00	21.37	70.6	87.85	72.76
97.1	60.97	78.93	18.97	73.5	91.30	70.12
93.9	62.06	70.30	18.50	75.8	88.91	73.60
90.2	59.42	71.50	18.30	70.9	82.96	78.60

该报告指出：

用 $(NH_4)_2CO_3$ 调 pH 值不高于 9，因为用苏打和 NaOH，pH 值将要提高；

磨矿细度：磨到 97.1% −74μm 时，β_{REO} 可达 21.37%，$\varepsilon_{REO} = 70.6\%$；

磨矿细度：磨到 93.9% −74μm 时，β_{REO} 可达 18.50%，$\varepsilon_{REO} = 75.8\%$；

磨矿细度：磨到 90.2% −74μm 时，不仅精矿质量下降，就是 ε_{Fe} 和 ε_{REO} 也都下降。

用苏打和 NaF 加热分离萤石稀土混合泡沫是探讨了许多方案后最好的一种方法。试验矿样为我国运往苏联的 A11 矿样，相当于主东矿混合型中贫氧化矿样。

关于"矿泥"的理解是一个相对的概念，对待粗粒嵌布矿石而言，有的把 −74μm 的粒级就称为矿泥，在 20 世纪 50 ~ 60 年代，通常都把 20 ~ 15μm 当做矿泥丢掉，当今随着选矿技术的发展进步，天然矿产较富资源逐日减少，社会需要又在不断增加，对待矿泥的理解与认识也在与时俱进地在变化。对白云鄂博矿石资源而言，作者认为即使是 −10μm 和 −5μm 的也要尽量地加以回收。

以下的"絮凝"脱泥技术，是专门针对 20 ~ 10μm、10 ~ 5μm 细粒、极细嵌布矿物结晶粒度，甚至更细的目的矿物和非目的矿物相互分离的选矿分离技术。基本原理是细粒（指 40μm 或 30μm 以下粒级）众多的矿物，经细磨单体分离后在碱性矿浆中，用一种分散剂使非目的矿物分散开来，加一种凝聚剂使目的矿物聚集起来成较大的絮团状，然后用脱泥方法使它们二者有效分开，以得到有用矿物精矿。

N337 试验流程如图 2-35 所示。

试验指出，按 N337 流程只需将磨矿细度由 93.9% −74μm 再进一步磨到 97.1% −74μm，$(NH_4)_2CO_3$ 用量增加到 4.5kg/t，水玻璃用量增到 2.5kg/t，就可达到稀土精矿指标最好。

如果将磨细度放粗至 90.2% −74μm，不是精矿质量变坏，就是铁精矿和稀土精矿的回收率降低，而萤石精矿质量的下降，可用回收率的提高弥补。

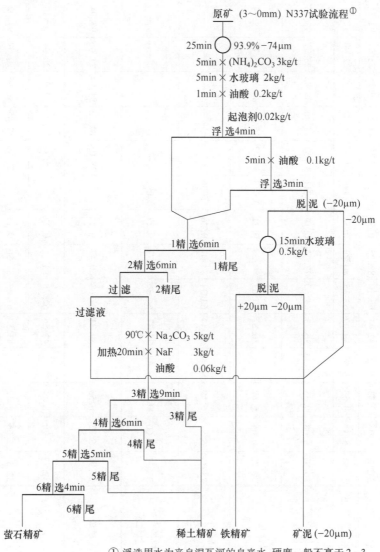

① 浮选用水为来自涅瓦河的自来水,硬度一般不高于2~3。

图 2-35 N337 试验流程

2.5.2.3 反浮选—絮凝脱泥选铁流程

(1) 北京矿冶研究总院"絮凝"脱泥选铁新技术的特点:入选矿料要细到 90% - 25μm,或称 97% - 37μm,亦即 99% - 43μm。"细"是为了解决细粒矿物的有效分离。新在"絮凝"过程不用外加凝聚剂,而用矿石原料本身自有磁铁矿的磁团聚力有效代替外加化工产品凝聚剂,因而有利环保。

(2) 絮凝技术是分选 - 37μm 细粒赤铁矿和硅酸盐矿物的有效方法之一。处理细粒赤铁矿与其他矿物分离的效果经过小型、扩大、半工业、工业规模生产的试验均证明在工艺技术上是可行的。只要细度得到保证,各种规模试验结果都一致。即用此工艺分选细粒赤铁矿精矿时,只要小型试验成功了,其达到的工艺指标,就可推广到工业规模,或许还可能更好些。

白云鄂博中贫氧化矿石反浮选—絮凝脱泥选铁试验结果见表 2-53。

表 2-53　白云鄂博中贫氧化矿矿石反浮选—絮凝脱泥选铁试验结果

试验时间	磨矿粒度/μm		试验阶段	α/%				铁精矿/%					萤石稀土混合泡沫/%				
	反浮选	絮凝	规模	SFe	REO	F	SiO_2	γ	β_{Fe}	ε_{SFe}	β_F	β_P	γ	β_{REO}	ε_{REO}	β_F	ε_F
1977	95% -74μm	100% -325目	小型二次脱泥	31.01	6.05	9.33	9.68	42.44	60.10	82.25	0.34	0.063	37.57	14.37	89.25	23.02	92.71
			小型三次脱泥	30.95	6.12	9.33	9.69	39.99	62.15	80.29	0.32	0.06	37.57	14.37	88.22	22.90	92.22
			小型五次脱泥 扩大连选 1.5t/d	30.57	6.08	9.35	10.34	36.73	64.60	77.61	0.19	0.041	37.51	14.40	88.85	23.27	93.36
1978	95% -74μm	-325目	混合型中贫氧化矿	27.70	6.64	6.67	—	36.82	60.62	80.58	0.21	0.043	35.42	15.44	82.36	16.75	88.94
			高硅中贫氧化矿	28.11	6.81	6.52	14.40	37.44	60.34	80.37	0.26	0.036	—	—	—	—	—
1980	95% -74μm	98.6% -325目 (-43μm) / 97.43% -400目 (37μm) / 91.12% -500目 (25μm)	高氟中贫氧化矿	31.31	7.00	11.14	9.62	37.87	64.30	77.77	0.27	0.092	—	—	—	—	—
			半工业试验 28-30t/d	29.90	6.73	8.55		39.21	61.63	80.47	0.23		38.03	14.50	81.94	21.06	93.94
1984. 4 ~ 1984.12		97.41% -400目 (37μm)	工业实验 102.4t/h	32.11	5.70	8.14		42.56	62.78	83.11	0.27		38.82	13.21	89.97	20.38	97.19
1984.12. 16 ~ 12. 20 / 1984.12. 7 ~ 12. 20				32.30	5.66	8.12		43.57	61.87	83.30	0.43		38.30	12.85	86.96	20.57	97.02
1986. 8. 6 ~ 8. 21	93.59% -74μm	96.33% -400目 (37μm)	工业试验 100.0t/h	32.25	5.63	7.92		42.52	61.38	80.93	0.46		35.86	13.11	83.50	19.40	87.85

（3）絮凝分选效果在于混合浮选尾矿分出 41.22% 的矿泥。其中排出了 91% 的 SiO_2，89% 的 F，75% 的 P，65% 的 REO 和 65% 的 Nb_2O_5，及以丢掉 16% 的 Fe 为代价。而使铁精矿 β_{SFe} 达到 64.60%，ε_{SFe} 达到 83.84%，此时混合浮选尾矿含铁 α_{SFe} 为 45.29%（见表 2-54）。

表 2-54　混合浮选尾矿细磨至 99% $-43\mu m$ 经五次脱泥小型闭路试验结果

产　品	$\gamma/\%$	$\beta/\%$						$\varepsilon/\%$					
		SFe	Nb_2O_5	SiO_2	REO	P	F	SFe	Nb_2O_5	SiO_2	REO	P	F
矿泥 1~5 次	41.22	17.75	0.231	33.88	1.72	0.173	2.14	16.16	64.62	90.65	65.29	74.70	88.86
铁精矿	58.78	64.60	0.087	4.45	0.64	0.041	0.19	83.84	35.38	9.35	34.71	25.30	11.14
混合浮选尾矿	100.00	45.29	0.147	15.41	1.08	0.096	0.99	100.00	100.00	100.00	100.00	100.00	100.00

注：1979 年 8 月，北京矿冶研究总院。

（4）混合泡沫分离浮选稀土由于流程和设备等原因未取得最终稀土精矿。如图 2-36 左半部所示，由于混合泡沫分离稀土工艺较为复杂，流程长、环节多、不易稳定，浮选设备存在问题，未能最终得到稀土精矿。

稀土萤石混合浮选和混合泡沫浮选分离工艺由 3 个回路、两次脱药、两次易浮作业和 9 次浮选作业组成。加上试验过程中发现 6A 浮选机无中间间箱，5A 浮选机闸门漏矿，温度冬季保温不到位，塑料管添加羟肟酸用量不准，分离给矿浓度波动大等问题，都使得分离稀土工作难于调控稳定进行。

之后，包头稀土研究院将 $\alpha_{RED}=7.7\%$ 的原矿石细磨至 97% $-74\mu m$，用石蜡皂、苏打和水玻璃浮选稀土萤石混合泡沫（含 REO = 14.96%）作为分离稀土的原料，用新研制的 H206 做捕收剂、起泡剂和水玻璃浮选混泡中的稀土矿物。注意 3 点：混泡先行浓缩脱药；分离粗选精矿精选前还要脱泥；粗精矿加药后需要搅拌，只有如此方得好结果。此经验十分宝贵。

混泡含 REO = 14.96%，浓缩脱药沉砂含 REO = 15.43%，稀土粗精 $\gamma=27.04\%$，$\beta_{REO}=46.25\%$，$\varepsilon_{REO}=81.05\%$，经脱泥沉砂含 REO 提高到 47.58%，再经一次精选即得稀土精矿，$\beta_{REO}=63.09\%$，$\varepsilon_{REO}=63.11\%$，稀土中矿 $\beta_{REO}=15.36\%$，$\varepsilon_{REO}=7.40\%$。

（5）这一组工业试验数据对计算球磨处理量有用，见表 2-55、表 2-56 及图 2-37。

表 2-55　细磨处理矿石量与磨矿产品粒度组成的关系

试 验 时 间	混合浮选尾矿给入细磨的矿量/$t \cdot h^{-1}$	细磨产品水析结果（μm）/%				
		74~40	40~31	31~0	合计	-40
1985.8.22~8.24	63	6.02	13.35	80.45	100.00	93.98
1985.11.22~12.1 全流程 14 个	42	2.91	11.39	85.70	100.00	97.09
大班平均 1985.8.17~8.19	39	1.30	6.84	91.86	100.00	98.70
1985.12.16~12.21	32	0.46	6.39	93.15	100.00	99.54

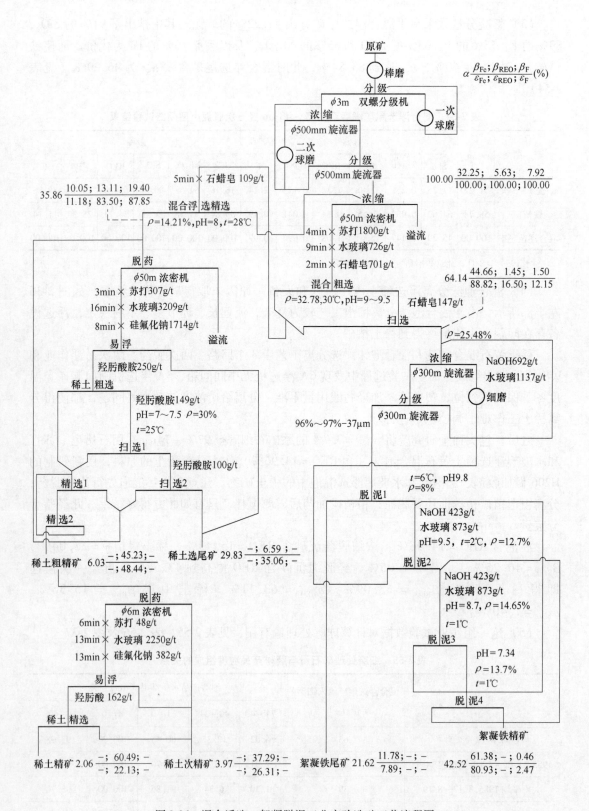

图 2-36　混合浮选—絮凝脱泥工业实验选矿工艺流程图

表 2-56　细磨处理矿石量与磨矿产品粒度和选铁指标的关系

试验时间	混合浮选尾矿给入细磨矿量 /t·h⁻¹	细磨回路φ30mm旋流器开动指数 一段	细磨回路φ30mm旋流器开动指数 二段	磨矿产品细度 筛分① -400目 /%	磨矿产品细度 水析② -3μm /%	粗磨产品水析 -400目 /%	α/% Fe	α/% REO	α/% F	混合浮选尾矿 β/% Fe	混合浮选尾矿 β/% REO	混合浮选尾矿 β/% F	混合浮选尾矿 εFe /%	絮凝铁精矿 ε/% Fe	絮凝铁精矿 ε/% REO	絮凝铁精矿 ε/% F	絮凝铁精矿 εFe /%
1985.8.22~8.24	63	7~8	9~12	92.2	80.45	67.79	31.12	4.87	6.15	41.15	1.5	1.04	92.52	55.53	0.78	0.62	83.44
1985.11.22~12.1 全流程	42	4~6	7~8	95.12	85.70	67.79	32.06	5.27	7.65	46.39	1.02	0.97	90.73	57	0.57	0.52	81.16
1985.8.17~8.19	39	4~6	7~8	96.5	91.86	67.79	31.09	4.97	7.91	42.78	1.87	1.79	90.95	60.07	0.76	0.54	79.64
1985.12.16~12.21	32	4~6	7~9	97.58	93.15	67.79	32.11	5.70	8.14	47.01	0.93	1.07	89.58	62.78	0.49	0.27	83.11

注：本球磨机（φ3.2×45m³）细磨混合浮选尾矿的处理能力 = 0.2536t/（m³·h），$Q = 32t×（93.15-67.79）\%/32m^3$，
新生 =32t/h×25.36%/32m³，400 目产品 = 8.1152/32m³。

① 筛分均用 400 目，实测为 38.15μm 筛子。

② 水析均用 XL-1 型旋流水析仪（下同）。

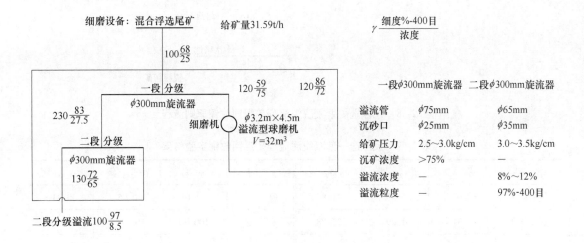

图 2-37　细磨回路图

（6）包头稀土院絮凝矿泥选铌成果突出。

1980 年，自包钢稀土三厂取絮凝矿泥矿样，与北京矿冶研究总院共同进行反浮选—絮凝脱泥选铁综合回收稀土工艺流程半工业试验。

该矿样粒度细，80% -30μm，$\varepsilon_{Nb_2O_5}$ 为 90%；-20μm 粒级中 $\varepsilon_{Nb_2O_5}$ 为 80%，铌矿物解离得好。

该矿样含 Nb_2O_5 比原矿石中 Nb_2O_5 高出 2 倍，为 0.31%，原矿石含 Nb_2O_5 为 0.10%而且 90% 以上呈独立铌矿物存在，铌铁矿占铌矿物总量的 60%，以铌铁矿为主，其次为

钛铁金红石，占 24.49%。

该院采用 H_2SO_4 清洗矿物表面后，用 HCl 调浆、甲苯胂酸与煤油混合捕收剂，起泡剂进行铌粗选，再加草酸、硝酸铅、混合捕收剂、起泡剂进行精选，可以获得 $\beta_{Nb_2O_5} = 6\%$，$\varepsilon_{Nb_2O_5} = 25\% \sim 27\%$ 的铌粗精矿。将中矿再行处理，则可取得两种铌精矿合计 $\varepsilon_{Nb_2O_5} = 67.73\%$。$\beta_{Nb_2O_5 \text{I}} = 6.33\%$，$\varepsilon_{Nb_2O_5} = 41.85\%$；$\beta_{Nb_2O_5 \text{II}} = 1.29\%$，$\varepsilon_{Nb_2O_5} = 25.88\%$。

回收铌原则流程如图 2-38 所示，指标见表 2-57。

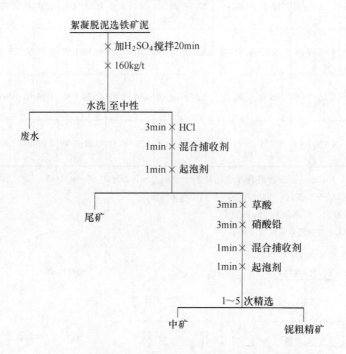

图 2-38　反浮选—絮凝脱泥流程矿泥回收铌原则流程

表 2-57　反浮选—絮凝脱泥流程矿泥回收铌实验结果

产 品	$\gamma/\%$	$\beta_{Nb_2O_5}/\%$	$\varepsilon_{Nb_2O_5}/\%$	产 品	$\gamma/\%$	$\beta_{Nb_2O_5}/\%$	$\varepsilon_{Nb_2O_5}/\%$
铌精矿 I	2.07	6.33	41.85	尾 矿	52.14	0.05	9.31
铌精矿 II	6.31	1.29	25.88	矿 泥	100.00	0.313	100.00
中 矿	39.48	0.39	22.96				

（7）"絮凝"这样好的新技术为什么不能在包钢选厂推广应用？因为矿石性质与新技术要求不一致，工艺用水和精矿脱水都难，成本高代价大，现有磁选设施不能推倒重来。

1）矿石性质与新技术要求不一致。试验所用矿样呈磁铁矿和半假赤铁矿存在的铁，可用弱磁选选别的铁占全铁的 36.9% ~ 47.4%。这两种矿物的粒度：前者大于 43μm 粒级为 61.98%，后者大于 43μm 粒级为 76.62%，两者小于 43μm 粒级分别为 38.02% 和 23.38%。不算太细颗粒的可磁选矿物，将原矿石磨细到 95% -74μm 的粒度时，已经有 84.07% 的铁矿物获得了单体解离，同时还有占矿石组成很大比例的稀土矿物和萤石也分别获得了 83.83% 和 73.23% 的单体解离。在这种情况下，没有用成熟的磁选法把已经单体解离 84.07% 的磁性铁矿物及时地选出来，成为成品精矿供给用户需要，而是继续被细磨，磨到比类似企业美国蒂尔登选厂的（75% ~ 85%）小于 25μm（500 目）的还更细。

另外，即使为了回收那部分磁性弱的假象赤铁矿和原生赤铁矿、褐铁矿确实需要细磨至 97.43% – 37μm，也要在选出磁性铁矿物之后，再细磨。用多细磨磁铁精矿的代价去换取 1 ~ 2kg/t 的絮凝剂是不值得的。

矿石性质告诉人们可以先选出 ε_{Fe} = 50% 的磁铁精矿，企业希望在现有流程的条件下，提高磁铁矿精矿质量，即提高含铁品位，降低含 F、K、Na、S、P 杂质含量和把回收的赤褐铁矿用技术可行经济合理的方法尽可能地多些选收回来。而絮凝新技术却要求，即使能用成本低、技术成熟能选的磁性铁精矿也需跟着赤铁矿、假象赤铁矿及其连生体一起细磨到 97.43% – 37μm。

在这种不一致的情况下，何去何从？是让矿石性质、企业生产现状适应新技术需要，还是让新技术调整方向适应前者，就需要从技术、经济条件对比后做出选择。

2）工艺用水和精矿脱水都难。絮凝必须用黄河水才能生产 β_{Fe} >60% 的铁精矿，都用黄河水由于用水量大很难保证。而包钢选矿厂生产流程主要使用尾矿回收，只补加少量黄河水。

经试验证明：最好的结果是反浮选和絮凝脱泥选铁生产都用黄河水，其水质有保证。其次是粗磨和反浮选用回水，絮凝脱泥选铁必须用黄河水。

水质对絮凝选铁的影响大，见表 2-58，增加黄河水涉及全公司供水系统的改造，实施较难。

表 2-58 水质对絮凝选铁的影响

试验生产用水		混合浮选（反浮选）尾矿 β/%			絮凝铁精矿			
					β/%			ε_{Fe}作业/%
反浮选	絮凝选铁	Fe	REO	F	Fe	REO	F	
黄河水	黄河水	45.18	4.09	—	61.80	1.80	0.38	89.53
黄河水	回 水	45.38	4.07	—	53.85	2.90	1.02	94.53
回 水	黄河水	44.46	4.01	3.06	60.50	1.85	0.07	89.72
回 水	回 水	42.81	3.23	2.46	52.10	2.90	1.89	93.93

絮凝铁精矿滤饼含水 14% ~ 16%，处理细而含水高的铁精矿，过滤、干燥我国尚无先例。

张振祥认为，Tildon 絮凝流程不是很好。尽管蒂尔登发表许多论文，但根本问题是经济问题，"絮凝带来精矿脱水的困难，为了脱水，被迫在过滤时使用蒸汽，但过滤饼到含水 10% 时又造成结块（球团的水分要求为 10%），结果还要再一次球磨，而含水 10% 的铁精矿结块又造成磨机堵塞，所以被迫用火法干燥到含水 2% ~ 3%，球磨后再送去造球，这就大大提高了蒂尔登（Tildon）选厂的能耗"。

对该矿石选矿方法来说，还需要根据技术不断进步、新药剂新设备不断开发情况去试验、摸索总结、实践，争取不断地革新前进。

3）成本高、代价大，现有磁选设施不能推倒重来。包钢选矿厂现有的生产系列，磨矿系统是由一段棒磨和两段球磨与分级组成的闭路系统，处理原矿能力约为 150t/h，磨细度为 90% −74μm。

絮凝工业试验提出，该磨矿系列反浮选要求细磨至 95% −74μm，反浮选尾矿占原矿量的 62%，絮凝工艺要求细磨至 97.43% −37μm（400 目）。据试验得知需要增加原有球磨 1 倍的磨矿分级设施，为了建设絮凝工艺生产部分，需要拆除所有现有磁选设施，这就需要把现有的磁选部分全部闲置，重新建设完全新的絮凝生产流程。

由于磨矿部分的投资、能耗、成本占选矿加工成本的半数以上，重新建设成本将大幅增加，如此推倒重来的做法代价太大。

最后，细粒铁精矿适宜于球团处理，而在进行正常生产的却是与选矿厂当前生产的铁精矿相适应的烧结机，生产烧结矿。如果用絮凝工艺全部取代现有磁选生产，其下游生产——烧结厂的命运也和选矿厂的命运息息相关，该厂也要面临被拆除，重建团矿厂的严峻局面。

鉴于以上情况包钢最后未采用絮凝流程而采用磁—磁—浮流程处理白云鄂博中贫氧化矿，生产铁精矿和稀土精矿、铌精矿等。

2.6 KHD 最佳化选矿流程试验的特点

2.6.1 历史背景

1979 年 11 月 20 日，我国冶金工业部与当时的联邦德国联邦研技部签订了一项关于采矿、选矿和冶金领域共同进行研究的协议，并决定把包头白云鄂博矿石选矿最佳化选定为中、德双方共同研究的课题，包头钢铁公司和卡哈德（KHD）公司被分别任命为中、德双方的项目负责单位。

2.6.2 选矿工艺流程工艺特点及所获指标

KHD 公司提出的选矿工艺流程是磁—浮—磁—浮—磁—酸浸联合流程，是六段全优先分选流程，是一个整体细磨深选的选矿工艺流程。第一段弱磁选磁铁矿；第二段浮选萤石都采用粗选粗精矿再细磨的方法；第三段 8000Oe 强磁和 pH 值为 4.2 酸性矿浆正浮选联合分选赤铁矿；第四段采用浮选混合稀土精矿和摇床重选分离氟碳铈矿和独居石单一稀土精矿的方法；第五段先将占原矿量 51.43% 的入选物料由 80% −40μm 或 49% −20μm 的粒度再磨至 97% −40μm 或 67% −20μm 的细度，然后再来一次 8000Oe 强磁选别赤铁矿作业，得赤铁精矿 2 和选铌用料中矿和尾矿；第六段是选铌段，因浮选法未得到理想结果，所以采用 HF：H_2SO_4 = 1：5 混合酸浸出 NH_4OH 沉淀、过滤，反复两次获得 $\gamma_{原}$ = 1.5%、$\beta_{Nb_2O_5}$ = 4.25%、$\varepsilon_{Nb_2O_5}$ = 52.89% 的铌精矿。

KHD 公司提出的选矿工艺流程（开路）如图 2-39 所示，流程中各产品的粒度（μm）见表 2-59。

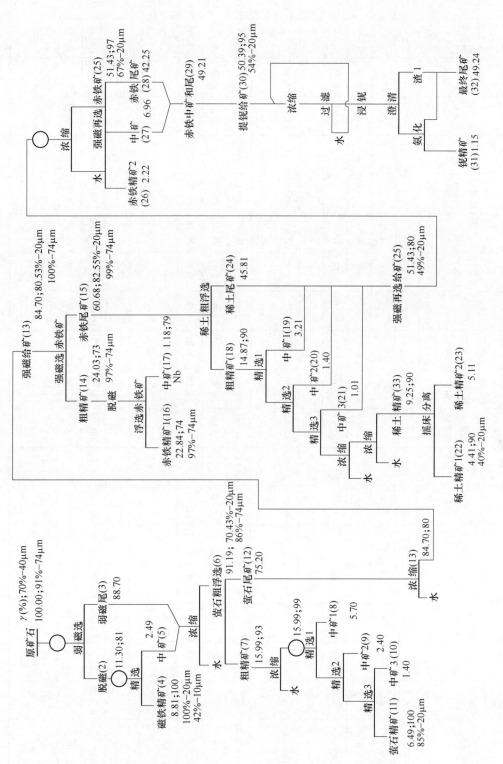

图 2-39 KHD 小型试验开路流程

表 2-59　KHD 试验流程中各产品粒度　　　　　　　　　　　　　　　　（μm）

粒级/μm	弱磁选给矿	弱磁选粗精矿	弱磁选铁精矿	弱磁选尾矿（萤石浮选给矿）	萤石粗精矿再磨前	萤石粗精矿再磨后	萤石精矿	萤石尾矿（强磁选赤铁矿给矿）	强磁选赤铁矿粗精矿	浮选赤铁矿精矿	浮选赤铁矿尾矿	稀土浮选给矿	稀土精矿	氟碳铈矿精矿	独居石精矿	稀土浮选尾矿	d_{80} 旋流器溢流	强磁选再选赤铁矿	选铌原料
>100	28.2	—	—	—	—	—	—	—	—	—	—	—	—	—	—	—	—	—	—
>90	—	—	—	—	—	—	—	—	3.20	2.99	1.15	1.00	0.22	0.32	—	0.70	—	—	—
100~70	6.49	—	—	—	—	—	—	—	—	—	—	—	—	—	—	—	—	—	—
>63,90~63	—	5.25	—	14.40	—	—	—	16.83	4.50	4.75	2.20	2.78	0.48	0.56	—	3.00	0.16	—	—
70~40	20.85	—	—	—	—	—	—	—	—	—	—	—	—	—	—	—	—	—	—
>40,63~40	—	14.20	—	15.70	7.30	0.68	—	19.80	19.50	18.28	17.35	14.32	9.82	9.42	—	15.60	3.12	0.15	4.51
<40	69.84	—	—	—	—	—	—	—	—	—	—	—	—	—	—	—	—	—	—
>32,40~32.00	—	13.17	—	9.40	4.63	0.46	2.81	6.58	18.40	8.88	22.20	7.75	10.31	8.31	—	9.20	1.08	3.35	10.49
32~20	—	25.00	—	17.60	17.95	10.36	11.87	20.05	20.80	21.40	21.00	18.45	43.41	42.33	—	22.20	28.24	9.85	31.30
<20	—	42.38	—	42.90	70.12	88.50	85.32	36.74	33.60	43.70	36.00	55.70	35.76	39.06	—	49.30	67.40	86.65	53.70
20~10	—	—	58.00	—	—	—	—	—	—	—	—	—	—	—	—	—	—	—	—
10~5	—	—	33.00	—	—	—	—	—	—	—	—	—	—	—	—	—	—	—	—
<5	—	—	9.00	—	—	—	—	—	—	—	—	—	—	—	—	—	—	—	—
合计	100.00	100.00	100.00	100.00	100.00	100.00	100.00	100.00	100.00	100.00	100.00	100.00	100.00	100.00	100.00	100.00	100.00	100.00	100.00
40~0	69.84	80.55	100.00	69.90	92.70	99.32	100.00	80.00*	72.80	73.98	79.20	81.90	89.48	89.70	100.00	80.70	99.72	99.85	95.49
20~0	—	—	100.00	42.90	70.12	88.50	85.32	53.00	33.60	43.70	76.00	55.70	35.76	39.06	—	39.06	67.40	86.65	53.70
10~0	—	—	42.0	—	—	—	—	—	—	—	—	—	—	—	—	—	—	—	—

表 2-60 所示的结果为该公司提出的最终选矿工艺指标。

表 2-60 KHD 小型试验闭路结果

项　目	产率/%	β/%							ε/%						
		TFe	REO	P	F	Nb_2O_5	Na_2O	K_2O	TFe	REO	P	F	Nb_2O_5	Na_2O	K_2O
磁铁矿精矿	8.81	69.50	0.36	0.02	0.31	0.026	0.24	0.053	20.32	0.44	0.18	0.30	1.90	1.45	4.99
赤铁矿精矿1	22.84	65.20	1.43	0.087	0.36	0.071	0.26	0.041	49.45	4.53	2.00	0.89	13.45	4.09	10.02
赤铁矿精矿2	2.22	58.76	0.85	0.07	0.43	0.14	2.20	0.05	4.33	0.26	0.16	0.10	2.58	3.36	1.19
综合铁精矿	33.87	65.90	1.11	0.069	0.35	0.0638	0.38	0.045	74.10	5.23	2.34	1.29	17.93	8.90	16.20
萤石精矿	11.68	1.91	2.80	0.42	42.81	0.040	0.043	0.010	0.74	4.53	4.91	54.36	3.88	0.35	1.25
氟碳铈矿精矿	4.14	0.46	68.58	0.28	4.94	0.0143	0.012	0.005	0.06	39.36	1.16	2.22	0.49	0.03	0.22
独居石精矿	5.11	6.30	46.85	6.02	9.62	0.005	0.0005	0.0001	1.07	33.18	30.81	5.34	0.21	0.01	0.05
综合稀土精矿	9.25	3.69	56.59	3.45	7.53	0.0092	0.0056	0.0023	1.13	72.53	31.97	7.56	0.70	0.01	0.27
铌精矿	1.50	7.38	1.42	0.31	0.09	4.25	—	—	0.37	0.30	0.47	0.03	52.89	—	—
总尾矿	43.70	16.31	2.88	1.37	7.74	0.0679	2.44	0.176	23.66	17.41	60.31	36.76	24.60	90.71	82.28
原矿石	100.00	30.87 30.132	6.99 7.217	0.96 0.998	9.64 9.199	0.13 0.120	1.64 1.452	0.10 0.093	— 100.00	— 100.00	— 100.00		— 100.00	— 100.00	— 100.00

磁铁矿精矿

$\gamma = 8.81\%$，$\beta_{TFe} = 69.50\%$，$\varepsilon_{TFe} = 20.32\%$；

赤铁矿精矿1

$\gamma = 22.84\%$，$\beta_{TFe} = 65.20\%$，$\varepsilon_{TFe} = 49.45\%$；

赤铁矿精矿2

$\gamma = 2.22\%$，$\beta_{TFe} = 58.76\%$，$\varepsilon_{TFe} = 4.33\%$；

综合铁精矿

$\gamma = 33.87\%$，$\beta_{TFe} = 65.95\%$，$\varepsilon_{TFe} = 74.10\%$；

萤石精矿

$\gamma = 11.68\%$，$\beta_{F} = 42.81\%$，$\varepsilon_{F} = 54.36\%$ 或 $\beta_{CaF_2} = 87.97\%$；

氟碳铈矿精矿

$\gamma = 4.14\%$，$\beta_{REO} = 68.58\%$，$\varepsilon_{REO} = 39.36\%$；

独居石精矿

$\gamma = 5.11\%$，$\beta_{REO} = 46.85\%$，$\varepsilon_{REO} = 33.17\%$；

混合稀土精矿

$\gamma = 9.25\%$，$\beta_{REO} = 56.59\%$，$\varepsilon_{REO} = 72.53\%$；

铌精矿

$\gamma = 1.50\%$，$\beta_{Nb_2O_5} = 4.25\%$，$\varepsilon_{Nb_2O_5} = 52.89\%$；

原矿石

$\alpha_{TFe} = 30.132\%$，$\alpha_{F} = 9.199\%$，$\alpha_{REO} = 7.217\%$，$\alpha_{Nb_2O_5} = 0.120\%$。

上述选矿工艺指标除综合铁精矿铁回收率未达到中德合同要求的 80% 以上，β_F 未达到小于 0.30%；β_P 未达到不大于 0.05%；$\beta_{Na_2O + K_2O} < 0.20\%$，而分别达到 74.10%；$\beta_F = 0.35\%$；$\beta_P = 0.069\%$；$\beta_{Na_2O + K_2O} = 0.425\%$ 之外，各项指标均超过了合同所要求的水

平，如：

萤石精矿 β_{CaF_2}。合同要求 85%，实际达到 87.97%；ε_{CaF_2} 合同要求 30% ~ 40%，实际达到 54.36%。

稀土精矿 β_{REO}。合同要求 68%，实际达到 68.58%；ε_{REO} 合同要求 30%，实际达到 39.36%。

铌精矿 $\beta_{Nb_2O_5}$。合同要求大于 1%，实际达到 4.25%；$\varepsilon_{Nb_2O_5}$ 合同要求应尽可能高，实际达到 52.89%。

工艺特点如下。

2.6.2.1 分选磁铁矿

原矿细磨至 70% – 40μm，或 91% – 74μm 8000Oe 弱磁选，粗精矿（粒度为 81% – 40μm）脱磁，再磨后仍在 8000Oe 磁场下精选一次，得磁铁矿精矿，其细度为 100% – 20μm 或 42% – 10μm。

β_{TFe} 为 69.50%，杂质含量 REO 0.36%；F 0.31%；P 0.02%；$Na_2O + K_2O$ 0.293%；Nb_2O_5 0.026%。尽管 β_{TFe} 已达较高水平，但仍含有一定量的杂质，据前节所述，它们属共生而非在磁铁矿结晶格中，所以仍有磨选提高质量的潜力存在。

2.6.2.2 分选萤石

用烷基磷酸钠（HoeF2496）和水玻璃两种药剂在常温中性矿浆中浮选萤石工艺方法是一种新的浮选萤石工艺方法。

入选原料为弱磁选尾矿，粒度为 70% – 40μm 或 43% – 20μm，经一次粗选得萤石粗精矿，将它再磨至 99% – 40μm，再磨后的粗精矿经 3 次精选得 β_{CaF_2} = 86.64%，6 次精选得 β_{CaF_2} = 94.51% 的萤石精矿。萤石粗精矿经再磨后精选指标见表 2-61。其工艺条件如图 2-40 所示。

表 2-61 萤石粗精矿经再磨后的浮选指标（多批料试验）

产品	γ/%	β/%						ε/%					
		TFe	REO	F	P	Na_2O	K_2O	TFe	REO	F	P	Na_2O	K_2O
磁铁矿精矿	8.81	69.50	0.36	0.31	0.02	0.24	0.053	21.36	0.54	0.29	0.15	1.36	3.63
CaF_2 精矿	4.82	1.70	2.25	45.99	0.31	0.04	0.01	0.29	1.83	23.67	1.29	0.12	0.37
CaF_2 中矿 6	0.67	2.40	3.54	41.52	0.55	0.05	0.01	0.06	0.40	2.97	0.32	0.02	0.05
CaF_2 中矿 5	0.20	2.50	4.27	34.55	0.78	0.05	0.02	0.02	0.14	0.74	0.13	0.02	0.02
CaF_2 中矿 4	0.79	2.60	5.20	34.50	0.86	0.05	0.01	0.07	0.69	2.91	0.59	0.0301	0.06
CaF_2 精矿	6.48	1.88	2.76	42.16	0.41	0.047	0.01	0.44	3.06	30.29	2.33	9	0.50
CaF_2 中矿 3	1.40	3.80	5.27	32.07	0.92	0.07	0.01	0.19	1.25	4.79	1.11	0.06	0.11
CaF_2 中矿 2	2.41	6.60	7.20	27.20	1.25	0.17	0.017	0.56	2.92	7.00	2.61	0.46	0.32
CaF_2 中矿 1	5.70	17.60	9.95	24.12	1.53	0.67	0.041	3.50	9.57	14.68	7.55	2.47	1.82
CaF_2 粗精矿	15.99	8.37	6.23	32.05	0.98	0.29	0.022	4.69	16.80	56.76	13.61	2.98	2.75
尾矿 6	13.08	27.60	6.76	3.90	1.47	2.85	0.16	12.61	15.74	5.45	16.64	16.70	16.28
尾矿 5	12.20	28.00	6.62	5.95	1.14	1.86	0.15	11.93	14.12	7.75	12.04	14.68	14.24
尾矿 4	14.31	26.90	5.98	5.98	1.18	1.81	0.15	13.44	15.98	9.14	14.62	16.75	16.70
尾矿 3	13.78	27.80	6.60	5.90	1.61	1.89	0.15	13.38	15.35	8.68	19.20	16.84	16.08
尾矿 2	13.73	29.30	6.49	5.31	1.52	2.00	0.16	14.05	15.04	7.79	18.06	17.76	17.09
尾矿 1	8.10	30.20	6.90	4.79	0.81	2.43	0.21	8.54	6.43	4.14	5.68	12.74	19.23
尾矿 6—1	75.20	28.16	6.51	5.69	1.32	1.97	0.16	73.95	82.66	42.75	86.24	95.66	93.62
CaF_2 给矿	91.19							78.64	99.46	99.71	99.85	98.64	96.37
原 矿	100.00	30.87	6.98	9.37	0.96	1.62	0.10	100.00	100.00	100.00	100.00	100.00	100.00

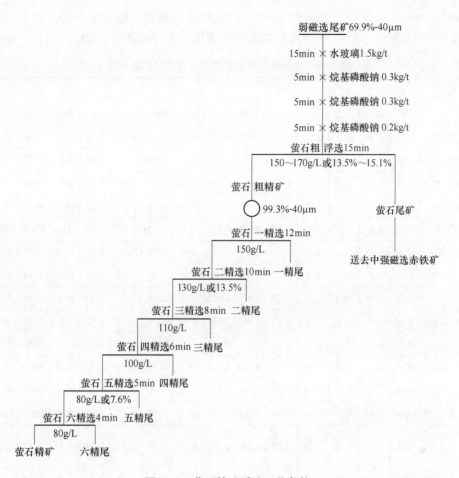

图 2-40　萤石精矿浮选工艺条件

注：1. 用烷基磷酸钠（HoeF 2496）为捕收剂和水玻璃浮选萤石精矿。2. 矿浆 pH = 7。3. 矿浆温度 15～20℃。4. 水质，德国硬度 14～18。5. 浮选机 5L，$v = 7.2 \mathrm{m/s}$，$n = 2000 \mathrm{r/min}$。6. 烷基磷酸钠（HoeF 2496）的分子式为：

$$RO—P\underset{ONa}{\overset{O}{\|}}ONa \qquad \underset{RO}{\overset{RO}{}}P\overset{O}{\|}—ONa$$

单烷基磷酸二钠　　　双烷基磷酸钠
（异基或丁基）

左　　　　　　右

为两者混合物，密度 20℃时为 1.04～1.05 g/cm³ 微黄色黏性液体，950mPa，为强酸反应。

由表 2-61 可以看出，6 次精选得的萤石精矿中仍然含有 2.25% 的 REO 和 1.70% TFe，P 也还有 0.31%，说明还有进一步提高精矿含 CaF_2 品位的可能性。

浮选萤石用两种药剂：水玻璃和烷基磷酸钠。常温 pH = 7，水玻璃调整矿浆在搅拌槽添加 1.5kg/t；捕收剂起泡剂烷基磷酸钠（HoeF2496）0.8kg/t，间隔 5min 分 3 次添加。

2.6.2.3　分选赤铁矿

前后两次分选赤铁矿，粗选都在琼斯强磁机场强 8000Oe 条件下进行分选。

第一次是在分选磁铁矿和分选萤石后的第三个选别段，入选原料为萤石浮选尾矿，粒度为 80% $-40\mu m$ 或 53% $-20\mu m$，经一次粗选得铁粗精矿，脱磁后再经一次正浮选铁作业，得赤铁矿精矿 1（KHD 小型选矿试验开路流程工艺指标见表 2-62）。

表 2-62　KHD 小型选矿试验开路流程工艺指标

编号	产品	产率/%	β/%							ε/%						
			REO	F	P	Na₂O	K₂O	Nb₂O₅	Fe	REO	F	P	Na₂O	K₂O	Nb₂O₅	Fe
(4)	磁铁精矿	8.81	0.36	0.31	0.02	0.24	0.053	0.026	69.50	0.48	0.31	0.19	1.51	5.66	1.96	20.71
(5)	磁铁中矿	2.49	4.29	9.16	0.75	1.74	0.112	0.094	27.83	1.63	2.57	1.93	3.10	3.37	1.96	2.34
(2)	磁铁粗精矿	11.30	1.23	2.26	0.18	0.57	0.066	0.041	60.32	2.11	2.88	2.12	4.61	9.04	3.91	23.05
(3)	弱磁尾矿	88.70	7.25	9.72	1.07	1.50	0.090	0.127	25.65	97.89	97.12	97.88	95.39	90.96	96.09	76.95
(1)	原矿石	100.00	6.57	8.88	0.97	1.40	0.083	0.118	29.57	100.00	100.00	100.00	100.00	100.00	100.00	100.00
(11)	萤石精矿	6.49	2.76	42.16	0.41	0.041	0.010	0.040	1.88	2.73	30.82	2.75	0.19	0.72	2.21	0.41
(10)	中矿 3	1.40	5.27	32.07	0.92	0.07	0.010	0.049	3.80	1.12	5.06	1.33	0.07	0.12	0.60	0.18
(9)	中矿 2	2.40	7.20	27.20	1.25	0.17	0.017	0.062	6.60	2.63	7.35	3.10	0.29	0.48	1.28	0.54
(8)	中矿 1	5.70	9.95	24.12	1.53	0.67	0.041	0.071	17.60	8.64	15.48	9.02	2.74	2.77	3.40	3.39
(7)	萤石粗精矿	15.99	6.21	32.60	0.98	0.29	0.021	0.055	8.36	15.12	58.71	16.20	3.29	4.10	7.49	4.52
(12)	萤石尾矿	75.20	7.37	4.84	1.08	1.77	0.100	0.140	29.40	84.40	40.98	83.61	95.20	90.72	90.55	74.77
(6)	萤石浮给矿	91.19	7.17	9.71	1.06	1.51	0.090	0.130	25.71	99.52	99.69	99.81	98.49	94.82	98.04	79.29
(16)	赤铁精矿 1	22.84	1.43	0.36	0.087	0.24	0.041	0.070	65.20	4.97	0.93	2.06	4.25	11.33	13.79	50.36
(17)	赤铁中矿（Nb）	1.18	2.83	2.68	0.24	1.35	0.220	0.025	16.10	0.51	0.36	0.29	1.14	3.13	0.26	0.64
(14)	赤铁粗精矿	24.02	1.45	0.47	0.09	0.313	0.050	0.070	62.79	5.48	1.28	2.35	5.39	14.46	14.04	51.00
(15)	赤铁矿尾矿	60.68	9.88	9.89	1.51	2.14	0.110	0.160	13.58	91.31	67.59	94.72	92.90	79.64	81.79	27.88
(13)	强磁给矿	84.70	7.51	7.22	1.11	1.62	0.090	0.130	27.54	96.79	68.87	97.06	98.30	94.10	95.83	78.88
(22)	稀土精矿 1	4.14	68.58	4.94	0.28	0.012	0.0001	0.0143	0.46	43.23	2.30	1.20	0.04	0.005	0.51	0.06
(23)	稀土精矿 2	5.11	46.85	9.62	6.02	0.0005	0.005	0.005	6.30	36.45	5.54	31.81	0.002	0.31	0.26	1.09
(33)	稀土精矿	9.25	56.58	7.53	3.45	0.0006	0.0003	0.010	3.69	79.68	7.84	33.01	0.04	0.31	0.77	1.15
(21)	中矿 3	1.01	11.98	10.96	1.99	3.16	0.21	0.14	15.32	1.84	1.25	2.08	2.28	2.53	1.19	0.53
(20)	中矿 2	1.40	7.18	36.53	2.43	7.44	0.24	0.23	10.36	1.53	5.76	3.52	7.46	4.10	2.73	0.49
(19)	中矿 1	3.21	4.85	43.93	1.91	7.93	0.31	0.23	12.09	2.37	15.88	6.34	18.23	12.05	6.30	1.31
(18)	稀土粗精矿	14.87	37.73	18.35	2.92	2.63	0.106	0.087	6.92	85.42	30.73	44.94	28.01	19.04	10.98	3.48
(24)	稀土尾矿	45.81	0.85	7.14	1.05	1.98	0.11	0.18	15.75	5.89	36.86	49.78	64.89	60.60	70.81	24.40
(26)	赤铁精矿 2	2.22	0.80	0.43	0.07	2.20	0.05	0.14	58.76	0.27	0.11	0.17	3.49	1.33	2.64	4.41
(27)	赤铁中矿	6.96	1.62	11.01	1.45	3.12	0.14	0.17	14.50	1.72	8.63	10.43	15.55	11.69	10.04	3.41
(28)	赤铁尾矿	42.25	1.50	10.72	1.17	2.44	0.13	0.19	12.99	9.65	51.01	51.11	73.82	66.15	68.34	18.56
(25)	强磁再选给矿	51.43	1.49	10.32	1.16	2.52	0.13	0.16	15.17	11.64	59.75	61.71	92.87	79.28	81.02	26.39

编号	产品	产率/%	β/%							ε/%						
			REO	F	P	Na$_2$O	K$_2$O	Nb$_2$O$_5$	Fe	REO	F	P	Na$_2$O	K$_2$O	Nb$_2$O$_5$	Fe
(17)	赤铁中矿（Nb）	1.18	2.83	2.68	0.24	1.35	0.22	0.025	16.10	0.51	0.36	0.29	1.14	3.13	0.26	0.64
(29)	赤铁矿中矿和尾矿	49.21	1.52	10.76	1.21	2.54	0.13	0.19	13.20	11.37	59.65	61.55	89.37	77.95	78.38	21.97
(30)	提铌给矿	50.39	1.55	10.57	1.19	2.51	0.13	0.18	13.27	11.88	60.00	61.83	90.51	81.08	78.64	22.62
(31)	铌精矿	1.15	1.41	0.09	0.31	0.87	0.16	4.25	7.38	0.25	0.01	0.37	0.72	2.17	41.62	0.29
(32)	最终尾矿	49.24	1.55	10.82	1.21	2.55	0.13	0.088	13.41	11.63	59.99	61.46	89.80	78.92	37.02	22.33

注：作者从后往前逐项重新计算的，按修改尾矿原则进行，为具体分析每个作业与分配规律及其连贯性才这样处理的，结果是使原矿中各元素品位有所变低，重点在查规律性。

（15）（稀土给矿）。

（25）（稀土中尾）。

给料 $\alpha_{TFe} = 27.54\%$、$\beta_{强磁} = 62.79\%$、$\varepsilon_{作} = 63.84\%$、$\varepsilon_{原} = 51.00\%$、$\beta_{正浮选} = 65.20\%$、$\varepsilon_{作} = 98.75\%$、$\varepsilon_{原} = 50.36\%$。

正浮选赤铁矿的工艺条件：用 H_2SO_4 调 pH 值到 4，以油酸钠和油酸为捕收剂，以 Aguamollin（作者认定它就是羟基乙酸 CH_2COOH ）为抑制剂浮选赤铁矿。

$$\overset{|}{OH}$$

矿浆浓度 400g/L，加 1.2kg/t Aguamollin 搅拌 20min。

再添加 H_2SO_4 3.0kg/t、油酸钠 0.5kg/t、油酸 0.1kg/t 直接浮选赤铁矿。

矿浆 pH 值为 4，温度为室温，硬度为 14~18，叶轮速度为 7.2m/s。在 5min 时间里添加油酸钠和油酸。

按重量计：开始时加 60% 的油酸钠和 34% 的油酸；2min 后加 20% 的油酸钠和 33% 的油酸；3min 后加 20% 的油酸钠和 33% 的油酸。

第二次分选赤铁矿是在第五个选别段，以稀土尾矿为原料，其粒度为 80% $-40\mu m$ 或 49% $-20\mu m$，首先需要再磨至 97% $-40\mu m$ 或 67% $-20\mu m$，之后再进行一次 80000e 场强的磁选作业，得赤铁矿精矿 2。

两次分选赤铁矿的不同之处在于第一次的给矿粒度比第二次相对粗些，因而在操作上相应有所不同。在采用相同规格琼斯强磁选机（$\phi400mm$）的情况下，介质齿板间隙前者为 1.0mm，后者为 0.5mm。

2.6.2.4 分选稀土矿物

用烷基磷酸酯（HoeF1415）和 Aquamollin（羟基乙酸）两种药剂，在常温中性矿浆中浮选稀土精矿是一种新的浮选稀土工艺方法。HoeF1415 的分子式和 HoeF2496 相同，不同的是 HoeF1415 是酯。

入选原料为第一次分选赤铁矿的强磁尾矿，粒度为 99% $-74\mu m$ 或 82% $-40\mu m$ 或 55% $-20\mu m$。原料含有：REO 9.88%，F 9.89%，Fe 13.58%，Na$_2$O 2.14%，P 1.51%，

Nb_2O_5 0.160% 。

原料按图 2-41 所示的试验流程、药剂制度和工艺条件浮选稀土精矿。

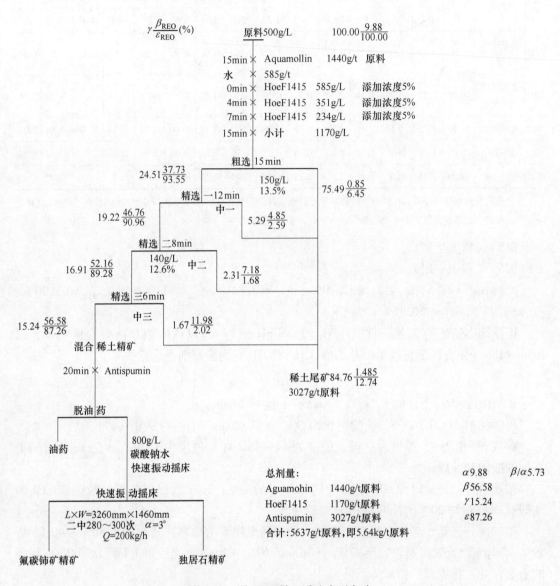

图 2-41 混 KHD 稀土浮选小型实验

经一次粗选三次精选，获得混合稀土精矿，β_{REO} 为 56.58% ，$\beta_{REO作业}$ 为 87.26% 。

混合稀土精矿添加脱药剂 Antispumin（安替斯普门，是一种含有液状氢化合物和非离子乳化剂的各种脂肪物综合配制而成，它对清洗矿物表面药剂薄膜和摇床床面污垢很有效。我国邯郸化工厂也有类似产品），搅拌 20min 进行脱油脱药，脱药后的混合稀土精矿用 800g/L 碳酸钠水在快速振动摇床上进行分离，得氟碳铈矿精矿和独居石精矿。

氟碳铈矿精矿 β_{REO} = 68.58% ，$\varepsilon_作$ = 47.34% ；

独居石精矿 β_{REO} = 46.85% ，$\varepsilon_作$ = 39.92% ；

混合稀土精矿 $\beta_{REO} = 56.58\%$，$\varepsilon_{作} = 87.26\%$ 对原矿的 $\varepsilon_{REO} = 72.53\%$。

稀土浮选指标见表 2-63。

表 2-63 稀土浮选指标

产　品	γ/%	β/%						
		Fe	REO	F	P	Na₂O	K₂O	Nb₂O₅
氟碳铈矿精矿	6.82	0.46	68.58	4.94	0.28	0.012	0.0001	0.0143
独居石精矿	8.42	6.30	46.85	9.62	6.02	0.0005	0.005	0.005
混合稀土精矿	15.24	3.69	56.58	7.53	3.45	0.0006	0.0003	0.010
中三	1.67	15.32	11.98	10.96	1.99	3.16	0.21	0.14
中二	2.31	10.36	7.18	36.53	2.43	7.44	0.24	0.23
中一	5.29	12.09	4.85	43.93	1.91	7.93	0.31	0.23
稀土粗精矿	24.51	6.92	37.73	18.35	2.92	2.63	0.106	0.087
稀土尾矿	75.49	15.75	0.85	7.14	1.05	1.98	0.11	0.18
原料	100.00	13.58	9.88	9.89	1.51	2.14	0.110	0.160

产　品	γ/%	ε/%						
		Fe	REO	F	P	Na₂O	K₂O	Nb₂O₅
氟碳铈矿精矿	6.82	0.21	47.34	3.40	1.27	0.04	0.006	0.62
独居石精矿	8.42	3.91	39.92	8.20	33.58	0.002	0.39	0.32
混合稀土精矿	15.24	4.12	87.26	11.60	34.85	0.04	0.40	0.94
中三	1.67	1.90	2.02	1.85	2.19	2.46	3.19	1.45
中二	2.31	1.76	1.68	8.52	3.72	8.03	5.16	3.34
中一	5.29	4.70	2.59	23.50	6.69	19.62	15.16	7.70
稀土粗精矿	24.51	12.48	93.55	45.47	47.45	30.15	23.91	13.43
稀土尾矿	75.49	87.52	6.45	54.53	52.55	69.85	76.09	86.57
原料	100.00	100.00	100.00	100.00	100.00	100.00	100.00	100.00

2.6.3 结论与思考

回顾半个世纪以来，我国各有关单位，在白云鄂博矿产资源综合利用方面，所做的大量卓有成效的工作，获得无数科研成果的同时，反复学习了各兄弟单位的选矿科研工作经验，在学习研究 KHD 公司提出的物质成分研究成果和选矿工艺流程的组成和特点后，个人得到的启示如下所述。

2.6.3.1 β 和 ε 的相互关系如何处理

对于可直接送入高炉冶炼的富铁矿石来说，不经过选矿，当然相当于选矿过程金属回收率是 100%，但是对于单一贫铁矿石组成成分又比较简单的贫铁矿石选矿的根本目的就是提高精矿中含铁品位，即精矿品位。有的虽然含铁品位高，但还含有对铁冶炼过程有害的成分，如 P、S、F、SiO₂、Th、K、Na 等，也需要经过选矿过程把它们分离出去，达到精料要求，以保证炼铁炼钢顺利进行。

对于像白云鄂博这样整个矿石组成成分几乎都是有用的，而且是非常可贵的，还有的是非常稀贵的有用成分的矿石的选矿工艺而言就不单是考虑 β_{TFe} 就够了，既要考虑以提高 β_{TFe} 为前提为中心，又要考虑尽可能地提高 ε_{TFe}，同时还要考虑到对其他各有用成分的综合回收利用的问题。在考虑工艺技术问题的同时，还要考虑各种有用成分的相互协调和适应国内外对各该种成分需要的情况和变化发展，以及国家的经济外贸政策等因素。

下面就白云鄂博矿石选矿当中一些问题进行讨论。

A 多金属综合利用存在以某种成分为主为第一回收对象的问题

关于白云鄂博矿产资源开发利用问题，历史证明了以铁为主综合利用的方针是完全正确的。

对白云鄂博矿石综合利用稀土和铌问题，作者认为当前主要的任务应该是稀土产品向精深加工方向发力，其次才是扩大产量。对铌产品应着力开发低成本环保型工艺流程，高起点，一开始就要用优质产品提供给各用户使用。当然也只有在同时考虑综合利用其他有用成分的情况下，才有可能达到这一要求。

例如，综合回收铌，无论从铁精矿中回收，还是从强磁中矿，或是从稀土浮选尾矿，都共同存在一个再细磨的问题。因为铌矿物结晶粒度细小，在现有的磨矿细度条件下，铌矿物单体解离度是较低的，不论哪种精矿，精矿品位 β_{me} 都取决于原矿矿物的组成成分和单体解离程度，ε_{me} 金属则取决于工艺方法和磨矿分级后产品的粒度与金属量的分布情况。

B 不同工艺方法对目的矿物有效回收粒度不同

目前包钢选矿厂生产中使用的弱磁、强磁工艺的有效回收粒度为 74～19（10） μm；反浮选铁精矿的有效回收粒度为 74～0 μm；正浮选铁的有效回收粒度为 74～0 μm，H205 浮选稀土矿物的有效回收粒度为 74～0 μm。

C 对理想的精矿品位 $\beta_{理想}$ 可以用下述公式进行预测

$$\beta_{理想} = k\beta_{纯矿物} \tag{2-6}$$

$$k = k_1 + k_2 + k_3 + k_4 + k_5 + \cdots + k_n$$

$$k = \sum Pa = P_1 a_1 + P_2 a_2 + P_3 a_3 + P_4 a_4 + P_5 a_5 + \cdots + P_n a_n$$

式中 a——入选物料中目的矿物单体解离量，以个数表示；

P——入选物料中目的矿物单体解离率，以个数表示。

根据需要和技术经济条件，侧重回收率时 K 取大数，侧重品位时 K 取小数。

【例4】 以原矿石中磁铁矿为例。当原矿石磨细到 95% −74 μm 或 76% −39 μm 时，

	单体	>3/4 连生	(3/4～1/2)连生	(1/2～1/4)连生	<1/4 连生
单体解离率 P	0.802	0.750	0.625	0.375	0.250
单体解离量 a	1.000	0.069	0.077	0.047	0.005
K：$\sum Pa$	0.802	0.052	0.048	0.018	0.001

∴ $K = 0.802 + 0.052 + 0.048 + 0.018 + 0.001 = 0.921$

∵ $\beta_{磁铁矿纯矿物} = 72.4\%$

∴ $\beta_{磁铁矿精矿理想76\mu m \times} = K \times 72.4\% = 0.921 \times 72.4\% = 66.68\%$

同理：∴ $\beta_{磁铁矿精矿理想89 \times} = K \times 72.4\% = 0.941 \times 74.2\% = 68.13\%$

∴ $\beta_{磁铁矿精矿理想95 \times} = K \times 72.4\% = 0.966 \times 72.4\% = 69.94\%$

$$\therefore \beta_{磁铁矿精矿理想60\times} = K \times 72.4\% = 0.895 \times 72.4\% = 64.80\%$$

$$\therefore \beta_{磁铁矿精矿理想52\times} = K \times 72.4\% = 0.862 \times 72.4\% = 62.41\%$$

上述的 $\beta_{理想}$ 是指整体精矿而言的,其中已达 100% 单体解离的部分选成的 β_{TFe} 达 72.4% 的纯矿物是可能的,但绝不能超过纯矿物所含的铁含量,可以说纯矿物含铁量是选出铁精矿含铁品位的极限值,日常生产要尽最大可能使铁精矿铁品位接近极限值,同时还要保有尽可能高的铁回收率,使二者达到合理的交汇点。根据特殊钢种生产的需要,近年开发生产的被称为超级铁精矿的品位已经极其接近纯矿物的含铁水平了。KHD 流程中的磁铁矿精矿 β_{TFe} 已达到 69.5%,已经达到 95.995% 的纯度了。当然还有提高的潜力所在。因为其中的 RED、F 和 Na_2O 三项就有 0.91% 之多,还有其他成分在内。

【例 5】 再以铌矿物为例。根据 M-M-F 流程稀土浮选尾矿铌矿物单体解离度测定结果(见表 2-64、表 2-65),将有关数据代入式(2-6)得出铌精矿的理想 Nb_2O_5 品位 $\beta_{理想}$ = 26.16%。即

$$\beta_{理想 Nb_2O_5} = \beta_{纯(混合Nb原料)} 35 \times (1 \times 0.3522 + 0.75 \times 0.2852 + 0.50 \times 0.3626)$$

$$= 35 \times (0.3522 + 0.2139 + 0.1813) = 35 \times 0.7474 = 26.16\%$$

表 2-64　M-M-F 流程稀土浮选尾矿物单体解离度测定铌矿物解离度测定结果

粒级 /μm	γ/%	单体 解离度/%	铌矿 物量	其中 单体	其中 >1/2 连生	其中 <1/2 连生	铌分布率 /%	其中 单体	其中 >1/2 连生	其中 <1/2 连生
+100	10.85	0.00	0.47	0.00	0.18	0.29	9.22	0.00	3.56	5.66
-100+74	21.88	17.54	0.57	0.10	0.19	0.28	22.72	3.53	7.53	11.66
-74+50	18.07	28.81	0.59	0.17	0.18	0.24	19.42	5.59	5.93	7.90
合计	50.80						51.36			
-50+30	12.02	37.10	0.62	0.23	0.22	0.17	13.57	5.03	4.82	3.72
-30+20	25.45	56.25	0.48	0.27	0.07	0.14	22.25	12.51	3.25	6.49
-20+0	11.73	63.33	0.60	0.38	0.16	0.06	12.82	8.56	3.43	0.83
小计	49.20						48.64			
总计	100.00	35.22	0.5494	0.1935	0.1567	0.1992	100.00	35.22	28.52	36.26
								63.74		

表 2-65　入选铌原料的理想品位(M-M-F 流程浮选稀土尾矿中铌的分布与平衡计算)

赋存形式	矿物名称	矿物含量/%	Nb_2O_5 含量/%	Nb_2O_5 含量/%
独立矿物	铌铁矿	0.111	71.25	35.70
	铌钙矿	0.056	74.82	18.91
	钛铁金红石	0.296	11.84	15.82
	易解石	0.062	32.41	8.99
	黄烧绿石	0.034	64.96	9.97

赋存形式	矿物名称	矿物含量/%	Nb_2O_5 含量/%	Nb_2O_5 含量/%
	合计	0.559	35.44	89.39
	磁铁矿	10.0	0.032	1.44
	赤铁矿	14.7	0.06	3.98
	褐铁矿	7.8	0.045	1.58
	钠辉石	7.4	0.023	1.07
	钠闪石	3.2	0.005	1.07
分散相	云母	6.0	0.025	0.68
	独居石	2.0	0.014	0.13
	氟碳铈矿	4.1	0.015	0.28
	萤石	13.4	0.016	0.97
	重晶石	1.8	0.024	0.19
	磷灰石	1.9	0.013	0.11
	石英长石	11.5	0.008	0.42
合计	合计	83.8	0.029	10.92
		84.359	0.2216	100.31

原矿　　0.2280　　平衡系数 $= \dfrac{0.2216}{0.2280} = 0.9719$

　　包钢和有关单位一起于 1992 年在包钢选矿试验厂用 M-M-F 流程稀土浮选尾矿为原料进行了 28.8t/d 规模选铌试验如图 2-42 所示。

　　入选原料含铌 $\alpha_{Nb_2O_5} = 0.185\%$

　　选出了含铌 $\beta_{Nb_2O_5} = 1.62\%$ 的粗铌精矿

　　铌对原矿的回收率 $\varepsilon_{Nb_2O_5} = 41.19\%$ ，$\varepsilon_{稀土浮选尾对原Nb_2O_5} = 28.56 = 11.76 \approx 12\%$

　　D　关于回收率测算问题

　　在入选原矿石含铁（或其他任何有益成分）品位基本保持平均稳定的情况下，选矿技术的两个指标——精矿品位、回收率，则是最基本最重要的工艺指标。从事选矿工作方面的技术人员应有所了解。对不同矿石性质的矿石经选别后应该达到和能够达到的较为理想的或者说是最大可能达到的 β 和 ε 指标。总结多年来这方面的经验，对改进工作十分重要。

　　选矿金属回收率包括精矿品位，取决于原矿（或其类似的原料）的目的矿物单体解离度、磨矿产品的粒度组成和分布、金属（回收的金属和不需要的对回收金属原料而言则是杂质，对下一工序而言则是有用的原料）分布率、采用的选矿工艺方法和选用的工艺设备，对浮选方法来说还要视其浮选设备类型、药剂种类及配方、添加秩序、温度、pH 值等诸多因素，总之一定做尽可能具体细致地分析才能取得更加接近生产或研究的实际结果。

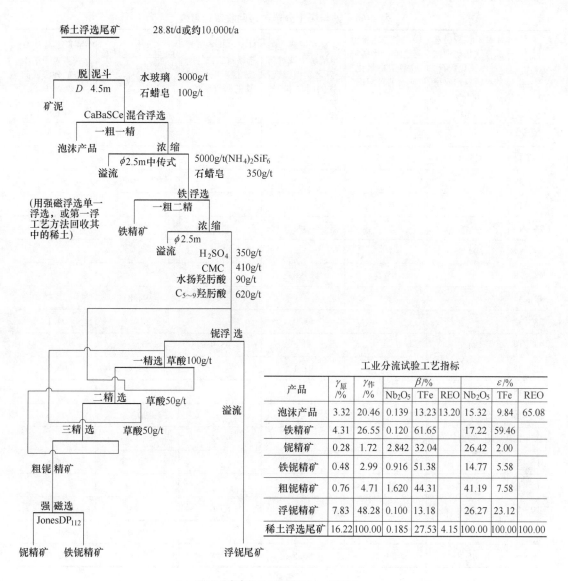

工业分流试验工艺指标

产品	$\gamma_{原}$ /%	$\gamma_{作}$ /%	β /%			ε /%		
			Nb_2O_5	TFe	REO	Nb_2O_5	TFe	REO
泡沫产品	3.32	20.46	0.139	13.23	13.20	15.32	9.84	65.08
铁精矿	4.31	26.55	0.120	61.65		17.22	59.46	
铌精矿	0.28	1.72	2.842	32.04		26.42	2.00	
铁铌精矿	0.48	2.99	0.916	51.38		14.77	5.58	
粗铌精矿	0.76	4.71	1.620	44.31		41.19	7.58	
浮铌精矿	7.83	48.28	0.100	13.18		26.27	23.12	
稀土浮选尾矿	16.22	100.00	0.185	27.53	4.15	100.00	100.00	100.00

图 2-42 稀土浮选尾矿综合回收铁、稀土、铌产品工业分流试验工艺流程

有条件时最好是计算各选矿方法各选矿作业的各有关目的矿物（金属成分）各粒级回收率，这项指标可以告诉我们磨矿、分级的改进方向，选矿方法的改进方向，也会提示有关辅助作业和下个工序的强化和改进工作方向等。当然最终都会体现在经济效益上面。

根据已有资料，把用弱磁中强磁（球介质永磁环形湿式强磁机）、弱磁强磁（SHP 型湿式强磁机）、磁选综合铁精矿反浮选铁，强磁精矿正浮选铁、弱磁选尾矿强磁选赤铁矿和强磁中矿 H205 浮选稀土精矿各选矿作业的铁选别的各粒级回收率，稀土分选各粒级回收率计算结果记入表 2-66 和表 2-67 之中。

表 2-66　铁与稀土分选粒级回收率计算表

粒度/μm	M-M-F 流程磁选综合铁精矿中铁对中氧化矿石的粒级铁回收率/% (1)	弱磁中强磁流程磁选综合铁精矿中铁对中氧化矿石的粒级回收率/% (2)	M-M-F 流程强磁粗精矿中铁对弱磁尾矿中粒级铁的回收率/% (3)	M-M-F 流程反浮选铁对磁选综合铁精矿中粒级铁的回收率/% (4)	Fe 皂正浮选铁对弱磁尾矿中铁的粒级铁回收率/% (5)	M-M-F 流程 H₂O₅ 浮选强磁中矿中稀土的粒级铁回收率/% (6)
+76			85.3			11.0
+74	72.8	91.6		88.3	53.9	
76 ~ 38			96.2			77.2
74 ~ 48		94.6				
74 ~ 42					95.5	
74 ~ 37	94.3			92.9		
48 ~ 28		85.5				
42 ~ 32					94.8	
38 ~ 32			95.0			94.1
37 ~ 19	84.6			95.9		
32 ~ 23			93.1		92.9	95.3
28 ~ 15		62.0				
23 ~ 16			83.2		90.4	93.6
19 ~ 10	59.1			97.2		
16 ~ 7			71.5		90.5	94.8
15 ~ 0		23.3				
10 ~ 0	14.0			89.6		
7 ~ 0			55.8		95.0	91.2
总计	85.8	79.2	86.5	93.8	90.8	82.0

由表 2-66 可以看出：

（3）列 SHP 型湿式强磁机 1.5 万 Oe 粗选原矿石中铁的效果较好，从 74μm 粒级直到 7μm 粒级各粒级的铁粒级回收率除 16 ~ 7μm 和 −7μm 粒级稍低，为 71.5% 和 55.8% 之外，在 74 ~ 10μm 之间的作业回收率分别达到 83.2% ~ 96.2%，整体的铁回收率为 86.5%。

比较（1）列 SHP 型强磁机和（2）列球介质永磁环形强磁机两种机型与弱磁选协同选铁的结果，两者之差在于前者对细粒级的效率比后者好，而后者对较粗粒级的选别效率较好，大约有 10μm 粒级之差。综合结果前者较后者高出 85.8 − 79.2 = 6.6 个百分点的铁回收率。前者的适宜粒级为 74 ~ 10μm，后者的适宜粒级为 74 ~ 15μm 粒级。（4）、（5）两列的数据说明反浮选和正浮选铁的效果都很理想，只是正浮选的上限粒度不能超过 74μm，超过时回收率急速下降。（6）列 H205 浮选稀土的效果也较好，综合稀土回收率达到 82%，其中 +76μm 粒级稀土回收率仅达到 11%，显然已达上限。76 ~ 38μm 粒级的稀土回收率为77.2%。可以看到其中的38μm 以下各粒级的稀土回收率均达到或超过94%，只有 7~0μm 粒级回收率为91.2%，但仍是较高的。

由表 2-67 可以看出：

（1）入选原料强磁中矿中 +76μm 粒级 $\gamma = 20.95\%$，$\beta_{REO} = 5.27\%$ 和 $\varepsilon_{REO} = 8.02\%$，如经筛子将它筛出去，可减少入选原料量20.95%，即可提高处理量20%以上，可降低药剂用量和费用支出，使入选 α_{REO} 由 13.76% 提高到 16.01%。

（2）稀土尾矿中 +76~38μm 粒级占整个尾矿 γ 中的63.22%，ε_{REO} 占整个尾矿的80.21%，$\beta_{REO} = 4.08\%$，如将它们用筛子筛出之后再由 +76~38μm 粒级再细磨到 -38μm 粒级以下，将可提高 $\varepsilon_{REO} = 14.27\% \times 0.9121 = 13.02\%$ 以上。

（3）如将 $\beta_{REO} = 58.4\%$ 稀土精矿中的 -38~23μm 粒级精矿筛分出来，可以得到 $\gamma = 1.99\%$，$\beta_{REO} = 69.99\%$，$\varepsilon_{REO} = 10.13\%$ 的高品位稀土精矿。

（4）-16~0μm 粒级的稀土次精矿和 -7μm 粒级的稀土精矿中 β_{REO} 较低，其他组成成分相应就比较高了，应考虑进行多元素化学分析，以便进一步加以综合回收。

E 精矿品位 β 与金属回收率 ε 的相互关系

【例6】 有100t含铁品位30%的贫铁矿石，含铁30t，经磨矿分级和选别后得含铁品位60%的铁精矿40t，其中含铁24t。分出含铁品位10%的尾矿60t，其中含铁6t。

原矿含铁品位、精矿含铁品位、尾矿含铁品位分别以 α、β、δ 代表之，以%表示。

原矿石量、精矿量和尾矿量分别为100t、40t 和60t，它们的量以%表示时则为100%、40% 和60%，以%表示的数量我们称之为产率，以 γ 表示。

选进精矿里的含铁量占原矿中的含铁量的质量百分比，称为铁的选矿回收率；进入尾矿中的铁量的质量百分比，可谓之铁的损失率。回收率或损失率以 ε 表示，也以百分数表示。

故可得产率：

$$\gamma_{原} = \gamma_{精} + \gamma_{尾} \tag{2-7}$$

或

$$\gamma_{尾} = \gamma_{原} - \gamma_{精} \tag{2-8}$$

含金属量：

$$\gamma_{原} \cdot \alpha = \gamma_{精} \cdot \beta + \gamma_{尾} \cdot \delta \tag{2-9}$$

将式（2-8）代入式（2-9）得：

$$\gamma_{原} \cdot \alpha = \gamma_{精} \cdot \beta + (\gamma_{原} - \gamma_{精})\delta$$

$$= \gamma_{精}(\beta - \delta) + \gamma_{原}\delta$$

或

$$\gamma_{原} \cdot \alpha - \gamma_{原} \cdot \delta = \gamma_{精}(\beta - \delta)$$

$$\gamma_{原}(\alpha - \delta) = \gamma_{精}(\beta - \delta)$$

所以

$$\gamma_{精} = \frac{\gamma_{原}(\alpha - \delta)}{\beta - \delta} \tag{2-10}$$

$$\varepsilon_{精理论} = \frac{\gamma_{精} \cdot \beta}{\gamma_{原} \cdot \alpha} = \frac{\gamma_{原} \dfrac{\alpha - \delta}{\beta - \delta}\beta}{\gamma_{原} \cdot \alpha} = \frac{(\alpha - \delta)\beta}{(\beta - \delta)\alpha} \tag{2-11}$$

表2-67 强磁中矿用H205浮选稀土精矿粒级分选效果计算

粒级/μm	γ/% 稀土精矿	稀土次精矿	稀土粗精矿	稀土尾矿	溢流	强磁中矿	β_REO/% 稀土精矿	稀土次精矿	稀土粗精矿	稀土尾矿	溢流	强磁中矿	γ_REO/% 稀土精矿	稀土次精矿	稀土粗精矿	稀土尾矿	溢流	强磁中矿	ε_REO/% 稀土精矿	稀土次精矿	稀土粗精矿	稀土尾矿	溢流	强磁中矿(a)	粒级稀土回收率(b/a×100%)
+76	0.16	0.32		20.47	—	20.95	31.48	21.92		4.80	—	5.27	5.037	7.014		98.256	—	110.307	0.37	0.51	0.88	7.14	—	8.02	10.97
-76+38	1.03	5.00		27.69	—	33.72	58.54	54.47		3.54	—	12.77	60.297	272.350		98.032	—	430.669	4.38	19.79	24.17	7.13	—	31.30	77.22
小计	1.19	5.32		48.16	—	54.67	54.90	52.51		4.08	—	9.90	65.333	279.364		196.279	—	540.976	4.75	20.30	25.06	14.27	—	39.32	63.71
-38+32	1.05	2.19		5.78	—	9.02	70.86	58.25		2.18	—	23.79	74.403	127.568		12.600	—	214.571	5.41	9.27	14.68	0.92	—	15.60	94.10
-32+23	0.94	1.00		3.21	—	5.15	69.02	48.25		1.75	—	23.06	64.879	48.250		5.618	—	118.747	4.72	3.50	8.22	0.41	—	8.63	95.25
-23+16	2.65	1.85		10.28	—	14.78	66.70	31.42		1.55	—	16.97	176.768	58.127		15.934	—	250.816	12.85	4.22	17.07	1.18	—	18.23	93.64
小计	4.64	5.04		19.27	—	28.95	68.11	46.42		1.77	—	20.18	316.037	233.945		34.152	—	584.134	22.98	16.99	39.97	2.49	—	42.46	94.14
-16+7	1.78	1.12		4.33	—	7.23	59.90	16.15		1.60	—	18.21	106.622	18.088		6.928	—	131.638	7.75	1.32	9.07	0.50	—	9.57	94.78
-7	2.33	2.11		4.42	0.29	9.15	39.72	7.61		1.65	11.08	13.02	92.548	16.057		7.293	3.213	119.111	6.72	1.17	7.89	0.53	0.23	8.65	91.21
小计	4.11	3.23		8.75	0.29	16.38	48.46	10.57		1.63	11.08	15.31	199.170	34.145		14.221	3.213	250.749	14.47	2.49	16.96	1.03	0.23	18.22	93.08
总计	9.94	13.59		76.18	0.29	100.00	58.40	40.28		3.21	11.08	13.76	580.540	547.454		244.65	3.213	1375.859	42.20	39.78	81.98	17.79	0.23	100.00	81.98
其中: -38+23	1.99	3.19		8.99	—	14.17	69.99						139	282					10.13						

$$\gamma_{\text{精}} = \frac{\gamma_{\text{原}} \cdot \alpha \cdot \varepsilon}{\beta}, \because \gamma_{\text{原}} = 100\% = 1, \therefore \gamma_{\text{精}} = \frac{\alpha \cdot \varepsilon}{\beta} \qquad (2\text{-}12)$$

或
$$\beta = \frac{\alpha \cdot \varepsilon}{\gamma_{\text{精}}} \qquad (2\text{-}13)$$

$$\varepsilon_{\text{精实际}} = \frac{\text{产品中有用成分量(t)}}{\text{原矿中有用成分量(t)}} (\%) \qquad (2\text{-}14)$$

$$\text{选矿比} = \frac{1}{\gamma_{\text{精}}} \qquad (2\text{-}15)$$

$$\text{富集比} = \frac{\beta}{\alpha} \qquad (2\text{-}16)$$

例 6 验证

某铁矿样经磨选后,已知 $\alpha = 30\%$;$\beta = 60\%$;$\delta = 10\%$,试求 $\gamma_{\text{精}}$ 和 $\varepsilon_{\text{精理论}}$。

解: 据式(2-10),$\gamma_{\text{精}} = \dfrac{\alpha - \delta}{\beta - \delta} = \dfrac{30 - 10}{60 - 10} = \dfrac{20}{50} = 0.4$ 或 40%。

按式(2-11),$\varepsilon_{\text{精理论}} = \dfrac{\gamma_{\text{精}} \cdot \beta}{\alpha} = \dfrac{0.4 \times 60}{30} = \dfrac{24}{30} = 0.8$ 或 80%。

选矿试验结果的讨论。

【例 7】 两次浮选铌精矿用的稀土尾矿为原料,含 Nb_2O_5 与 TFe 不同,试问二者结果如何比较?

图 2-36 示出 M-M-F 流程第二次工业分流试验 5 种有用成分分布情况,其中稀土尾矿为浮选铌精矿的原料和铌精矿的浮选结果;图 2-43 示出按 M-M-F 流程工业生产的稀土尾矿分流试验浮选铌精矿的结果。

问题 1:图 2-43 的稀土尾矿含 $\beta_{Nb_2O_5}$ 由 0.170% 提高到 0.185% 时,需要原矿含 $\beta_{Nb_2O_5}$ 由 0.097 提高到什么程度方可做到?

问题 2:稀土尾矿含 TFe 由 15.14% 提高到 27.53%,此时,TFe 对原矿计算的回收率是多少?

解: 由式(2-12),得

$$\alpha = \frac{\gamma_{\text{精}} \beta}{\varepsilon} = \frac{16.22 \times 0.185}{28.56} = 0.105\%$$

解: 由式(2-13),得

$$\varepsilon = \frac{\gamma_{\text{精}} \beta}{\alpha} = \frac{16.22 \times 27.53}{31.90} = 14.00\%$$

选入稀土尾矿中的 TFe 由 7.70% 增加到 14.00% 多出了 6.3%,当然选入强磁铁精矿中的 TFe 就相应减少了,但需指出,图 2-43 多产出 $\beta_{TFe} = 61.65\%$ 铁精矿的 $\varepsilon_{TFe} = 14.00\% \times 0.5946 = 8.32\%$ 按图 2-43 生产时铁精矿的铁回收率最终还提高了 8.32% - 6.30% = 2.02%。

2.6.3.2 磨矿粒度是个很重要的问题

为了分选原矿石或其他任何矿物原料,首先就要将原矿石或其他矿物原料破碎和磨

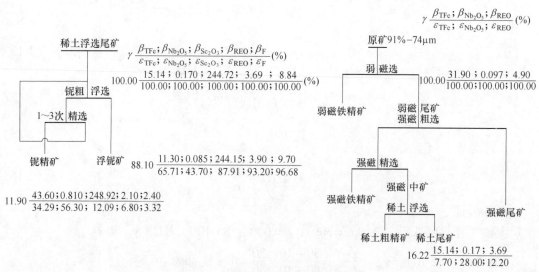

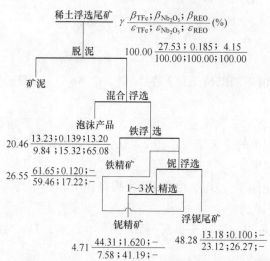

图 2-43 M-M-F 流程工业生产的稀土尾矿分流试验浮选铌精矿的结果

矿，使欲选的有用矿物呈单体矿物形态存在，接着采用相应的选矿方法把有用的选别成精矿产品，把暂时无用的诸矿物分出去（称为尾矿）。因为不同矿物的单体粒度不同，在磨矿和分级过程中需要及时检测被磨细的程度和各矿物单体解离的程度。

研究磨矿粒度对研发白云鄂博矿产资源的特别重要意义。

以铁矿石为例，对于相对单一较易选别的鞍山式磁铁矿石（国外类似的矿石被称为铁燧岩贫铁矿（taconite，КВарииТ）的磨矿粒度的表示一般以 74μm 粒级占比表示），如某鞍山式磁铁矿石的磨矿粒度为（80%～85%）-74μm，这样表示就可以了。可是对白云鄂博铁矿石，因为它是多金属共生铁矿石，组成矿物多达 20 余种，仅就磨矿难易这一点就有很大差别，有的相对易被磨细，有的则较难些，有的介乎两者或多者之间，因此对不同类型的原矿石和对选矿各种精矿、中矿、尾矿的粒度表示仅用 74μm 一个粒级的细度来表示，就不能完整地准确地表示各被磨产品的真实粒度组成和各种化学成分的含量和变化。

为此，作者将 M-M-F 流程、絮凝流程、优先浮选萤石流程和 KHD 公司提出的流程的各选矿原矿和选矿过程中产生的各中矿、精矿及尾矿的粒度组成综合在表 2-68 中，供大家参考和讨论。必须指出：各单位的测定方法不尽相同，有的用仪器测定，有的用沉降法做的细粒水析，可能有些出入。再者为统计对比方便，作者把 38~42μm 都划为 40μm 粒级，38~18μm 都归 40~20μm 粒级，下边也都分别列入 20~10μm 和 10~0μm 粒级。

表 2-68　各实验流程原矿及选矿产品粒度分布　　　　　　　（μm）

编号	产品	1 +74	2 74~0	3 74~40	4 40~0	5 40~30	6 30~0	7 30~20	8 20~0	9 20~10	10 10~0	备　注
(1)	选矿厂三系原矿一	8	92	34	58	11	47	18	30	8	22	M-M-F 工业分流试验
(2)	选矿厂三系原矿一	10	90	36	54	10	43	17	26	8	18	…
(3)	选矿厂三系原矿一	14	86	30	56	11	45	16	29	8	21	…
(4)	强磁精矿	10	90	45	45	12	33	18	15	6	9	…
(5)	强磁尾矿	8	92	19	73	5	68	17	51	12	39	…
(6)	强磁中矿	20	80	31	49	10	39	20	19	9	10	…
(7)	稀土精矿	2	98	10	88	11	77	36	41	18	23	…
(8)	稀土次精矿	2	98	37	61	16	45	21	24	8	16	…
(9)	稀土尾矿	27	73	36	37	8	29	18	12	6	6	…
(10)	色 N4	0	100	13	87	43	44	14	30	—	—	北京有色金属研究总院资料
(11)	86 细磨 1	0	100	7	93	23	70	22	48	20	28	絮凝工业试验
(12)	85 细磨 1	0	100	9	91	23	68	14	54	31	23	…
(13)	1966 年 3 月地综合所	0	100	10	90	—	—	—	63	27	36	试浮铌地质部综合所
(14)	85 细磨 1	0	100	6	94	13	81	5	76	45	31	絮凝工业试验
(15)	86 细磨 2	0	100	1	99	15	84	25	59	25	34	…
(16)	85 细磨 2	0	100	1	99	7	92	11	81	41	40	…
(17)	85 细磨 2	0	100	0	100	6	94	2	92	52	40	…
(18)	85 细磨 2	0	100	0	100	3	97	1	96	49	47	…
(19)	铁精矿	0	100	1	99	10	89	11	78	44	34	…
(20)	矿泥	0	100	0	100	3	97	5	92	45	47	…
(21)	弱磁给矿	9	91	21	70	—	—	—	—	—	—	KHD 小试报告
(22)	弱磁粗精矿	5	95	14	81	13	68	25	43	—	—	…
(23)	弱磁铁精矿	—	—	—	—	—	—	—	100	58	42	…
(24)	萤浮给矿	14	86	16	70	9	61	18	43	—	—	…
(25)	萤石粗精再磨前	0	100	7	93	5	88	18	70	—	—	…
(26)	萤石粗精再磨后	0	100	1	99	1	98	10	88	—	—	…
(27)	萤石精矿	0	0	0	100	3	97	12	85	—	—	…
(28)	萤石尾矿	0	100	37	63	7	56	20	36	—	—	…
(29)	强赤粗精	3	97	24	73	18	55	21	34	—	—	…
(30)	浮赤精	3	97	23	74	9	65	21	44	—	—	…
(31)	浮尾赤	1	99	20	79	22	57	21	36	—	—	…
(32)	稀土浮给	1	99	17	82	8	74	19	55	—	—	…
(33)	稀土粗矿	0	100	10	90	10	80	44	36	—	—	…

续表 2-68

编号	产品	1 +74	2 74~0	3 74~40	4 40~0	5 40~30	6 30~0	7 30~20	8 20~0	9 20~10	10 10~0	备注
(34)	氟碳铈精矿	0	100	10	90	8	82	42	40	—	—	…
(35)	稀土浮尾	1	99	19	80	9	71	22	49	—	—	…
(36)	D₈₀旋溢流	0	100	3	97	1	96	28	67	—	—	…
(37)	强再送赤铁矿	0	100	0	100	3	97	10	87	—	—	…
(38)	送铌给料	0	100	5	95	10	85	31	54	—	—	…
(39)	连选原矿石	81	19	6	13		7 40~20		6	3	3	1980 年 4 月包钢选矿厂阶段磨选扩大试验,流程:粗磨—弱磁—强磁—抛尾,粗精—再磨—再弱磁,其尾矿先混合浮选后高梯度选铁
(40)	一段粗磨产品	31	69	26	43		20		23	13	10	
(41)	一段粗精	43	57	23	34		20		14	10	4	
(42)	一段尾矿	10	90	32	58		20		38	18	20	
(43)	二段细磨产品	0	100	17	83		57		26	16	10	
(44)	综合铁精矿	0	100	16	84		64		20	13	7	
(45)	总尾矿	6	94	27	67		29		38	20	18	
(46)	混合型原矿	6	94	48	46		29		17	8	9	
(47)	云母型原矿	7	93	43	50		30		20	11	9	
(48)	混合型强磁尾	7	93	24	69		28		41	14	27	
(49)	混合型强磁中	10	90	53	37		29		8	5	3	
(50)	磁选铁精矿	4	96	65	31		26		5	4	1	
(51)	萤石泡沫	4	96	78	18		16		2	1	1	M-M-F 扩大连选试验,冶金部长沙矿冶研究院,1983 年 11 月
(52)	云母型强磁尾	5	95	19	76		27		49	24	25	
(53)	云母型强磁中	13	87	45	42		30		12	8	4	
(54)	磁选铁精矿	5	95	65	30		26		4	3	1	
(55)	浮选铁精矿	4	96	65	31		27		4	3	1	
(56)	萤石泡沫二次再选槽内矿	0	100	62	38		31		7	4	3	
(57)	萤石泡沫二次再选槽内矿再磨产品	0	100	50	50		40		10	6	4	
(58)	萤石泡沫	2	98	61	37		25		12	7	5	
(59)	原矿试料 N₄	3	97	10	87	43	44	14	30	10	20	1960~1961 年优先浮选萤石、稀土、铁流程扩大连选试验用矿样北京有色金属研究总院
(60)	原矿试料 N₇	4	96	15	81	37	44	13	31	—	—	
(61)	原矿试料 N₈	4	96	16	80	35	45	14	31	—	—	
(62)	原矿试料 N₉	6	94	20	74	33	41	12	29	—	—	
(63)	萤石粗精矿再磨后				92				70	—	—	1960~1961 年,同 (59)~(62)
(64)	优先浮稀土的中矿弱磁脱铁后再磨				97% -45μm				—	—	—	
(65)	磁铁粗精再磨后				91% -360 目约相当 91% -40μm							

注:按平衡计算,萤石尾矿细度中的 63 应为 80;36 应为 53。

从表 2-68 的 65 个编号产品中选录如下 24 个有关数据，从中可以看出：

原矿或选矿产品		粒度占比/%			
		$-74\mu m$	$-40\mu m$	$-20\mu m$	$-10\mu m$
（1）	M-M-F 流程工业分流试验原矿 1	92	58	30	22
（21）	KHD 流程弱磁选给矿	91	70	—	
（5）	M-M-F 流程工业分流试验强磁尾矿	92	73	51	39
（54）	M-M-F 流程磁选铁精矿	95	30	4	1
（52）	M-M-F 流程云母型矿强磁尾	95	76	49	25
（22）	KHD 流程弱磁粗精矿	95	81	43	—
（63）	优先浮选萤石连选萤石粗精矿再磨后	100	92	70	
（26）	KHD 流程萤石粗精矿再磨后	100	99	88	
（27）	KHD 流程萤石精矿	100	100	85	
（64）	优先浮选稀土中矿脱铁后再磨	100	97[①]	—	
（33）	KHD 流程稀土粗精矿	100	90	36	
（27）	KHD 流程萤石精矿	100	100	85	
（13）	地质部综合所浮铌浮赤铁矿	100	90	63	36
（65）	M-F-M 流程（包钢矿山研究院）磁铁粗精矿再磨后	100	91[②]		
（36）	KHD 流程强磁再选赤铁矿给矿	100	97	67	
（37）	KHD 流程强磁再选赤铁矿精矿	100	100	87	
（23）	KHD 流程弱磁铁精矿	—	—	100	42
（12）	絮凝流程 85 年原矿细磨 1	100	91	54	23
（16）	絮凝流程 85 年混尾细磨 2	100	99	81	40
（17）	絮凝流程 85 年混尾细磨 2	100	100	92	40
（18）	絮凝流程 85 年混尾细磨 2	100	100	96	47
（19）	絮凝流程 85 年混尾细磨铁精矿	100	99	78	34
（20）	絮凝流程 85 年混尾细磨矿泥	100	100	92	47
（38）	KHD 流程选铌给矿	100	95	54	—

① 系 97% $-44\mu m$。

② 91% -360 目（国产），相当于 91% $-40\mu m$。

（1）对原矿经磨矿后的粒度表示，仅按通常使用的只用 $n\%$ $-74\mu m$ 是不够的。因为由多种有用矿物组成的白云鄂博矿石，各组成矿物的粒度组成不同，磨矿难易度不同，所以只用一个粒级的百分比数值表示是不确切的，不能较全面地反映目的矿物和非目的矿物之间的情况。

如（1 号）原矿 1 和（5 号）强磁尾矿的细度均为 92% $-74\mu m$，虽然按 $74\mu m$ 粒级表示是一样的，可是按 $20\mu m$ 粒级说就差得多了，原矿物 1 的细度是 30% $-20\mu m$，此时强磁尾矿的细度为 51% $-20\mu m$。按 $10\mu m$ 粒级说也有较大差距。

再看（54 号）磁选铁精矿与（5 号）强磁尾矿的粒度变化，表明经磁选（包括弱磁和强磁）过程，在粒度上表现是铁精矿粒度向粗的方面变化，而强磁尾矿粒度则向细的方面变化了。

（2）如前面几节所述，优先浮选萤石和优先浮选稀土的流程，它们的萤石精矿和稀土精矿选别指标都比较好的原因之一是粗精矿或者中矿都经过再次细磨，按 $40\mu m$ 粒级计分别达到 92% −40μm 和 97% −44μm，按 20μm 粒级计前者达到 70% −20μm，后者未有记录。

（3）赤铁矿的结晶粒度比较细，（13 号）浮铌浮赤铁矿和（36 号）强磁再选赤铁矿给矿的粒度分别为 90% 和 97% −40μm，或 63% 或 67% −20μm。当然大部分赤铁矿和磁铁矿的结晶粒度还是相对比较粗一些的。

（4）从 KHD 整个流程各部分产品的粒度看，在原矿先经过弱磁选作业，其给矿粒是 91% −74μm 或 70% −40μm，而 M-M-F 是 92% −74μm 或 58% −40μm，前者的粒度与 M-M-F 很接近，只是稍细些。

KHD 的浮选萤石作业中粗精矿再磨前的粒度和北京有色金属研究总院在 1965 年优先浮选萤石的粗精矿再磨的粒度十分接近，也只是稍细些。KHD 的浮选稀土作业虽未经再磨但其粗精矿粒度已经是 90% −40μm 或 36% −20μm，而包头稀土研究院在 20 世纪 70 年代提出的用羟肟酸优先浮选稀土流程中，其中矿再磨粒度为 97% −44μm，可能比 KHD 的粒度还要更细一些，二者也十分接近。

KHD 第一段强磁（其实因其场强为 8000Oe 应属于中强磁选）赤铁矿的磨矿粒度是 80% −40μm 或 53% −20μm，和我们常说的 96% −74μm 或 80% −40μm 或 31% −10μm 很接近。KHD 第二段强磁（场强也是 8000Oe）赤铁矿的粒度 97% −40μm 或 67% −20μm 和地质部综合所 1965 年选别霓石型（钠辉石型）贫赤铁矿中用浮选法选铌选赤铁矿时的粒度是 90% −40μm 或 63% −20μm 或 36% −10μm 还是很接近的。

（5）KHD 流程各产品粒度均较细一些，但它的各粗精矿粒度和我国各单位所做试验中各产品粒度十分接近，证明在这方面国内各单位和 KHD 公司在基本流程主干线上的粒度是取得了共识，第一段弱磁选的粒度在（90% ~95%）−74μm 在综合利用萤石、稀土和一部分细粒赤铁矿以及铌等方面的磨矿粒度，要达到 90% −40μm 或更细些。仅有 KHD 流程中的弱磁铁精矿再磨细后获得磁铁矿精矿的细度、萤石粗精矿再磨后细度、萤石精矿细度和强磁再选赤铁矿粒度接近或达到我国曾进行的絮凝脱泥选铁给矿所达到的细度，即（99% ~100%）−40μm 或（40% ~47%）−10μm 或（81% ~96%）−20μm。

总之，KHD 流程和我国各单位所做的各有特色，该流程既吸收了我们的经验也有新内容，将在下节进一步叙述之。

2.6.3.3　KHD 流程是六段全优先，是细磨深选的选矿工艺流程

前边已经叙述过，包钢选矿厂经过近半个世纪的艰苦奋斗，终于和长沙矿冶研究院合作制定并成功生产运营了 M-M-F 流程，使得包钢选矿厂的生产在原有设计和生产的基础上获得了一个较为稳定正常生产铁精矿和综合回收能满足当前国内外市场需要的稀土精矿的生产大好局面。并且为今后向纵深发展打下了极其有利的基础。今后的任务是要不断地提高铁精矿含铁品位，降低各种非铁成分，为综合回收更多的各种有用矿物创造条件，探索研制综合回收各种有用矿物的高效、环保、优质低成本的精矿的选矿工艺技术。

根据中德科技合作协议，联邦德国 KHD 公司 1984 年提交的白云鄂博多金属共生铁矿样选矿最佳化小型试验报告中的许多内容值得我们深入研究和借鉴。

该公司所提出的磁—浮—强磁—浮选—再强磁—酸浸沉淀全优先选矿工艺流程的基本思路和我们已经成功工业运营的 M-M-F 流程是一致的。从内容上看也正是我们下一步都

要进行探索和研究的。与我们现有流程相比，可以说是较为全面的深选工艺流程。如图2-44所示是白云鄂博多金属共生氧化铁矿石选矿工艺流程发展示意图。

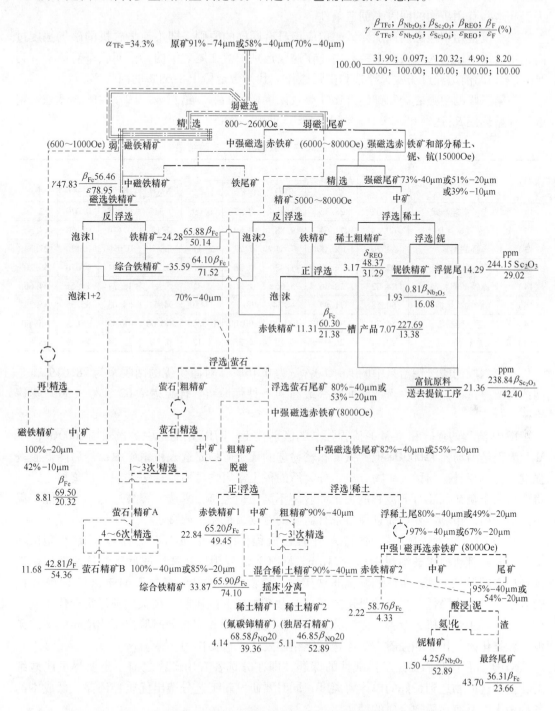

图 2-44　白云鄂博多金属共生氧化铁矿石工艺流程发展示意图

（— — —1970 年包钢选矿厂工业试验流程；

——1990 年长沙矿冶院、包钢选厂 M-M-F 工业试生产流程；

------1984 年西德 KHD 最佳化选矿小型试验流程）

在第一和第二段的磁选磁铁矿和浮选萤石，都采用粗精矿再磨再精选的原则，其目的是既保证各精矿的高品位好质量，又可使原料中其他有用成分尽可能多地留给下一作业，为提高这些有用矿物的回收率创造条件。

第三段是用中强磁选选别赤铁矿也应该具有同样的原则，即不使强磁机的磁场强度过高，不让稀土被选入赤铁矿粗精矿中。在这段选别中留在尾矿中的稀土回收率对原矿计为91.31%，即前边经过弱磁选浮选和中强磁作业共计带走稀土8.69%的回收率。

在第三段的中强磁选和正浮选赤铁矿效果也相当的好，给料 α_{Fe} = 27.54%，经磁选粗选正浮精选使 β_{Fe} 达到65.2%，ε = 63.84%，见表2-69。

表2-69　第三段中强磁选赤铁矿试验结果

编号	产品	$\gamma_{原}$/%	$\gamma_{作}$/%	β/%						
				REO	F	P	Na_2O	K_2O	Nb_2O_5	Fe
(14)	赤铁矿粗精矿	24.02	28.36	1.45	0.47	0.09	0.313	0.005	0.070	62.79
(15)	赤铁矿尾矿	60.68	71.64	9.88	9.89	1.51	2.14	0.110	0.160	13.58
(13)	强磁给矿	84.70	100.00	7.51	7.22	1.11	1.62	0.090	0.130	27.54
(16)	赤铁精矿1	22.84	26.97	1.43	0.36	0.087	0.26	0.041	0.070	65.20
(14)	赤铁矿粗精矿	24.02	28.36	5.66	1.86	2.41	5.49	15.37	14.65	64.66
(15)	赤铁矿尾矿	60.68	71.64	94.34	98.14	97.59	94.51	84.63	85.35	35.34
(14)	强磁给矿	84.70	100.00	100.00	100.00	100.00	100.00	100.00	100.00	100.00
(16)	赤铁精矿1	22.84	26.97	5.13	1.35	2.12	4.32	12.04	14.39	63.84

在第六段的酸浸铌给料中的 Nb_2O_5 含量为0.16%，对原矿铌的回收率为78.64%，是国内外所有选矿流程中，入选铌回收率最高的一种铌原料。详见表2-62编号（30）提铌给矿一行。

KHD流程的强磁和M-M-F流程强磁的区别在于，KHD用的是中等强磁场8000Oe；M-M-F流程是高场强15000Oe把赤铁矿和较易选的稀土矿物先选入粗精矿中，然后降低磁场强度，再行赤铁矿与稀土矿物分离，分离后的稀土富集物再用浮选法进一步富集稀土，获得合格稀土精矿。M-M-F流程的稀土回收率不高，但经济、易选、容易过滤，并且能够满足当前国内外市场需要，而且在将来有需要的时候，也易于调整。

从1970年包钢选矿厂做的弱磁—中强磁流程，1990年M-M-F流程和KHD小型试验流程，开始都将原矿磨细到91% -74μm，M-M-F流程用反浮选法或反正浮选法选出磁选铁精矿中的粗粒贫铁连生体和其他非铁矿物，使铁精矿铁品位提高7.64%，与1970年比较含杂质量大为降低。再有的是用国产（长沙矿冶研究院研制）齿板式强磁机取代了永磁球介质环形中强磁机，改善了磁选分选效率，提高了回收率，同时脱出了10μm以下的矿泥，对强化磁选作业和强磁中矿浮选稀土精矿发挥了重要作用。

KHD流程向我们提出了挑战性的课题，即在分选各有用矿物之前一定要尽可能地细磨，使待选矿物达到最好的单体解离度；同时要研发新工艺分选出优质、环保、低成本的各种稀土、稀有和稀散金属的精矿。

例如，KHD流程浮选萤石用两种药剂在中性介质常温进行，浮选稀土也是用两种药剂在中性介质常温下进行，而且选别的指标也都较好。然而这毕竟是小型试验结果，还有待于进行验证、改进和发展以及创新。

2.6.3.4 需商榷的几个问题

（1）在第五段的再次中强磁选中：入选物料由 80% – 40μm 再细磨至 97% – 40μm，或称由 49% – 20μm 再细磨至 67% – 20μm，其量占原矿的 γ 值为 51.43%，α_{Fe} = 15.76%，β_{Fe} = 58.76%，$\varepsilon_{作业}$ = 16.71%，$\varepsilon_{原矿}$ = 4.41%，值得吗？

（2）第六段为酸浸铌氨沉淀法回收铌：

给入酸浸作业的矿量为原矿的 γ 值为 50.39%，粒度为 95% – 40μm 或 54% – 20μm。

用 HF：H_2SO_4 = 1：5 混酸浸出 NH_4OH 沉淀、过滤，获得 $\gamma_{原}$ = 1.50%，$\beta_{Nb_2O_5}$ = 4.25%，$\varepsilon_{Nb_2O_5}$ = 52.89%，只回收 Nb_2O_5 未考虑回收其他有用成分，如 ThO_2、Sc_2O_3、Ga、Ge、In 等的问题，至少应该对浸出液和浸渣补做化学多元素或全分析，以考察各有用成分在二产品中的分配状况，为何不考虑用萃取和离子交换等冶金方法使这些有用成分得到全面收回呢？

（3）混合稀土精矿在摇床上进行重选分离的结果需要进行扩大规模的考验。

（4）磁铁矿粗精矿和萤石粗精矿精选前需要再磨细的细度，不同情况不同质量要求是否一律都需要那样细呢？二者在原矿石中属粗中细兼有，细粒嵌布居多的特点，分别处理的可行性有待探索。

2.7 原矿石改性分选试验

2.7.1 竖炉焙烧生产实践和回转窑焙烧工业试验

如前所述，处理中贫氧化矿石的选矿方法选定的是焙烧—磁选—反浮选工艺流程。包钢公司选矿厂建成了由 75 ~ 20mm 块矿的 20 座 50m^3 竖炉和处理 20 ~ 0mm 粉矿的 2 台 ϕ3.6m × 50m 回转窑（先建成 1 号回转窑）组成的焙烧车间。

（1）竖炉焙烧部分。竖炉焙烧部分在 1981 ~ 1989 年间进行工业生产取得了成功。

竖炉焙烧部分处理原矿石能力达到 111 万吨/年。1987 年的生产指标：处理原矿量 110 万吨，平均还原度 40.61%，合格率 84.91%，单产 7.9t/h，煤气单耗 1.37 × 10^9J/t，单位成本 6.92 元/吨，作业率 83.55%。

焙烧矿的磁选指标：α_{SFe} = 35.72%，α_{FeO} = 14.6%，β_{SFe} = 59.01%，ε_{SFe} = 74.09%。

（2）回转窑焙烧部分。回转窑焙烧工业试验，在 1984 年 10 月 ~ 1985 年 8 月和 1988 年 5 ~ 7 月做了两次。

两次试验累计运行 3016h，共处理原矿 68124t，以焦炉煤气为加热燃料，以高炉煤气作还原剂，当处理原矿 32 ~ 36.9 吨/（台·时）时，对焙烧矿的指标为：$\gamma_{精矿}$ = 46.89% ~ 54.45%；β_{TFe} = 60.36% ~ 60.89%；ε_{TFe} = 81.78% ~ 87.57%。

在气体测定仪（警报仪）和电除尘相匹配下，除尘效率达 99.2%，放空粉尘率为 0.088%，F 0.222kg/h，SO_2 29.844kg/h，均符合工业卫生排放标准。

试验过程和结果证实，还原焙烧质量良好，流程畅通。

1953 ~ 1990 年近半个世纪的选矿科技发展历程，由于强磁技术的迅速发展，在技术和经济两个方面均较还原焙烧磁选效果更为有利。因此包钢选矿厂焙烧车间已于 1997 年全部停止运营。

必须指出，对回转窑还原焙烧矿石的分粒级磁选结果表明，$-2+0\mu m$ 粒级的磁选效果最好，该粒级 $\alpha_{SFe}=37.24\%$，$\gamma_{精}=57.14\%$，$\beta_{SFe}=59.75\%$，$\varepsilon_{SFe}=91.70\%$。在今后的选矿试验研究进程中，作者认为如有可能和需要时，在对细粒级中贫氧化矿石的综合利用工作中为了更好地分离铁，应对还原焙烧技术，如近年发展的沸腾床型还原焙烧磁选工艺，加以关注并开展必要探索工作。

2.7.2　氟碳铈矿的改性焙烧

包钢矿山研究院（所）对选自白云鄂博矿石中的 21 种单矿物进行了焙烧试验，发现氟碳铈矿用煤气在 650℃ 焙烧 1h 变成了另一种矿物氟氧化铈，其比重、磁性和显微硬度等均发生了变化。这种变化对稀土萤石混合浮选泡沫的重选分离和对氟碳铈矿独居石混合稀土精矿的磁性分离十分有利。

$$CeFCO_3 \xrightarrow{650℃,1h} CeOF + CO_2\uparrow$$

	氟碳铈矿	氟氧化铈
比重/g·cm^{-3}	4.97	5.64
比磁化系数/×10^{-6}cm^3·g^{-1}	22.4	137.2
显微硬度/kg·mm^{-2}	290.0	84.5

2.7.3　白云岩含铌矿石的焙烧与消和

菠萝头矿体磁铁矿化白云石型铌矿石的矿物组成中铌铁矿等 5 种铌矿物合计仅占 0.34%，而含铁白云石却占 89.01%，其次为磷灰石，占 3.79%，再次为铁矿物，占 3.65%，其余为硅酸盐矿物，合计为 2.71%，见表 2-70。再从原矿石多元素化学分析结果中（表 2-71）可以看出，Nb_2O_5 为 0.26%，CO_2 为 43.38%，CaO 为 31.60%，MgO 为 15.40%，FeO 为 3.81%，Fe_2O_3 为 2.99%，P_2O_5 为 1.55%。可见铌与铁化白云石的分离是关键所在。

表 2-70　原矿石矿物组成　　　　　　（%）

矿物	铌铁矿	铌钙矿	黄绿石	铌铁金红石	易解石	铌矿物合计	含铁白云石	磷灰石	磁铁矿	赤褐铁矿	独居石	重晶石	云母类	透角辉闪石	石长英石	其他	总计
含量	0.21	0.09	0.02	0.01	0.01	0.34	89.01	3.79	2.20	1.45	0.07	0.03	1.00	1.49	0.22	0.20	99.80

表 2-71　原矿石多元素化学分析　　　　　（%）

成分	Nb$_2$O$_5$	P$_2$O$_5$	CO$_2$	CaO	MgO	FeO	Fe$_2$O$_3$	SiO$_2$	TiO$_2$	Al$_2$O$_3$	F	K$_2$O	Na$_2$O	S	REO	BaO	ThO$_2$	总计
含量	0.26	1.55	43.38	31.60	15.40	3.81	2.99	0.98	0.19	0.16	0.1	0.081	0.056	0.07	0.05	0.0197	0.006	100.683

经试验证明，采用焙烧分出 CO_2，经消和脱泥分出 44.64% 可溶性物质共计排出 70% 非铌组成，使 Nb_2O_5 由 0.257% 富集到 0.78%，富集 2 倍多，而 $\varepsilon_{Nb_2O_5}$ 高达 91.83%，如图 2-45 所示。

必须指出，开发 CO_2 商品产品，既有现实意义又有长远意义。CO_2 可供超临界萃取工艺取代有机萃取剂之用。据 2012 年 4 月 21 日第 1507 期《科技文摘报》第 8 版所登《二氧化碳变身为低成本燃料》一文报道，美国、瑞士两国科学家合作研制出了一种太阳能反应器，经热化学反应将水和 CO_2 转变为 H_2 和 CO 结合形成液态燃料，为汽车、手提计算

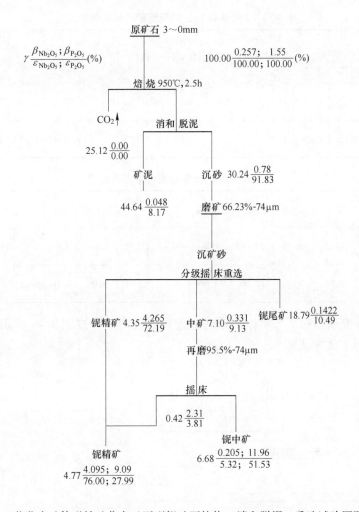

图 2-45 菠萝头矿体磁铁矿化白云石型铌矿石焙烧—消和脱泥—重选试验原则流程图

机和全球定位系统供电。该方法分两步进行。先用太阳光散发的高温将二氧化铈分解为铈和氧气，然后在低温下，将 CO_2 和水变为 CO 和 H_2。这说明二氧化碳（CO_2）和氧化铈同样具有更加广阔的市场发展空间。

2.7.4 酸处理是提高铌粗精矿品位的有效方法之一

白云鄂博东部接触带有 1 号、2 号和 3 号 3 个含铌白云岩铌矿体。邻接 1 号矿体的另一个含铌白云岩矿体被称为菠萝头矿体。这 4 个含铌矿体合计东西延长 5km，总称为都拉哈拉矿带。各铌矿体的铌矿物组成不同、非铌矿物组成不同、铌矿物嵌布粒度与特点也不同，但其共同特点是均产在白云岩矿层中。在各矿体的铌原矿石的组成中白云石、磁铁矿化的白云石与铌矿物嵌布密切。白云石、含铁白云石和方解石占矿石组成的 70% ~ 90%，其次是铁矿物和碳酸盐矿物。独居石、磷灰石和重晶石含量较少。2 号矿体白云岩型铌矿石的矿物组成见表 2-72，多元素化学分析结果见表 2-73。

（1）包钢矿山研究所（院）对 2 号矿体白云岩型铌矿石代表矿样按图 2-46 所示流程完成了扩大连选试验，取得了良好成果。

表 2-72 2 号矿体白云岩型铌矿石的矿物组成　　　　　（%）

矿石	铌铁矿	铌钙矿	黄绿石	铌铁金红石	易解石	合计	白云石方解石	磁铁矿	赤褐铁矿	硅酸盐矿物	独居石磷灰石重晶石	总计	$\gamma_{Nb_2O_5}$/%
菠萝头矿体磁铁矿化白云石型铌矿石	0.21	0.09	0.02	0.01	0.01	0.34	89.01	3.65		2.91	3.89	99.80	0.26
东部接触带 2 号矿体白云岩型铌矿石	0.02	0.26	0.03	—	—	0.31	73.74	5.27	5.60	12.52	2.56	100.00	0.26

表 2-73 原矿石多元素化学分析结果　　　　　（%）

矿石	Nb_2O_5	铌铁矿	铌钙矿	黄绿石	铌铁金红石	碳酸盐矿	其他矿	TFe	SiO_2	CaO	MgO	CO_2
菠萝头矿体磁铁矿化白云石型铌矿石	0.26	56.38	32.68	7.48	0.70	2.76	—	5.06	0.98	31.60	15.40	-43.38
东部接触带 2 号矿体白云岩型铌矿石	0.26	78.00	13.00				9.00	7.10	9.40	28.96	12.38	

　　包钢矿山研究所院对 2 号矿体白云岩型铌矿石代表矿样按图 2-46 所示流程完成了扩大连选试验取得了良好结果。

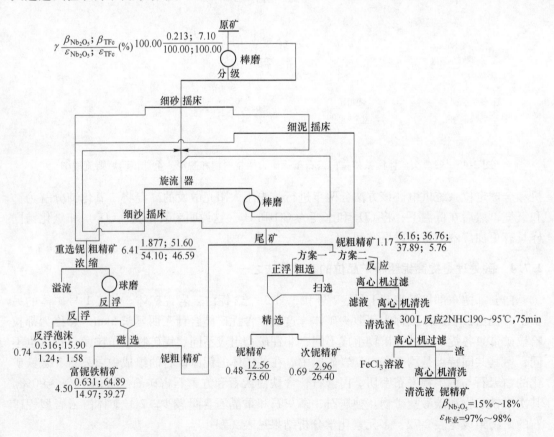

图 2-46 2 号矿体白云岩型铌矿石重—反浮—磁选流程铌粗精矿精选方案流程图

铌粗精矿、正浮选铌精矿，两段 HCl 浸出所得铌精矿（渣）的多元素化学分析结果见表 2-74。

表 2-74 化学分析结果 （%）

产品	TFe	SFe	FeO	CaO	MgO	Al$_2$O$_3$	S	P	SiO$_2$	Nb$_2$O$_5$	F	REO	MnO
铌粗精矿	36.95	35.75	2.95	8.68	4.40	2.30	0.12	0.83	8.48	6.11	0.30	2.60	0.24
正浮选铌精矿	37.45	—	2.75	7.00	3.40	1.90	0.027	0.4	6.89	12.59	0.41	3.95	8.85
浸出铌精矿	23.11	—	—	—	—	—	0.05		15.87				

两个精选方案试验结果指出：二者各有特点，正浮方案将铌粗精矿一分为二，一高一低，铌回收率100%，环保条件好。HCl 浸出方案铌精矿品位和作业铌回收率均高，唯工艺较为复杂，环保情况不如正浮选方案。

选择何者投入工业生产，尚须做进一步研究，二者的杂质量还很高，需要再行降低，也需要做市场调查和技术经济及环保几方面综合论证后才可提供给领导部门做决策参考依据。

（2）菠萝头磁铁矿化白云石型铌矿石的两个选矿试验流程的试验结果。

菠萝头磁铁矿化白云石型铌矿石按以下两个流程生产。

1）焙烧—消和脱泥—重选（如图 2-45 所示流程）。

2）重—磁—反浮—正浮流程（如图 2-47 所示流程）。

两个流程分选所得铌精矿指标以前者为优，特别是在二者经过 HCl 处理后更加明显。

菠萝头磁铁矿化白云石型铌矿石和 1 流程（图 2-45）、2 流程（图 2-47）所获铌精矿的多元素化学分析、矿物组成、铌物相分析及用浓盐酸室温浸出 45min 浸渣（浸出铌精矿）分析结果分别见表 2-75 ~ 表 2-78。

表 2-75 菠萝头磁铁矿化白云石型铌矿石和两个流程铌精矿多元素化学分析

成分	Na$_2$O$_5$	P$_2$O$_5$	CO$_2$	CaO	MgO	FeO	Fe$_2$O$_3$	SiO$_2$	TiO$_2$	Al$_2$O$_3$	F	K$_2$O	Na$_2$O	S	REO	BaO	ThO$_2$	MnO	总计
原矿/%	0.26	1.55	43.38	31.6	15.40	3.81	2.99	0.98	0.19	0.16	0.1	0.081	0.056	0.07	0.005	0.0197	0.006		100.683
1 流程精矿	4.4	9.09	—	16.7	6.71	2.52	49.55	4.25	0.13						2.50	0.16	烧减	0.54	
2 流程精矿	11.24	0.048		11.02	18.89	6.32	12.85	12.85		0.1					0.60	0.052	11.76	0.95	

表 2-76 菠萝头磁铁矿化白云石型铌矿石和两个流程铌精矿矿物组成

矿物	铌铁矿	铌钙矿	黄绿石	铌铁金红石	易解石类	铌矿物合计	含铁白云石	磷灰石	磁铁矿	赤褐铁矿	独居石	重晶石	云母类	透角辉闪石	石长英石	其他	钠辉石	总计
原矿含量/%	0.21	0.09	0.02	0.01	0.01	0.34	89.01	3.79	2.20	1.45	0.07	0.03	1.00	1.49	0.22	0.20	—	99.80
1 流程精矿	4.20	0.63	0.39	0.20		5.42		23.05	—	51.70	3.57	0.24	0.93	6.26	0.26	0.99	7.58[1]	100.00
2 流程精矿	9.77	2.80	2.47	0.50	—	15.54	36.40	0.12	—	12.82	1.00	0.08	1.85	24.08	1.49	0.59	6.03	100.00

① 碳酸盐水浸生成物。

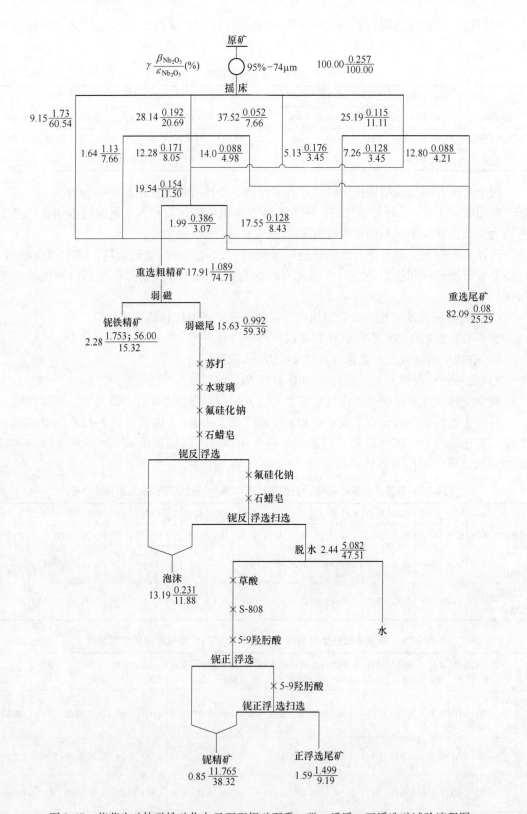

图 2-47   菠萝头矿体磁铁矿化白云石型铌矿石重—磁—反浮—正浮选矿试验流程图

表 2-77 菠萝头磁铁矿化白云石型铌矿石和两个流程铌精矿铌物相分析

产　品	$\beta_{Nb_2O_5}/\%$						$\varepsilon_{Nb_2O_5}/\%$					
	铌铁矿之铌	铌钙矿之铌	黄绿石易解石之铌	铌铁金红石之铌	碳酸盐之铌	总计	铌铁矿之铌	铌钙矿之铌	黄绿石易解石之铌	铌铁金红石之铌	碳酸盐之铌	总计
原矿石	0.1432	0.083	0.019	0.0018	0.007	0.254	56.38	32.68	7.48	0.70	2.76	100.00
1流程铌精矿	3.046	0.49	0.234	0.204	0.036	4.010	75.96	12.22	5.83	5.09	0.90	100.00
2流程铌精矿	7.485	2.17	1.480	0.092	0.073	11.300	66.24	19.20	13.10	0.81	0.65	100.00

3）室温浓盐酸浸出铌精矿效果显著。用浓盐酸室温浸出45min，两种铌精矿含铌品位分别提高了25.57%和10.86%。作业铌回收率分别为99.10%和99.35%，对原矿计算的铌回收率1流程为75.32%，2流程铌回收率为38.06%。见表2-78。

表 2-78 两流程铌精矿酸浸结果

流　程	$\beta_{Nb_2O_5}/\%$		$\varepsilon_{Nb_2O_5}/\%$	
	浸出前	浸出后	浸出后作业	浸出后原矿
1号流程—焙烧—消和脱泥—重选试验流程	4.02	29.59	99.10	75.32
2号流程—重—磁—反浮—正浮选矿试验流程	11.30	22.16	99.35	38.06

2.7.5 熔合—浸出—离子浮选法回收包头钢铁公司转炉渣中之铌

2.7.5.1 转炉渣的物质组成

转炉渣由氧化物、硅酸盐和玻璃相组成。渣中主要矿物及其颗粒粒度和化学成分测定结果见表2-79和表2-80。

表 2-79 转炉渣矿物组成及粒度测定

矿物名称	化学式	粒度/μm	$\beta_{Nb_2O_5}/\%$	矿物名称	化学式	粒度/μm	$\beta_{Nb_2O_5}/\%$
铌锰矿	$(Mn\cdot Fe)(Nb\cdot Ti)_2O_6$	0.5~2	>70	铁蔷薇辉石	$(Mn\cdot Fe)SiO_3$	5~45	
铌-红钛锰矿	$(Mn\cdot Fe\cdot Nb\cdot Ti)_2O_3$	3~5	20~30	锰铁橄榄石	$(Fe\cdot Mn)_2SiO_4$	5~30	
方英石	SiO_2	10~50		含铌玻璃相			1~3

表 2-80 转炉渣多元素化学分析结果

成分	Nb_2O_5	SiO_2	TiO_2	Al_2O_3	FeO	MnO	MgO	CaO	P_2O_5	总计
含量/%	3.55	50.0	2.7	3.99	19.55	14.8	0.34	0.20	0.61	95.74

试验用转炉渣样含SiO_2 50%属高硅渣。占总量90%以上的铌成微晶均匀分布于玻璃相。极少量的铌、锰、钛、铁等元素形成结晶较好的铌锰矿和铌红钛锰矿。其嵌布粒度极细，可见这样的转炉铌渣直接入选是非常困难的。

北京钢铁学院（现北京科技大学）选矿教研室，在20世纪80年代中叶对转炉渣做过湿式高梯度强磁选、合成铌矿物再选和熔合—浸出—离子浮选3个试验研究方案。结果表明，采用最后一个方案可以获得$\beta_{Nb_2O_5}$ =41.40%，$\varepsilon_{Nb_2O_5}$ =76.11%的铌富集物。

2.7.5.2 转炉渣的熔合

熔合过程是在高温下的化学反应过程。试验表明，在1000℃弱还原气氛下，铌为五价，它不能被一氧化碳还原，但与碳酸钾作用可生成水溶性良好的铌酸钾，反应式为：

$$n(\text{Mn}\cdot\text{Fe})(\text{NbO}_3)_2 + m\text{K}_2\text{CO}_3 \Longrightarrow m\text{K}_2\text{Nb}_2\text{O}_5 + m\text{CO}_2\uparrow + n(\text{FeO}+\text{MnO})$$

同理金属 Ti、Al 和 Si 均可有类似的反应。其中除 K_2TiO_3 外，均可溶于水。

熔合的反应温度决定反应速率，在 800～1000℃ 范围内最好，再高则速率下降。

转炉渣与碳酸钾的重量配比对铌浸出影响较大，在 1：1、1：2、1：3 的三个配比中以 1：2 时的 Nb 浸出率最好。

2.7.5.3　转炉渣熔合物的浸出

熔合物的浸出是复杂的多相反应的溶解过程。

熔合物在高温时生成难溶的以铁和锰为主的高价氧化薄膜。浸出后获得的浸出渣颗粒表面的铁和锰，经 X 射线光电子能谱测定主要呈 Fe_2O_3 或 FeO(OH) 或 Fe_3O_4 形式存在，其中 FeO(OH) 为 Fe(OH)_3 受热脱水而成。锰在浸出渣中以稳定的 MnO_2 存在，少量的 F 可能呈 MnF_2 存在。

熔合物经研磨后先用冷水润湿后逐渐加热至沸腾，以防止溶液中二价金属离子过早氧化生成沉淀。该试验所得的铌浸出率高达 82.53%，见表 2-81。

表 2-81　不同浸出条件的 Nb 浸出率

浸出条件	浸出液中 Nb_2O_5 浓度/mg·L^{-1}	Nb 的浸出率 /%	浸出条件	浸出液中 Nb_2O_5 浓度/mg·L^{-1}	Nb 的浸出率 /%
冷水浸出	13.5	23.17	润湿后沸水浸出	42.5	72.77
沸水浸出	39.4	67.45	润湿后逐渐加热至沸腾	48.2	82.53
加入冷水后逐渐加热至沸腾	40.6	69.49			

选择浸出时间 10min、20min、30min、40min、50min 和 60min，浸出温度 20℃、40℃、60℃、80℃、100℃ 两种影响 Nb 浸出率的主要条件进行试验，得到 30min 浸出时间时各个温度下的 Nb 浸出率均达到最佳值，温度升高，85℃ 和 100℃ 反而比 70℃ 时的浸出率还要低。

2.7.5.4　含铌溶胶的浮选

浸出液为棕红色透明液，pH 值大于 12，其主要元素分析结果见表 2-82。

表 2-82　浸出液主要元素分析结果

元　素	Nb_2O_5	MnO	TFe	SiO_2	Al_2O_3	TiO_2	K_2O
含量/mg·L^{-1}	50.4	28	28	468	13.2	8	1900

浸出液经测试，加入少量氯化钾电解质有明显的聚沉作用，说明浸出液中存在胶态体系。

溶胶的聚沉值测定结果表明，电解质的聚沉能力随阳离子电荷的升高而增加，说明浸出液中溶胶表面带负电荷。故采用阳离子捕收剂有可能回收浸出液中之铌。

对胺类捕收剂（十胺、十二胺、十四胺、十六胺、溴代十六烷基三甲胺）在不同 pH

值条件下对含铌溶胶浮选的结果表明，当烃基的碳原子数大于 12 时，各种胺类捕收剂都能有效地回收铌，只是各个捕收剂的最佳 pH 值不同。当用十二胺浮选时，在 pH = 6 ~ 8，可获得较高的 Nb 回收率，此时十二胺的用量 50mg/L 足矣。

在离子浮选过程中，浮选时间和充气量有着较强的交互效应，即当充气小时需要较长的时间，充气量大时，只需较短的浮选时间就能获得相当好的效果。Nb 回收率均在 90% ~ 95% 以上。试验取用的充气量为 80mL/min，浮选时间为 7min。如图 2-48 所示，离子浮选精矿 $\gamma = 15.71\%$，$\beta_{Nb_2O_5} = 15.41\%$，$\varepsilon_{作} = 96.82\%$，$\varepsilon_{转炉渣} = 77.90\%$。

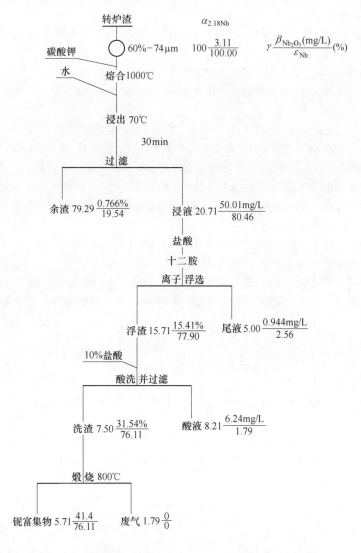

图 2-48　转炉渣回收铌的熔合—浸出—离子浮选数质量流程图

对离子浮选精矿分别用稀盐酸和煅烧法进一步处理，经脱除残留的铁、锰和挥发物杂质后，可使铌精矿或称铌富集物含 $\beta_{Nb_2O_5}$ 由 15.4% 提高到 41.4%，$\varepsilon_{原料} = 76.11\%$。

还有转炉渣经细磨、熔合、水浸后所得的浸出渣含 Fe、Mn 较高，有待进一步研究，以期有效利用其中的 Fe、Mn、Ti 等有用成分。

参 考 文 献

[1] 中国科学院地球化学研究所. 白云鄂博矿床地球化学[M]. 北京：科学出版社，1988：254.

[2] 中国科学院金属研究所. 包头铁矿石的选矿方法[M]. 1955.

[3] 苏联列宁格勒选矿研究设计院（Механобр）. 白云鄂博铁矿选矿试验报告[R]. 1955.

[4] 包头钢铁公司科技办公室. 包头白云鄂博矿选矿研究资料汇编(上)[Z]. 1979：140～145.

[5] 包钢科技，1994(3)：11，15，45.

[6] 余永富，罗积扬，李养正，等. 白云鄂博中贫氧化矿综合回收铁、稀土选矿工艺新进展[J]. 矿山，1988，4(2)：20.

[7] 林东鲁，李春龙，邬虎林. 白云鄂博特殊矿采选冶工艺攻关与技术进步[M]. 北京：冶金工业出版社，2007：141～142.

[8] 国外金属矿选矿[M]. 北京：科学技术文献出版社，1980：81.

[9] 任俊(包头稀土研究院). 包头矿稀土浮选实践与工艺改进[J]. 有色金属：选矿部分，1989(6)：15～19.

[10] 李尚诣，等. 铌资源开发应用技术[M]. 北京：冶金工业出版社，1992：32～35.

[11] 王正舜. 关于西德 KHD 公司对包头共生矿选矿试验工艺的梗概[J]. 矿山，1986，2(2)：5～12.

[12] 吕宪俊，陈丙辰. 包头铌资源中铌的赋存状态研究[J]. 稀有金属，1996(1)：1～5.

[13] 马厚林. 竖炉磁化焙烧工艺在包钢的生产现状与展望[J]. 矿山，1990(6)：10～16.

[14] 马鞍山矿山研究院选矿室焙烧组. 沸腾床内直接喷粉煤作燃料和还原剂磁化焙烧氧化铁矿石的研究[J]. 黑色金属矿山通讯，1978(6).

[15] 卢建德. 包头氟碳铈矿还原焙烧的相变[J]. 矿山，1985(2)：26～27.

[16] 白云鄂博矿矿冶工艺学(上)[M]. 1995：582～585.

[17] 白云鄂博矿矿冶工艺学(下)第三篇选矿工艺 6、铌的选矿[M]. 1993：23～39.

[18] 杨则器，孙体昌，黄冲. 用化学选矿法对包头转炉渣中铌的富集研究[R]. 北京钢铁学院选矿教研室，1986.

3 分选铁精矿——选自主矿、东矿原生磁铁矿石

白云鄂博的矿产资源就铁矿石的矿物组成而言，基本由磁铁矿和赤铁矿两大工业矿物构成。磁铁矿矿石储量与赤铁矿矿石储量的比例，在主、东、西3个铁矿区分别为40%、59%和83%。磁铁矿矿石中需要入选的中贫矿石量占磁铁矿矿石总量的86%、96%和98%。磁铁矿矿石选矿生产工艺技术的重要意义不言而喻。

白云鄂博磁铁矿石选矿工艺流程的研制、改进与创新和氧化矿石一样，它由多种有用矿物和成分组成，结晶粒度中、细、微细均有，以细与微细居多，嵌布关系复杂，数量极其丰富。该矿山位于黄河北岸包头市以北140km处大草原地域。经历了至今57年的发展历程，经过科学试验—生产实践—认识—再试验—生产实践的多次反复认识过程，终于找到了适合白云鄂博磁铁矿石性质特点和地域技术经济发展的技术先进、经济合理、环保型的大型磁选工艺流程—阶段磨矿—阶段磁选—精矿反浮选的磁铁矿石选矿工艺流程。这项工程的成就不亚于曾被国家授予科技进步一等奖处理白云鄂博中贫氧化矿石 M-M-F 工艺流程的含金量。白云鄂博原生磁铁矿选矿技术进步和发展为处理品位贫、含矿物杂、嵌布粒度细的磁铁矿石找到一个经济有效的工艺流程，为包钢实现精料合理利用资源创造了良好的条件。

3.1 磁铁矿选矿试验

原中国科学院金属研究所自1953年241地质队勘探就对白云鄂博矿产资源开展了系统的各种类型矿石的可选性试验研究和主东矿氧化带矿石选矿工艺流程的研制工作。为此采取了23个代表矿样，其中主东矿15个、西矿8个。在西矿8个矿样中有2个是原生磁铁矿石样品，其编号是 A_{34} 和 A_{35+36}。

3.1.1 矿石性质

主东矿的15个代表矿样是：

含 CaF_2 17% ~35%的矿样，其编号是006、019、A_2 和 $A_{10} \cdot O \cdot B_2$；

含方解石3% ~4%的矿样，其编号是010、018；

含角闪石11%的矿样，其编号是011；

含金云母8%的矿样，其编号是016；

含石英28% ~31%的矿样，其编号是014、018；

含钠辉石、钠闪石25% ~34%的矿样，其编号是005、022、021。

主要矿物颗粒：

铁矿物与萤石一般较大，0.15mm（100目）者有80% ~90%；

辉石、角闪石、石英 0.15mm 以上者有20% ~80%；

稀土矿物很细 0.074mm（200 目）者有 80% ~ 100%，特别是 A_2 和 A_{10} 均在 0.04mm（325 目）。

铁矿物与萤石或钠辉石可在较粗磨矿下分离一部分铁尾矿，然后再细磨铁粗精矿以除掉其中杂质；至于稀土矿物的分选问题，从颗粒与生成情况看，大部分可与铁分离，因它多存在萤石里，选别时进到铁尾矿中。

西矿的 8 个代表矿样如下：

氧化带 6 个矿石样的编号为 A_{32}、A_{31+33}、A_{29}、A_{30}；主要含假象赤铁矿间或有少量褐铁矿。A_{29}、A_{30} 的脉石矿物主要是白云石。原生磁铁矿石 2 个样的编号为 A_{34} 和 A_{35+36}，含 S 较高。

各矿样的铁矿物颗粒较粗些，有 80% ~ 90% 在 0.15mm（100 目）；而脉石矿物一般则较细。角闪石 80% 在 0.074mm，其他脉石矿物 80% 在 0.1mm；稀土矿物颗粒为（90% ~ 100%）- 0.074mm（200 目）。

各矿样的化学成分（%）：

	主东矿	西矿
TFe	23 ~ 46	25 ~ 41
REO	1.9 ~ 9.1	0.5 ~ 1.9
F	4.1 ~ 13.1	0.3 ~ 4.1
P	0.23 ~ 1.84	0.26 ~ 0.77
S	0.06 ~ 0.74（4.42）	0.07 ~ 0.10 氧化带
		2.17 ~ 3.50 原生矿
SiO_2	2.2 ~ 24.8	2.6 ~ 18.2
Al_2O_3	0.2 ~ 2.0	0.6 ~ 4.1
CaO	2.3 ~ 20.0	7.4 ~ 17.5
MgO	0.3 ~ 4.2	4.8 ~ 14.0
BaO	0.1 ~ 2.6	0.2 ~ 0.8
Mn	0.05 ~ 5.1	2.1 ~ 2.6
$K_2O + Na_2O$	0.03 ~ 2.00	0.08 ~ 2.3
烧减	1.6 ~ 5.5	2.6 ~ 22.8

主东矿石的特点是含 REO、F、P、BaO、S 较高，西矿矿石的特点是含 CaO、MgO、S（原生带）、Mn、烧减较高，而含 REO、F、Ba 和 S 较低。

1954 年包钢公司从主矿和东矿分别采出 15 种代表矿样，同时分别送往苏联列宁格勒选矿研究设计院（Механобр 米哈诺伯尔）和中国科学院长沙矿冶研究所各自进行选矿试验，研究工作旨在为设计选矿厂提供科学依据。

这些矿样是主矿氧化带矿样，其编号为 A_1、A_2、A_3、A_4 和 A_5。东矿氧化带矿样编号为 A_9、A_{10}、A_{11} 和 A_{12}。主矿原生带矿样编号为 A_6、A_7 和 A_8。东矿原生带矿样其编号为 A_{13}、A_{14} 和 A_{15}。

需指出的是，对于采自主东矿氧化带的 9 个矿样的编号，对中、苏两个科研单位是一样的，而对采自主矿、东矿原生带（岩芯样）的编号则有所不同。送苏联的是 A_6、A_7 和

A_8，送中科院矿冶所的编号为 A_{16}、A_{17} 和 A_{18}；送苏联的编号为 A_{13}、A_{14} 和 A_{15} 的矿样，送中科院矿冶所的编号则记成 A_{19}、A_{20} 和 A_{21}。在后来的选矿试验报告中未曾见到有 A_4、A_5、A_8 和 A_{12} 四个矿样的结果。故主东矿的磁铁矿石试样只有 5 个做了选矿试验。加上中科院长沙矿冶所单独做的 A_{34} 和 $_{35+36}$ 两个磁铁矿样，另有一个编号为 B_2 的，总共有 8 个磁铁矿石样。

苏联米哈诺伯尔选矿研究设计院在报告中指出，A_6、A_{14} 和 A_{15} 主要为磁铁矿石，而 A_7 和 A_{13} 是磁、赤混合矿石。各矿样的赤铁矿、假象赤铁矿的颗粒大多为 $30 \sim 50 \mu m$，磁铁矿颗粒大小与它们相同，最大达 $1.8 \sim 4.5 mm$，萤石为 $90 \sim 180 \mu m$，个别达 $2mm$。氟碳铈矿等稀土矿物的浸染粒度为 $24 \sim 40 \mu m$，粗大者可达 $750 \mu m$，铁矿物有些呈 $8 \sim 13 \mu m$ 粒度浸染于其他矿物之中。表 3-1 和表 3-2 列出 7 个磁铁矿石样的矿物组成测定和化学多元素分析结果。

表 3-1　主、东、西三矿床原生磁铁矿石的矿物组成测定　　　　　　　（%）

矿　物	A_6（A_{16}）主磁富	A_{13}（A_{19}）东磁富	A_7（A_{17}）主磁中	A_{14}（A_{20}）东磁中	A_{15}（A_{21}）东磁低	A_{34} 西白低	A_{35+36} 西黑钠云角低
磁铁矿	60	31	20	47	23	13.2	20.2
假象赤铁矿、赤铁矿	14	41	33	6	1		
铁的氢氧化物	1	1	1	1	少	0.1	—
小　计	75	73	54	54	24	13.3	20.2
稀土矿物	5	4	10	7	12	2.3	1.3
萤　石	10	9	20	11	10	0.1	2.4
重晶石	1	3	少	1	1	—	—
磷灰石	少	少	1	少	少	7.9	0.1
碳酸盐	5.2	2.1	6.3	8.2	18.3	—	—
石　英	少	2	1	3	5	0.1	0.1
闪石、辉石及其氯化物	4	5	6	12	24	7.9 0.6	16.4
黑云母、云母	少	少	少	少	少	—	—
长　石	—	—	—	—	少		
石榴石	—	少	少	少	少		
锰矿物	少	1	少	3	6	2.8	2.8
黄铁矿、磁黄铁矿	少	少	少	少	少		
黄铜矿、方铅矿、闪锌矿						65.0	56.7
其他[①]	54.6	52.1	38.4	38.1	23.5	25.2	24.6
TFe							
总　计	100.2	99.1	98.3	99.2	100.3	100.0	100.0

①其他为白云石、方解石、云母、重晶石等。

表3-2　主、东、西三矿床原生磁铁矿石的化学多元素分析结果　　　　　　　（%）

化学成分	A_6（A_{16}）主磁富	A_{13}（A_{19}）东磁富	A_7（A_{17}）主磁中	A_{14}（A_{20}）东磁中	A_{15}（A_{21}）东磁低	A_{34} 西白低	A_{35+36} 西黑钠云角低
TFe	54.6	52.1	38.4	38.1	23.5	25.2	24.6
FeO	19.0	10.9	4.3	15.0	13.7	14.08	8.4
Fe_2O_3[①]	56.4	62.0	49.8	37.3	17.9	19.9	25.6
$BaSO_4$	痕	—	0.4	—	1.4	—	—
BaO[①]	—	—	—	—	—	0.21	0.75
CaF_2	11.5	9.4	18.9	11.9	10.3	—	—
F	—	—	—	—	—	0.60	2.79
TR_2O_3	2.9	2.2	5.0	4.1	6.1	1.65	1.92
P_2O_5	0.8	0.7	0.9	0.6	0.7	—	—
P	—	—	—	—	—	0.77	0.61
CaO	3.6	0.7	14.6	3.9	10.9	15.15	8.53
MgO	1.4	1.3	1.4	3.5	3.6	14.00	9.77
MnO	—	—	3.7	—	—	—	—
Mn	—	—	—	—	—	2.50	2.11
SiO_2	0.9	3.8	4.4	9.3	18.0	2.61	18.21
Al_2O_3	2.0	4.7	0.4	3.9	4.0	2.75	4.14
TiO_2	0.4	8.6	0.3	0.4	0.4	0.06	0.25
S	0.3	0.3	0.6	1.1	2.6	2.17	3.50
Na_2O-K_2O	—	—	—	—	—	0.47	2.31
烧减	0.4	0.5	3.8	2.0	5.1	4.91	2.57
As	—	—	—	—	—	0.005	0.004
H_2O	—	—	—	—	—	0.07	0.13
V	—	—	—	—	—	无	痕

①按 $\dfrac{TFe-0.8FeO}{0.7}$ 式计算而得。可能含有少量 SrO。

在上述的 38 个白云鄂博矿产资源的矿石样品中有 7 个原生磁铁矿石试样，它们的矿物组成测定结果和化学多元素分析结果已分别列入表 3-1 和表 3-2 中。

由此两表可以看出，白云鄂博磁铁矿石和前边记述的主东矿床产出的氧化带矿石一样也是一种含有稀土氟、钡、钛、硫、磷、锰等多种有用元素的综合铁矿资源。在后来的地质工程技术人员和中、苏两国科学院的有关专家共同努力下又相继发现了铌、钽、钪、钍等稀有稀散金属元素，使本来就已具有综合回收价值的宝贵资源又增添了经济价值和社会价值。

3.1.2 磁铁矿石的选矿研究结论

磨矿粒度对原生磁铁矿石磁选结果的影响见表 3-3。

表 3-3 不同磨矿粒度时的磁选结果 $\left(\mathrm{A}_{34}、\mathrm{B}_2\left(\frac{\mathrm{A}_{14}}{\mathrm{A}_{20}}\right)\right)$

磨矿粒度 74μm/%	产 品	γ/%	β/%			$\varepsilon_{\mathrm{Fe}}$/%
			Fe	F	REO	
25~30	铁精矿	32.1~68.5	49~47	0.2~4.0	1.0~3.2	68~84
	中矿1	3.6~3.7	26~20	0.4~9.5	1.9~7.7	
	中矿2	2.4~2.4	31~33	0.3~9.0	1.6~7.0	
	尾 矿	61.6~25.3	10~16	0.7~12.0	2.0~9.4	
	原 矿	100	23~38	0.5~8.2	1.6~6.5	
45~50 （缺 B₂）	铁精矿	30.9~67.9	53~49	0.19~1.0	0.7~1.1	68~87
	中矿1	3.5~4.3	24~20	0.4~4.7	1.9~2.8	
	中矿2	1.9~1.4	34~23	0.3~4.2	1.6~3.0	
	尾 矿	63.6~26.3	9~13	0.3~5.5	2.4~9.4	
	原 矿	100	24~38	0.5~8.4	1.8~1.8	
55~60	铁精矿	29.1~62.8	58~53	0.2~3.3	0.5~2.5	68~87
	中矿1	2.3~3.4	24~19	0.5~9.4	1.9~6.8	
	中矿2	1.1~1.8	31~25	0.4~9.1	1.6~6.2	
	尾 矿	67.4~31.8	10~12	0.7~11.2	2.3~9.5	
	原 矿	100	24~38	0.5~8.1	1.7~6.6	
70~75	铁精矿	27.1~57.9	63~55	0.15~2.6	0.1~2.1	69~82
	中矿1	2~3.8	24~26	0.5~9.4	1.7~5.5	
	中矿2	1~2.5	39~34	0.3~9.1	1.2~5.7	
	尾 矿	69.9~35.7	9~13	0.6~11.2	2.3~9.3	
	原 矿	100	24~38	0.5~8.0	1.7~6.5	
95 （缺 A₂₀）	铁精矿	23.5~33.3	67~59	0.09~1.6	0.1~1.6	64~77
	中矿1	2~2.8	29~16	0.4~9.7	0.5~6.1	
	中矿2	1.7~1.3	55~22	0.2~11.6	0.5~6.5	
	尾 矿	72.9~62.4	9~8	0.6~10.9	2.3~9.2	
	原 矿	100	24~25	0.5~7.8	1.7~6.5	

表 3-3 的结果指出，磨矿粒度越细，β_{Fe} 越高，$\varepsilon_{\mathrm{Fe}}$ 有所下降。在 (70%~75%)-74μm 时，$\beta_{\mathrm{Fe}}=55\%~63\%$，$\beta_{\mathrm{F}}=0.2\%~2.6\%$，$\beta_{\mathrm{REO}}=0.1\%~2.1\%$，$\varepsilon_{\mathrm{Fe}}=69\%~82\%$；$\delta_{\mathrm{Fe}}=9\%~13\%$；$\delta_{\mathrm{F}}=0.6\%~11\%$；$\delta_{\mathrm{REO}}=2\%~9\%$。再细磨亦难使铁精矿中 F 降至 1%，而 $\varepsilon_{\mathrm{Fe}}$ 却有所降低，为 $\varepsilon_{\mathrm{Fe}}=64\%~77\%$。以磨细至 100 目 (0.15mm) 为宜。可粗磨至 (25%~30%)-74μm 排尾后再进一步细磨以减少磨矿费用。

原生磁铁矿石选矿流程试验有 3 个方案：

方案 1 将原矿连续磨至(70% ~75%) −74μm 或 85% −74μm，在场强 1000 ~1100Oe 条件下经一次粗选排尾。铁粗精矿在同样场强下精选 1~2 次得最终铁精矿。

方案 2 原矿经两段磨矿，两段磁选。第一段磨细至（25% ~ 30%）−74μm (0.6mm)，在场强 1000 ~1100Oe 条件下经一次粗选一次精选（精选场强 3500e）得铁精矿 1。精选尾矿即中矿再细磨至（70% ~75%）−74μm(0.15mm)，再经一次粗选，场强为 1000 ~1100Oe，得铁精矿 2。

方案 3 两段磨矿，第一段原矿磨细至（55% ~60%）−74μm；或（25% ~30%）−74μm，在场强 1000Oe 条件下经一次粗选，粗选尾矿为最终尾矿。粗精矿再磨至（55% ~60%）−74μm 或（70% ~75%）−74μm，先添加水玻璃 1.5kg/t 搅拌 5min 后，再加硫酸化皂 0.1(0.15)kg/t 磁精进行 10min 浮选作业，得最终铁精矿。

三方案的流程结构和工艺指标分别如图 3-1 ~图 3-3 所示。

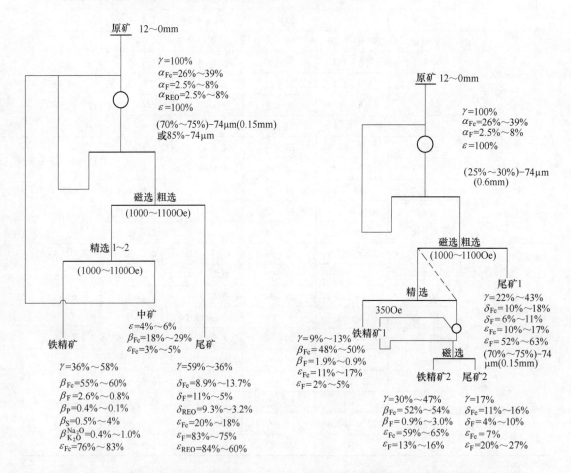

图 3-1 方案 1——连续磨矿磁选流程   图 3-2 方案 2——阶段磨矿阶段磁选流程

这 3 个方案均能获得 $\beta_{Fe} > 52\%$ (55%) 或 60% ~65% 的铁精矿，$\varepsilon_{Fe} = 73\%$ ~83%，其中以第 3 方案的指标为更好。

西矿 A_{34} 和 A_{35+36} 两个原生磁铁矿石样的试验结果如下：

开始是按 A_{34} 白云石型磁铁矿石、A_{35} 闪石型磁铁矿石和 A_{36} 云母型磁铁矿石三种采取

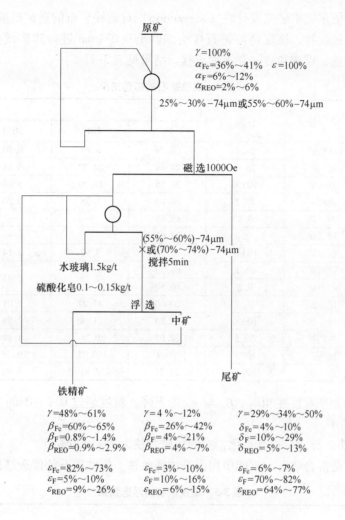

原矿

$\gamma=100\%$
$\alpha_{Fe}=36\%\sim41\%$ $\varepsilon=100\%$
$\alpha_F=6\%\sim12\%$
$\alpha_{REO}=2\%\sim6\%$

$25\%\sim30\%-74\mu m$或$55\%\sim60\%-74\mu m$

磁选1000Oe

$(55\%\sim60\%)-74\mu m$
或$(70\%\sim74\%)-74\mu m$
搅拌5min

水玻璃1.5kg/t
硫酸化皂0.1~0.15kg/t

浮选
中矿

铁精矿

尾矿

铁精矿	中矿	尾矿
$\gamma=48\%\sim61\%$	$\gamma=4\%\sim12\%$	$\gamma=29\%\sim34\%\sim50\%$
$\beta_{Fe}=60\%\sim65\%$	$\beta_{Fe}=26\%\sim42\%$	$\delta_{Fe}=4\%\sim10\%$
$\beta_F=0.8\%\sim1.4\%$	$\beta_F=4\%\sim21\%$	$\delta_F=10\%\sim29\%$
$\beta_{REO}=0.9\%\sim2.9\%$	$\beta_{REO}=4\%\sim7\%$	$\delta_{REO}=5\%\sim13\%$
$\varepsilon_{Fe}=82\%\sim73\%$	$\varepsilon_{Fe}=3\%\sim10\%$	$\varepsilon_{Fe}=6\%\sim7\%$
$\varepsilon_F=5\%\sim10\%$	$\varepsilon_F=10\%\sim16\%$	$\varepsilon_F=70\%\sim82\%$
$\varepsilon_{REO}=9\%\sim26\%$	$\varepsilon_{REO}=6\%\sim15\%$	$\varepsilon_{REO}=64\%\sim77\%$

图 3-3　方案 3——阶段磨矿阶段选矿流程

矿样的。三者的主要矿物组成（％）见表 3-1 和表 3-2：

	磁铁矿	褐铁矿	稀土	萤石	石英	闪石	云母	磷灰石
A_{34}样	13.2	0.07	2.3	0.07	0.07	7.9	0.616	7.85
A_{35}样	24.7	—	1.7	3.93	—	23.41	5.12	0.09
A_{36}样	15.6	—	0.9	0.93	0.02	8.87	36.76	—

在做化学多元素分析时 A_{35} 与 A_{36} 合成一个矿样了。但对 3 个矿样都做了磁选试验。在将 3 个矿样均磨至$(70\%\sim75\%)-74\mu m$ 条件下，经一次湿式磁选，结果如下：

A_{34} 和 A_{35}样：铁精矿 $\beta_{Fe}=60\%$，$\beta_F=0.18\%\sim0.75\%$，$\delta_{Fe}=9\%\sim11\%$，$\varepsilon_{Fe}=69\%\sim73\%$。

A_{36}样：铁精矿 $\beta_{Fe}=58\%$，$\varepsilon_{Fe}=47\%$，$\delta_{Fe}=15\%$。

经磁浮法处理后的结果是：

A_{34} 和 A_{35}样：铁精矿 $\beta_{Fe}=68\%$，$\beta_F=0.1\%\sim0.5\%$，$\varepsilon_{Fe}=66\%\sim69\%$ 和 $\beta_{Fe}=58\%$，$\varepsilon_{Fe}=67\%\sim68\%$。

A_{36}样：铁精矿 $\beta_{Fe}=61\%\sim62\%$，$\varepsilon_{Fe}=42\%\sim52\%$。

苏联米哈诺伯尔选矿研究设计院（Механобр）对磁铁矿石的选矿试验也得出了结论，当时的任务就是回收铁，该院将原矿石样均细磨至 0.074mm 进行选矿试验，也做了 3 个方案。它们是磁选、浮选和磁—浮三种流程。结果见表 3-4。

表 3-4　磁铁矿石的磁选结果

| 矿　样 | 产　品 | γ/% | β/% | | | ε_Fe/% |
			Fe	CaF_2	REO	
A_7	铁精矿	24.4	68.59	0.89	0.50	43.56
	尾　矿	75.6	28.64	24.72	6.51	56.44
	原　矿	100.0	38.78	18.90	5.04	100.00
A_13	铁精矿	47.2	66.09	1.35	0.20	66.85
	中　矿	0.8	65.88	—	—	1.11
	尾　矿	52.0	28.67	—	—	32.04
	原　矿	100.0	46.55	9.92	3.14	100.00
A_6	铁精矿	63.1	68.30	2.18	0.65	90.10
	中　矿	9.2	66.50			
	尾　矿	27.7	20.00	35.27	7.01	9.90
	原　矿	100.0	54.75	11.30	2.88	100.00
A_15	铁精矿	30.5	62.05	0.78	1.14	77.96
	尾　矿	69.5	7.69	10.91	9.45	22.04
	原　矿	100.0	24.27	7.81	6.91	100.00

当原矿石的磨矿粒度变粗时，β_{Fe} 与 ε_{Fe} 均下降。粒度超过 0.1~0mm 之后，则得不到 $\beta_{Fe} > 60\%$ 的铁精矿。

A_{15} 是纯磁铁矿石，A_6 稍有氧化，它的尾矿含铁为 7%~20%。

而 A_7 和 A_{13} 是混合矿石，不能单用磁选法回收铁。磁铁矿石的浮选结果见表 3-5。

表 3-5　磁铁矿石的浮选结果

| 矿　样 | 产　品 | γ/% | β/% | | | ε_Fe/% |
			Fe	CaF_2	REO	
A_6	铁精矿	68.1	66.96	1.11	1.3	82.9
	尾　矿	29.1	31.47	33.18	5.9	16.6
	溢　流	2.8	15.36	33.21		0.5
	原　矿	100.0	54.99	11.31		100.0
A_7	铁精矿	49.8	52.21	1.21		67.75
	中　矿	1.9	31.58	13.00		1.56
	尾　矿	48.3	24.39	37.37		30.69
	原　矿	100.0	38.38	18.90		100.00
A_13	铁精矿	66.73	58.80	0.47		84.80
	中　矿	6.53	41.76	4.75		5.80
	尾矿 2	5.88	24.34	16.38		3.10
	尾矿 1	17.86	13.89	43.11		5.40
	溢　流	3.00	14.32	23.84		0.90
	原　矿	100.00	46.30	10.00		100.00

浮选 A_6、A_7、A_{13} 的选定条件为：油酸 400g/t，水玻璃 1000～1500g/t，苏打 0～500g/t，固液比＝1∶2。

A_6 为一段磨矿，预先脱除 −10μm 矿泥，然后浮选。A_7、A_{13} 为两段磨选：先磨至 60% −74μm，浮选分除萤石等泡沫；槽内产品再磨至 90% −74μm，进行有两次精选作业的浮选。

由表 3-6 可以看出：α_{Fe} ＞46% 时浮选指标好；β_{Fe} ＝58.8% ～66.96% ；β_F ＝0.23% ～ 0.55% ；ε_{Fe} ＝82.9% ～84.8% 。

α_{Fe} ＝38.38% 的 A_7 样，浮选得到：β_{Fe} ＝52.21% ；β_F ＝0.59% ；ε_{Fe} ＝67.75% 。

表 3-6　磁铁矿石的磁选—浮选结果

矿 样	产 品	$\gamma/\%$	$\beta/\%$		$\varepsilon_{Fe}/\%$
			Fe	CaF$_2$	
A_6	铁精矿	64.4	69.46	1.68	81.77
	浮选尾矿	7.9	57.59	6.25	8.23
	磁选尾矿	27.7	20.00	55.27	9.90
	原 矿	100.0	54.75	10.60	100.00
A_{13}	铁精矿	44.0	68.00	0.52	63.50
	浮选中矿	4.0	52.20		4.46
	尾 矿	52.0	29.17		32.04
	原 矿	100.0	46.10	10.00	100.00
A_{15}	铁精矿	30.25	60.14	0.78	77.05
	中 矿	7.75	22.80		7.55
	尾 矿	62.00	8.22	15.36	15.55
	原 矿	100.00	23.48	10.57	100.00
A_7	铁精矿	50.45	64.76	0.52	78.51
	中矿 1	2.65	61.73	22.54	3.92
	中矿 2	0.26	60.32		
	浮选尾矿	5.19	44.81	25.38	0.38
	磁选尾矿	41.45	11.60	40.00	5.59
	原 矿	100.00	41.60	18.82	100.00

为提高磁铁精矿质量，排出萤石，做了磁—浮试验。

A_7 因磁选铁回收率低，只有 43.56% ，所以先进行了焙烧，然后再磁选—浮选。

A_6、A_{13} 仍为一段磨矿，磨至 90% −74μm 的单段磁选。A_{15} 是纯的磁铁矿石，先磨至 50% −74μm 进行磁选，粗精矿再磨至 90% −74μm 再磁选。

表 3-6 结果说明 A_6、A_{13}、A_{15} 用磁—浮法，A_7 用焙烧—磁选—浮选法可得到 β_{Fe} ＝ 60.14% ～69.46% ；β_{CaF_2} ＝0.52% ～1.68% 或 β_F ＝0.25% ～0.81% ；ε_{Fe} ＝63.5% ～ 81.77% 的铁精矿。

3.1.3　推荐磁铁矿石选矿工艺流程

图 2-8 所示的磁铁矿石选矿工艺流程特点是阶段磨矿、阶段磁选、磁选铁精矿反浮选工艺流程。选矿厂技术设计采用的就是这一流程。

预计工艺指标是：$\alpha_{Fe}=34.50\%$，$\alpha_{CaF_2}=8.58\%$，$\gamma_{精}=48.10\%$，$\beta_{Fe}=61.90\%$，$\beta_{CaF_2}=0.78\%$，$\varepsilon_{Fe}=86.30\%$。

3.2　20 世纪 70 年代中期磁铁矿石选矿试验

根据白云鄂博矿区地质科研新成果，为综合回收稀土资源，冶金工业部于 1966 年责成包钢公司委托矿山研究室（后发展为包钢矿山研究所和包钢矿山研究院）组织有关科研单位，其中有中科院长沙矿冶研究所、包头冶金研究所、鞍山黑色冶金矿山设计研究院等单位，共同在包钢选矿厂现场为综合回收稀土萤石等有用成分进行选矿科技攻关试验工作。

用采自东矿 1634 平台 30 个样点混合而成的矿样为试验用原生磁铁矿矿石的代表矿样。原矿样的矿物组成、化学多元素分析见表 3-7、表 3-8，铁物相分析见表 3-9。

表 3-7　东矿原生磁铁矿石主要矿物组成

矿物名称	磁铁矿	黄铁矿	赤铁矿	稀土矿物	霓 石	萤 石	碳酸盐矿物	石英长石
含量/%	32.3	8.20	微	5.88	8.61	4.30	12.13	1.12

表 3-8　东矿原生磁铁矿石化学多元素分析

元　素	TFe	FeO	Fe$_2$O$_3$	SFe	Nb$_2$O$_5$	REO	F	SiO$_2$	MnO
含量/%	33.30	14.50	31.51	29.70	0.100	3.18	2.65	14.96	6.36

元　素	CaO	MgO	P$_2$O$_5$	ThO$_2$	Al$_2$O$_3$	Ba(Sr)O	SO$_3$	烧减
含量/%	6.05	5.13	0.834	0.037	0.54	0.79	7.45	7.58

表 3-9　铁物相分析

矿　物	磁铁矿	赤铁矿	硅酸铁	合　计
铁含量/%	27.32	2.98	2.89	33.19
占有率/%	82.31	8.98	8.71	100.00

原矿磨至 95% −74μm 经一次磁力脱水槽和两次磁选得铁精矿，其所获尾矿经浓缩后送至浮选工序，经混合粗选、精选和分离萤石浮选后获得稀土精矿。先经小型试验，再进行连续试验。经过优先和混合两方案分选稀土小试后选择了混合方案，两者的药剂制度与前阶段记述的处理中贫氧化矿样时所用的基本相同，在此从略。

小型试验结果：铁精矿 $\beta_{SFe}=62.35\%$；$\varepsilon_{SFe}=87.16\%$；$\alpha_{SFe}=30.69\%$。稀土精矿 $\beta_{REO}=32.97\%$；$\varepsilon_{REO}=50.26\%$；$\alpha_{REO}=5.39\%$。

连续试验结果：铁精矿 $\beta_{SFe}=60.24\%$；$\varepsilon_{SFe}=86.46\%$。稀土精矿 $\beta_{REO}=20.40\%$；$\varepsilon_{REO}=31.52\%$。

原生磁铁矿石磁选—混合浮选连续试验流程如图 3-4 所示。选矿产品的多元素化学分析、原精矿的粒度分析结果见表 3-10 ~ 表 3-12。

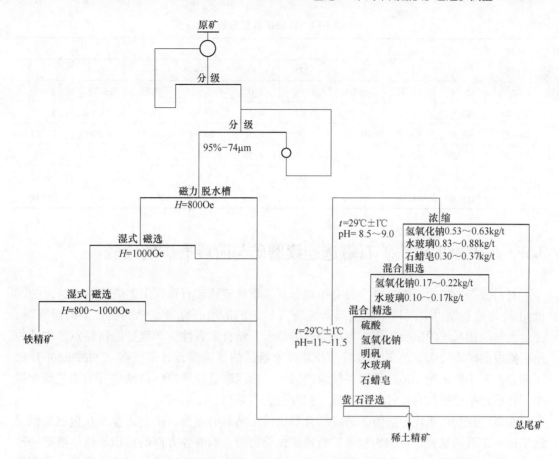

图 3-4　原生磁铁矿石磁选—混合浮选连续试验流程

表 3-10　选矿产品多元素化学分析　　　　　　　　　　（%）

产　品	TFe	SFe	FeO	Fe$_2$O$_3$	REO	F	SiO$_2$	P$_2$O$_5$	SO$_3$	ThO$_2$	Nb$_2$O$_5$
铁精矿	60.60	60.00	13.70	60.33	0.50	0.44	3.87	0.076	0.58	0.009	0.04
稀土精矿	8.10	5.80	5.80	5.14	20.23	8.68	11.61	2.55	4.62	0.210	
总尾矿	13.25	7.30	7.45	10.67	3.60	3.15	25.40	0.483	14.55	0.043	

表 3-11　原矿石粒度分析

粒级 /μm	γ/%	β/%				ε/%			
		TFe	SFe	R	F	TFe	SFe	REO	F
74	5.83	24.45	20.80	1.70	2.94	4.28	4.04	3.20	7.30
74~51	9.40	49.80	45.80	1.70	1.00	14.02	14.39	5.11	3.86
51~32	20.38	41.60	38.60	2.50	1.57	37.86	39.15	24.28	20.60
32~21	23.80	34.15	30.85	4.20	2.17	24.34	24.50	31.95	22.32
21~15	3.80	16.50	11.90	8.20	4.13	1.89	1.50	9.90	6.87
-15	16.79	21.95	18.35	3.00	3.40	17.61	16.42	21.56	39.05
总计	100.00	33.39	29.96	3.13	2.33	100.00	100.00	100.00	100.00

表 3-12　铁精矿粒度分析

粒级/μm	$\gamma/\%$	$\beta/\%$				$\varepsilon/\%$			
		TFe	SFe	REO	F	TFe	SFe	REO	F
74	5. 71	42. 30	40. 75	1. 10	3. 05	3. 94	3. 85	7. 23	25. 00
74 ~ 51	35. 31	65. 05	64. 25	0. 80	0. 27	37. 43	37. 47	33. 73	14. 71
51 ~ 32	48. 55	63. 60	63. 05	0. 70	0. 50	50. 33	50. 54	40. 96	35. 29
32 ~ 26	3. 01	53. 20	52. 25	0. 95	1. 25	2. 61	2. 59	3. 62	5. 88
-26	7. 42	47. 05	45. 25	1. 60	1. 70	5. 69	5. 55	14. 46	19. 12
总计	100. 00	61. 36	60. 56	0. 83	0. 68	100. 00	100. 00	100. 00	100. 00

3. 3　东矿原生磁铁矿石磁选连续磨矿与阶段磨矿的比较

对白云鄂博矿产资源这样多种有用成分复杂难选磁铁矿石选别工艺流程的研制，在 20 世纪 50 年代初期由中国科学院金属研究所（后来的矿冶研究所现今的长沙矿冶研究院）经过大量全面系统的试验工作，根据当时的要求，结合矿石性质和地区经济特点开创性提出了阶段磨矿阶段选矿的工艺流程，经苏联米哈诺伯尔选矿设计研究院（Механобр）做了部分补充小型试验，最终采取并按阶段磨矿、阶段磁选处理原生磁铁矿石的工艺流程提交了包钢选矿厂的技术设计，并建成了相应的生产系列。

在 20 世纪 50 年代中期为了适应综合利用稀土精矿的需要，冶金工业部在包钢组织了选矿磁铁矿石的试验，被称为包头矿石选矿试验会战。当时各方面的认识是连续磨矿一段磁选对综合回收稀土精矿有益，因而已设计建成的磁选生产系列被改成连续磨矿一段磁选流程。在改造成功后一段期间里又被用于处理中贫氧化矿石，选别氧化矿石的实际生产指标是 $\alpha_{Fe} = 33\%$，$\beta_{Fe} = 60\%$，$\varepsilon_{Fe} \approx 50\%$，虽然看似指标不十分理想，但它却告知我们，实践中已经证实是在处理 $\alpha_{Fe} = 15\% \sim 20\%$ 的磁铁矿石（包括半假象赤铁矿），如此生产实践已经运行了许多年，已经足以证明它的存在条件了。后来采用现代中强磁技术将该矿石中的假象赤铁矿、原生赤铁矿和部分褐铁矿等大部分进行回收，从而使处理中贫氧化矿石的选矿工艺流程选铁部分达到了一个全新的历史发展阶段。

在前边表 3-6 的不同磨矿粒度的磁选结果就已经可以看出，β_{Fe} 随原矿石的磨矿细度的增加而提高，杂质含量也不断正比例地降低。后来所有单位对各种矿样的试验研究均证明了这一规律。

在 20 世纪 70 年代末 80 年代初，包钢矿山研究所（现在的包钢矿山研究院）东矿原生磁铁矿专题组以 B_2 矿样做了连续磨矿和阶段磨矿阶段磁选的试验，结果指出后者较前者 β_{Fe} 与 ε_{Fe} 均高，铁精矿杂质含量也较低。同时包钢选矿厂完成了同样课题的小型试验和工业性（150t/h 或 120 万吨/年规模）试验，取得了很有实用价值的结果。

经过了 20 世纪 50 年代中期直至 21 世纪初几十年生产经验的总结改进和选矿技术与管理水平的不断提高，终于使包钢处理主、东、西三大矿山产出的原生磁铁矿石的选矿工艺流程，阶段磨矿—细筛再磨—弱磁反浮工艺流程跨入了先进的现代化的环保型的大型磁选厂的行列。

3.3.1 东矿原生磁铁矿 B_1、B_2 两矿样连续磨矿磁选与阶段磨矿阶段磁选小型试验

3.3.1.1 原矿石性质

原矿石性质见表 3-13 ~ 表 3-17。

B_1、B_2 两矿样以磁铁矿为主，其占有率为 78.6% ~ 77.8%，还含有少量的赤铁矿、半假象赤铁矿、褐铁矿。另有部分铁分散在黄铁矿、磁黄铁矿、闪石、云母、含铁白云石中，其铁的占有率为 7.43% ~ 9.28%。稀土含量 B_1 样为 1.99%，B_2 样为 4.70%。硫主要呈黄铁矿、磁黄铁矿和重晶石存在。矿样中脉石矿物主要有闪石、云母、辉石等，其量为 19.08% ~ 20.65%，其次含有 15.56% ~ 17.03% 的碳酸盐矿物。

B_1、B_2 两矿样在不同磨矿细度下的铁矿物单体解离度测定结果和磁选结果分别见表 3-13 和表 3-14。B_1、B_2 两矿样在不同磨矿细度下磁选铁精矿的质量变化情况见表 3-18。

表 3-13 选矿东矿原生磁铁矿阶段磨选工业试验样 A 选矿产品的矿物组成 （%）

矿物	一段弱磁精	一段弱磁尾	二段弱磁精	二段弱磁尾
磁铁矿	71.79	3.11	86.00	4.24
赤褐铁矿	5.29	12.81	3.17	15.47
黄铁矿	0.99	2.45	0.43	2.75
氟碳酸盐稀土	0.79	4.09	0.30	3.04
独居石	0.56	2.49	0.23	2.24
萤石	3.26	16.85	1.60	14.35
磷灰石	0.39	2.03	0.25	1.39
碳酸盐矿物	7.93	22.60	4.18	22.99
锰矿物	2.66	3.60	2.16	4.88
重晶石	0.10	22.60	0.04	1.40
石英 长石	0.33	0.96	0.07	0.98
辉石 闪石	5.11	25.81	1.46	23.12
云母	0.77	0.91	0.10	3.09
其他	0.03	0.04	0.01	0.06
总计	100.00	100.00	100.00	100.00

表 3-14 选厂东矿原生磁铁矿阶段磨选工业试验样 A_1 选矿产品的多元素化学分析 （%）

成分	一段弱磁精	一段弱磁尾	二段弱磁精	二段弱磁尾
TFe	56.27	15.92	63.60	18.29
FeO	21.87	4.30	25.28	5.89
REO	1.04	4.45	0.45	3.70
F	1.58	7.63	0.78	5.21
P	0.16	0.731	0.088	0.581

成　分	一段弱磁精	一段弱磁尾	二段弱磁精	二段弱磁尾
Al_2O_3	0.44	1.67	0.22	1.58
TiO_2	0.259	0.50	0.206	0.500
MgO	2.93	10.91	2.12	8.93
CaO	4.35	18.75	2.25	16.60
Nb_2O_5	0.054	0.081	0.114	0.118
BaO	0.066	1.445	0.0263	0.92
SiO_2	3.95	15.23	2.06	12.90
S	0.533	1.31	0.229	1.47
ThO_2	0.0055	0.0246	—	0.0269
Na_2O	0.28	1.19	0.14	1.00
K_2O	0.32	1.06	0.16	1.05
SFe	54.05	11.96	62.75	14.93

表 3-15　选厂东矿原生磁铁矿阶段磨选工业试验 A_1 选矿产品的筛水析结果　　　（%）

μ/μm	一段分级产品			二段分级产品			一段弱磁精			一段弱磁尾			二段弱磁精			二段弱磁尾		
	γ	β	ε	γ	β	ε	γ	β	ε	γ	β	ε	γ	β	ε	γ	β	ε
+71	28.46	35.38	32.45	3.81	29.80	2.07	41.09	48.80	36.64	20.16	17.40	22.72	3.09	38.70	1.93	7.54	10.20	5.32
+56	9.07	39.47	11.54	4.74	36.17	3.13	11.52	58.40	12.30	7.56	20.10	9.76	4.32	43.90	3.03	6.91	11.60	5.32
+40	10.23	36.66	12.08	14.90	52.96	14.42	11.52	59.70	12.58	9.38	18.00	10.93	15.50	58.60	14.55	11.77	14.70	11.70
+20	25.22	36.95	30.04	60.97	63.99	71.34	26.77	64.40	31.52	24.20	17.00	26.58	68.29	66.80	73.17	22.76	20.20	30.85
+10	11.74	19.00	7.19	9.00	41.74	6.87	6.00	49.00	5.35	15.51	11.40	11.47	7.18	55.50	6.41	18.52	13.70	17.02
−10	15.28	13.61	6.70	6.58	18.01	2.17	3.10	28.05	11.61	23.29	12.30	18.54	1.62	35.60	0.91	32.50	13.50	29.79
总计	100.00	31.03	100.00	100.00	54.71	100.00	100.00	54.71	100.00	100.00	15.46	100.00	100.00	62.24	100.00	100.00	14.84	100.00

表 3-16　试样 B_1、B_2 在不同磨矿细度下的铁矿物单体解离度测定结果　　　（%）

磨矿细度(74μm)/%	B_1 矿样					B_2 矿样				
	铁矿物单体	连生体				铁矿物单体	连生体			
		铁与黄铁矿	铁与磁黄铁矿	铁与脉石矿物	连生体合计		铁与黄铁矿	铁与磁黄铁矿	铁与脉石矿物	连生体合计
52.1	—	—	—	—	—	67.37	0.71	0.32	31.60	32.63
67.6	62.41	2.30	—	34.64	37.59	—	—	—	—	—
74.0	—	—	0.65	—	—	75.51	0.85	0.37	23.27	24.49
80.0	70.01	1.69	—	27.28	29.99	—	—	—	—	—
86.5	—	—	1.02	—	—	82.50	0.85	0.59	16.06	17.50
88.2	—	—	—	—	—	88.20	0.41	0.14	11.25	11.80
89.7	74.82	1.99	1.19	22.00	25.18	—	—	—	—	—
95.2	—	—	—	—	—	91.78	0.32	0.10	7.80	8.22
97.1	82.21	0.79	0.32	16.68	17.79	—	—	—	—	5.35
98.1	—	—	—	—	—	94.65	0.30	0.07	4.98	—
98.8	87.56	0.51	0.24	11.69	12.44	—	—	—	—	—
98.9	—	—	—	—	—	95.44	0.19	—	4.37	4.56
99.5	91.61	0.41	0.36	7.62	8.39	—	—	—	—	—
99.7	93.97	0.36	0.30	5.37	6.03	—	—	—	—	—

表 3-17 试样 B_1、B_2 在不同磨矿细度下磁选结果 （%）

磨矿细度(74μm)/%	产品	B_1 矿样					B_2 矿样				
		β_{Fe}	$\gamma_{精}$	ε_{Fe}	$\gamma=\dfrac{\gamma_{精}\times\beta_{Fe}}{\varepsilon_{Fe}}$	$\gamma=\dfrac{\gamma(100-\varepsilon_{Fe})}{100-\gamma_{精}}$	β_{Fe}	$\gamma_{精}$	ε_{Fe}	$\gamma=\dfrac{\gamma_{精}\times\beta_{Fe}}{\varepsilon_{Fe}}$	$\gamma=\dfrac{\gamma(100-\varepsilon_{Fe})}{100-\gamma_{精}}$
52.1	铁精矿	—	—	—	—	—	53.00	48.04	85.07	29.93	8.60
67.6		56.58	53.03	90.91	33.0	6.39	—	—	—	—	—
74.0		—	—	—	—	—	57.40	42.00	83.33	28.93	8.31
80.0		59.35	50.0	90.49	32.79	6.24	—	—	—	—	—
86.5		—	—	—	—	—	61.70	40.20	82.50	30.06	8.80
89.7		61.37	48.22	89.72	32.98	6.55	—	—	—	—	—
91.9		—	—	—	—	—	63.40	39.22	81.97	30.33	9.00
95.2		—	—	—	—	—	63.90	39.00	82.11	30.35	8.90
97.1		63.13	46.7	89.06	33.10	6.79	—	—	—	—	—
98.1		—	—	—	—	—	65.70	38.38	81.96	30.77	9.01
98.8		64.38	45.96	88.97	33.26	6.79	—	—	—	—	—
98.9		—	—	—	—	—	66.10	36.89	80.50	30.29	9.36
99.5		65.29	4.44	88.76	32.69	6.61	—	—	—	—	—
99.7		65.99	43.65	87.59	32.89	7.24	—	—	—	—	—
100.0		66.50	43.15	87.39	32.84	7.28	—	—	—	—	—
99.5%-300目											

表 3-18 试样 B_1、B_2 在不同磨矿细度下磁选铁精矿的质量变化情况

磨矿细度(74μm)/%	B_1 矿样铁精矿/%						B_2 矿样铁精矿/%					
	Fe	F	S	P	K_2O	Na_2O	Fe	F	S	P	K_2O	Na_2O
52.1	—	—	—	—	—	—	53.00	1.20	0.64	—	0.44	0.41
67.6	56.58	0.95	1.14	0.13	0.29	0.28	—	—	—	—	—	—
74.0	—	—	—	—	—	—	57.40	1.05	0.44	—	0.29	0.29
80.0	59.35	0.95	0.86	0.094	0.23	0.19	—	—	—	—	—	—
86.5	—	—	—	—	—	—	61.70	0.75	0.36	—	0.23	0.26
89.7	61.37	0.90	0.77	0.078	0.21	0.19	—	—	—	—	—	—
91.9	—	—	—	—	—	—	62.40	0.75	0.28	—	0.20	0.23
95.2	—	—	—	—	—	—	63.90	0.70	0.26	—	0.19	0.22
97.1	63.13	0.80	0.637	0.062	0.16	0.18	—	—	—	—	—	—
98.1	—	—	—	—	—	—	65.70	0.60	0.20	—	0.13	0.20
98.8	64.38	0.70	0.55	0.057	0.12	0.16	—	—	—	—	—	—
98.9	—	—	—	—	—	—	66.10	0.55	0.19	—	0.12	0.20
99.5	65.29	0.52	0.52	0.050	0.10	0.16	—	—	—	—	—	—
99.7	65.99	0.50	0.52	0.036	0.09	0.19	—	—	—	—	—	—
100.0	66.50	0.45	0.49	0.034	0.08	0.11	—	—	—	—	—	—
99.5%-300目												

3.3.1.2 关于降低磁铁精矿中含钍量的试验研究

（1）试验用矿样为采自东矿的原生磁铁矿样，其性质见表 3-19 ~ 表 3-21 中的 3 号样。

表 3-19 ThO$_2$ 在组成原矿石含矿物中的含量测定

矿物名称	矿物含量/%	β_{ThO_2}/%	配分量	配分率/%	平衡系数
磁铁矿	38.59	0.0072	0.0028	7.78	
赤褐铁矿	6.71				
黄铁矿	3.75				
独居石	1.95	1.18	0.023	63.88	
氟碳铈矿	1.90	0.18	0.0034	9.44	
萤 石	7.30	0.018	0.0013	3.61	
磷灰石	0.88				
锰矿物	4.62				
白云石	13.32				
重晶石	0.26				
钠闪石	14.72	0.01	0.0015	4.17	
钠辉石	1.15	0.001	0.0000		
黑云母	2.96	0.020	0.0006	1.67	
石英、长石	0.93				
铌铁矿	0.11				
黄绿石(烧绿石)	0.03	0.36	0.0001	0.27	
易解石	0.06	2.65	0.0016	4.44	
铌铁金红石	0.30	0.055	0.0017	4.72	
其 他	0.40				
总 计	100.00		0.036	99.98	94.74

（2）ThO$_2$ 在各种矿物中的存在形式：在易解石中 ThO$_2$ 呈类质同象形式存在。

在磁铁矿中有微细包裹体存在，粒度为 10μm 左右，测定确认是独居石和氟碳酸盐稀土矿物。

在钠闪石中有微细包裹体存在，粒度为 20μm，查明闪石中的 Th 是呈独居石包裹体存在。

在萤石中有微细包裹体，粒度为 15μm，查明包裹体主要含 Th 和 Si，属钍石类矿物。在黑云母中查明含有 La、Ce、Nd 及微量 Th、Bi、Ca 稀土矿物，稀土矿物含 Th 0.3% 左右。

在钠辉石、白云石、重晶石中经化学分析含 Th 甚少，因仪器灵敏度的限制未查出有钍矿物和钍矿物包裹体。

表 3-19 指明 Th 分布在稀土矿物中的占 74%，分布在铌矿物中的占 9%，在铁矿物中

的占 8%，在萤石等矿物中的占 9%。说明欲使铁矿物中的 Th 分离出去，因包裹体的粒度细达 $10\mu m$，首要条件就是需要细磨原矿。

表 3-20 在不同磨矿细度下磁选铁精矿中 SFe 与 ThO_2、REO、Nb_2O_3 含量的相关变化关系

选矿法	磨矿粒度	$\beta/\%$			
		SFe	REO	Nb_2O_5	ThO_2
磁选	66	51.70	1.70	0.10	0.028
	84	55.55	1.20	0.08	0.024
	93	59.50	1.15	0.06	0.016
	99.7	63.10	0.60	0.06	0.018
磁选—反浮选[①]	99.7	63.60	0.50	0.06	0.017
	99.7	63.80	0.60	0.05	0.017
	99.7	64.05	0.55	0.06	0.017

①反浮选使用的捕收剂为水杨羟肟酸。

磁选铁精矿降钍的实质是分离其中呈微米粒级包裹体的稀土矿物，由表 3-20 可以看出，在原矿细磨至（66%～99.7%）-$74\mu m$ 粒级范围内非铁其他成分包括 REO、Nb_2O_3 和 ThO_2，均一致随细度的增加而降低到 99.7% -$74\mu m$ 止。精矿中 ThO_2 含量可降至 0.017%。

问题是再细磨再精选，如前所述的 KHD 公司的选矿试验流程（图 2-40）弱磁粗精矿被细磨至 81% -$42\mu m$，再磁选精选所得铁精矿的细度为 100% -$20\mu m$ 或 42% -$10\mu m$，此时该铁精矿中的含 ThO_2 量能否降低到一个新的低度？该报告中的 $\beta_{TFe}=69.59$ 的磁铁精矿中含有 $\beta_{REO}=0.36\%$，$\beta_{Nb_2O_5}=0.026\%$，按推理说，应该是 $\beta_{ThO_2}<0.017\%$，到底能达到何种程度，有待进一步做检测和试验。磁铁精矿 $\beta_{Fe}=66\%～68\%$ 需要做进一步查定工作。

3.3.1.3 处理东矿原生磁铁矿石连续磨矿一段磁选和阶段磨矿、阶段选矿的比较

东矿原生磁铁矿石 B_2 样在磨细度为 98.1% -$74\mu m$ 时连续磨矿一段磁选和二段磨矿二段磁选的小型试验流程及工艺指标比较见表 3-21 和图 3-5、图 3-6。

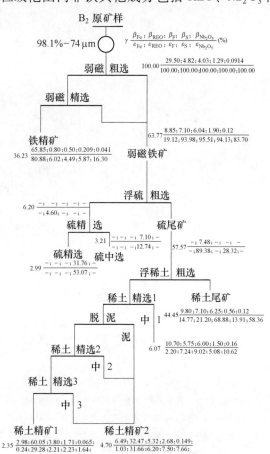

图 3-5 B_2 原矿连续磨矿一段磁选综合选矿流程

表 3-21 B₂矿样连续磨矿与阶段磨矿主要产品结果比较 (%)

流程方案	γ	β							ε		
		Fe	REO	S	F	P	K₂O	Na₂O	Fe	REO	S
连续磨矿	36.23	65.85	0.80	0.29	0.50	0.070	0.12	0.38	80.26	6.02	5.75
阶段磨矿	36.04	66.30	0.65	0.28	0.40	0.055	0.10	0.34	81.40	5.01	5.18

流程方案	稀土一级品			稀土二级品			稀土一、二级品	硫精矿		
	γ	β_REO	ε_REO	γ	β_REO	ε_REO	合计 ε_REO	γ	β_S	ε_S
连续磨矿	1.87	60.32	24.89	5.09	31.36	34.12	59.01	2.99	31.76	56.42
阶段磨矿	1.41	58.63	17.50	6.01	33.58	42.48	59.98	4.35	23.16	

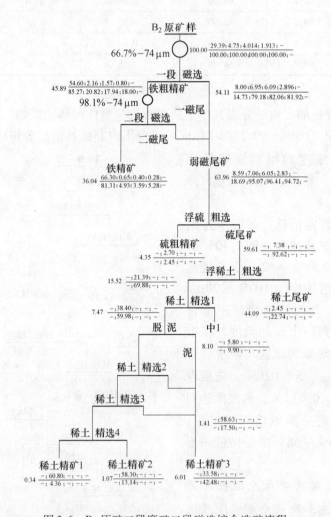

图 3-6 B₂ 原矿二段磨矿二段磁选综合选矿流程

(3~0mm 原生磁铁矿石样磨至 98.1% -74μm 进行磁选—粗一精作业，磁尾用浮选回收硫和稀土精矿。磁选用
φ400mm×300mm 湿式鼓型磁选机场强为 1200Oe，粗选上升水 15L/min，每单元试验用矿样 5kg，给矿
浓度 35%。浮选硫用水玻璃、乙黄药、2 油、一粗一精。浮选稀土精矿用苏打、水玻璃、氟硅酸钠、
酸铵、经一粗一精得 β_REO=38.49%，ε_REO=59.01%粗精矿，再经脱泥和再进行两次
精选获得 β_REO=60% 以上的稀土精矿，精选中矿和矿泥混合为二级稀土精矿)

从上述结果可以看出：阶段磨矿、阶段磁选方案比连续磨矿一段磁选方案不仅 β_{Fe}、ε_{Fe} 均高于后者，β 高过 0.45 个百分点，ε 高过 1.14 个百分点，铁精矿质量也优于后者。铁精矿中含有的非铁成分少、质量高，也同时说明这些非铁成分为在后续的综合回收过程中提供更多些的原料资源，铁与其他成分的综合回收利益和效益是一致的。当然只有在做完扩大或工业试验取得验证性结果后，才能提供出可靠的科学依据。

这些结果还指明：磨细度达到 98% $-74\mu m$ 更细时，β_{Fe} 可达 65% 以上，细度到 99% $-74\mu m$ 时 β_{Fe} 达到 66% 以上。原矿石细磨到（52% ~ 67.6%）$-74\mu m$ 时即可抛出 β_{Fe} = 8.6% 以下 γ_{Fe} = 47% ~ 52% 的尾矿，减少 50% 再磨矿量。原矿石细磨到 98.9% $-74\mu m$ 细度，β_{Fe} 达到 66.1% 时仍含有 0.55% F，0.19% S，0.12% K_2O 和 0.20% Na_2O，还需进一步研究降低这些杂质的措施，使精矿质量进一步提高。

铁选矿回收率之所以仅达到 80% ~ 81.4%，主要原因是原矿中含弱磁选技术不可回收的赤褐铁矿和少量硫化物，以及细于 $10\mu m$ 以下的粒级，弱磁选回收率只有 32% 的过磨细磁铁矿颗粒所致。

3.3.2 东矿原生磁铁矿石样阶段磨矿阶段选矿工业试验

包钢选矿厂 1980 年 10 月~1981 年 1 月期间，在第 4 生产系列完成了处理原矿石量 150t/h 或 3600t/d 或 120 万吨/年规模的东矿原生磁铁矿石阶段磨矿、阶段选矿工艺流程的工业试验与研究。

原生磁铁矿石阶段磨矿、阶段磁选工业试验质量流程图如图 3-7 所示。

此次工业试验所用矿样的物质组成，多元素化学分析和物相分析请见表 3-22 ~ 表 3-25 中的 5 号样。选矿产品的物相分析结果见表 3-26。

表 3-22　选厂东矿原生磁铁矿阶段磨选工业试验样 A_1 选矿产品的物相分析结果　（%）

物 相		一段弱磁精	一段弱磁尾	二段弱磁精	二段弱磁尾
Fe	磁铁矿	90.34	14.15	95.30	16.27
	赤褐铁矿	6.96	58.25	3.51	59.34
	碳酸盐矿物	—	—	—	—
	硅酸盐矿物	1.53	13.96	0.71	12.33
	黄铁矿	1.17	13.64	0.48	10.96
	小 计	100.00	100.00	100.00	100.00
REO	氟碳酸盐	58.51	62.17	56.76	57.57
	独居石	41.49	37.83	43.24	42.43
	小 计	100.00	100.00	100.00	100.00
P	磷灰石	43.75	51.48	50.56	46.73
	独居石	56.25	48.52	49.44	53.27
	小 计	100.00	100.00	100.00	100.00
Ca	碳酸盐	56.71	35.37	57.21	41.86
	萤石	42.82	64.12	42.79	57.66
	氟碳酸盐	0.47	0.51	—	0.48
	小 计	100.00	100.00	100.00	100.00

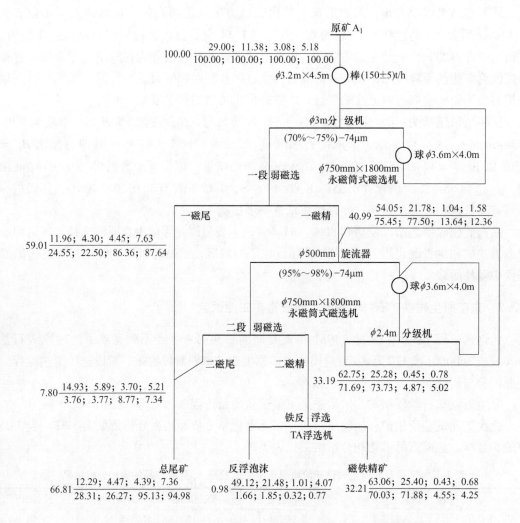

图 3-7 原生磁铁矿石阶段磨矿阶段磁选工业试验质量流程图

图 2-40 所记，磁铁精矿 $\gamma = 32.21\%$，$\beta_{Fe} = 63.06\%$，$\varepsilon = 70.03\%$ 证实了用此流程可以把原矿中的磁铁矿选入铁精矿中，原矿石中呈磁铁矿存在之 Fe 为 68.95%，在 70.03% 的回收率中包含一部分非磁铁矿之 Fe。同时也可以看出，β_{Fe} 为 63.06% 的铁精矿中还含有较多的杂质非铁矿物需要采取增加铁反浮选扫选作业，精矿进行分粒、粗粒连生体再磨等措施，以求进一步排除之，如含有稀土萤石等，以达到获得更高品位的铁精矿。

3.3.3 原生磁铁矿石连续磨矿磁选工业试验

包钢选矿厂 1991 年第 8 系列建成，试生产的指标如下：平均处理原矿石量 142.5t/h，最终磨矿细度 94.83% – 74μm，$\alpha_{TFe} = 31.73\%$，$\alpha_{FeO} = 12.27\%$，$\alpha_F = 5.2\%$，$\beta_{TFe} = 63.71\%$（实际可达 65% 以上），$\varepsilon_{TFe} = 66.12\%$，$\beta_F = 0.397\%$。

工艺流程如图 3-8 所示，原矿性质见表 3-23 ～ 表 3-25。选矿产品性质见表 3-23 ～ 表 3-26。

铁反选工艺条件如下：

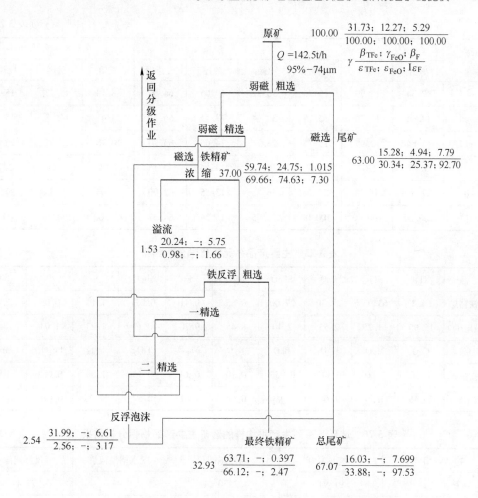

图 3-8 原生磁铁矿石连续磨矿磁选工业试生产数质量流程图

矿浆温度 30 ~ 35℃，矿浆浓度 35% ~ 40%，药剂用量，水玻璃 0.42kg/t 原矿，SLM（石蜡皂：EM2 = 1∶1）0.34kg/t 原矿。

表 3-23 主要产品铁矿物单体解离度 （%）

产 品	铁矿物单体	Fe-萤石	Fe-稀土矿物	Fe-其他矿物
磁选给矿	83.35	2.92	2.69	11.13
磁选尾矿	74.52	3.53	5.99	16.14
反浮精矿，即最终铁精矿	95.24	0.35	1.36	3.05

表 3-24 主要产品粒度组成测定结果

粒级 /μm	γ/%			β/%			ε/%		
	磁给	磁尾	反浮精	磁给	磁尾	反浮精	磁给	磁尾	反浮精
+76	9.23	11.23	8.14	24.16	13.01	49.11	8.53	9.41	6.16
76 ~ 45	15.07	12.64	14.25	41.06	20.40	62.35	18.11	16.38	13.79

粒级 /μm	$\gamma/\%$			$\beta/\%$			$\varepsilon/\%$		
	磁给	磁尾	反浮精	磁给	磁尾	反浮精	磁给	磁尾	反浮精
45 ~ 34	17. 34	12. 99	15. 75	35. 82	19. 05	64. 00	18. 18	15. 73	15. 53
34 ~ 25	14. 64	13. 70	15. 75	33. 64	17. 15	66. 50	14. 41	14. 93	16. 14
25 ~ 17	12. 84	12. 99	15. 75	28. 71	14. 65	63. 10	10. 78	12. 09	16. 30
17 ~ 8	3. 33	3. 02	2. 62	30. 12	14. 64	62. 15	2. 94	2. 81	2. 75
8 ~ 0	27. 55	33. 28	27. 74	36. 03	13. 55	62. 00	29. 05	28. 55	29. 10
总计	100. 00	100. 00	100. 00	35. 05	15. 74	64. 37	100. 00	100. 00	100. 00

表 3-25　主要产品多元素化学分析结果　　　　　（%）

产　品	TFe	SFe	FeO	SFeO	REO	F	Nb_2O_5	S	P	SiO_2
最终铁精矿	64. 3	63. 95	27. 30	27. 00	0. 55	0. 41	0. 051	1. 11	0. 05	2. 63
弱磁尾矿	15. 90	13. 25	2. 55	2. 40	8. 45	9. 70	0. 13	1. 23	1. 03	18. 50

产　品	CaO	MgO	Al_2O_3	BaO	K_2O	Na_2O	TiO_2	烧减	Sc_2O_3	MnO
最终铁精矿	1. 41	1. 00	0. 145	0. 053	0. 10	0. 14	0. 15	1. 04	0. 002	1. 09
弱磁尾矿	20. 46	3. 50	1. 60	2. 03	0. 65	1. 01	0. 57	12. 37	0. 018	1. 74

表 3-26　选矿 8 系列生产平均样的选矿主要产品物相分析结果　　　　　（%）

物　　相	最终铁精矿	弱磁尾矿	脱水槽溢流	反浮泡沫
磁铁矿之 Fe	91. 94	2. 30	30. 94	77. 47
赤铁矿之 Fe	5. 69	76. 70	62. 46	19. 11
硅酸铁之 Fe	1. 48	16. 34	4. 25	2. 73
硫化物之 Fe	0. 89	4. 66	2. 35	0. 69
总　　量	100. 00	100. 00	100. 00	100. 00

3.4　阶段磨选工艺流程工业分流试验

　　2004 年 10 月包钢选矿厂采用唐山陆凯公司生产的 MVS-2200 高频振动细筛在第 6 生产系列进行了阶段磨矿—细筛—再磨—磁浮工业分流试验，与现场生产实际磁铁精矿工艺指标 β_{Fe} 和 ε_{Fe} 相比，回收率一样，精矿品位提高，磁铁精矿中的非铁杂质含量也相应降低。所处理的原矿石性质、原矿石矿物组成和多元素分析结果见表 3-27 和表 3-28。

表 3-27　磁铁矿石样多元素化学分析结果　　　　　（%）

成分	TFe	FeO	SFe	F	P	S	K_2O	Na_2O	SiO_2	CaO	MgO	Al_2O_3	Fe_2O_3
含量	33. 45	12. 19	31. 15	6. 23	0. 74	1. 31	0. 71	0. 76	11. 17	11. 70	3. 20	1. 28	33. 53

表 3-28　磁铁矿石样矿物组成测定结果　　　　（％）

矿物	磁铁矿	赤铁矿	氟碳铈矿	独居石	黑云石、金云石	钠辉石、钠闪石	萤石	重晶石	磷灰石	石英、长石	黄铁矿	白云石、方解石	其他	总计
组成	32.4	8.5	3.1	1.8	5.0	11.3	8.6	2.2	2.5	7.5	1.8	14.3	1.0	100.0

　　分流试验的阶段磨矿—细筛—再磨—磁浮选矿工艺流程及数质量数据如图 3-9 所示，同时给出如图 3-10 所示的现场连续磨矿磁浮工业生产流程和数质量数据以资比较。详见表 3-29。

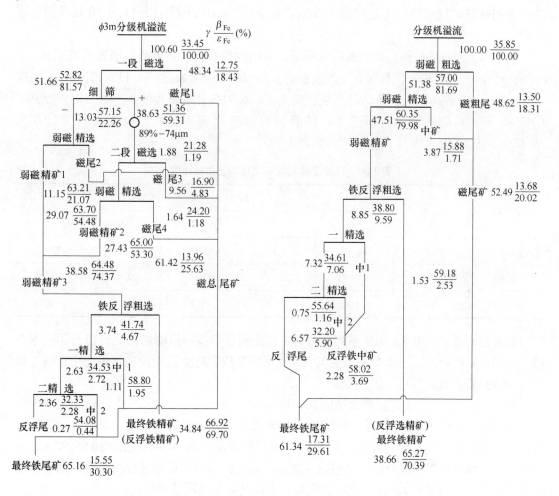

图 3-9　阶段磨矿—细筛—再磨—磁浮
　　　　工业分流试验数质量流程图

图 3-10　现场连续磨矿磁浮工业生产流程

表 3-29　工业分流试验指标与现场生产指标的比较　　　　（％）

指标	给矿 α			弱磁粗选 β_{TFe}	弱磁精选			弱磁尾矿 β_{TFe}	浮选精矿（最终精矿）		综合尾矿 γ_{TFe}
	TFe	FeO	F		β_{TFe}	β_F	ε_{TFe}		β_{TFe}	ε_{TFe}	
试验	33.45	12.85	5.03	52.82	64.48	0.828	74.37	13.96	66.92	69.70	14.64
生产	33.85	14.23	5.20	57.00	60.35	1.492	79.89	13.68	65.27	70.39	15.74

工业分流总结果是：阶段磨矿—阶段磁选—精选反浮工艺流程。

获得的综合精矿铁品位提高 1.65 个百分点，达到 66% 以上，铁回收率达到 69.70%，明显优于原工艺。

3.5　阶段磨选工艺流程在包钢选矿厂的应用

根据 2004 年已完成的工业分流试验结果，包钢选矿厂在 2007 年 10 月完成了第 7 生产系列磁铁矿阶段磨选工艺的技术改造，在 2007 年 10 月 22 日~11 月 10 日期间做了试验。

结果如下：在原矿铁品位相近的情况下，采用阶段磨选工艺流程，弱磁铁精矿 $\beta_{TFe} = 62.63\%$，$\varepsilon_{TFe} = 77.30\%$，与现有生产流程的 $\beta_{TFe} = 60.96\%$、$\varepsilon_{TFe} = 74.43\%$ 相比，β_{TFe} 提高了 1.67%，ε_{TFe} 提高了 0.87%，浮选铁精矿 $\beta_{TFe} = 66.91\%$ 比现流程的 $\beta_{TFe} = 65.24\%$ 提高了 1.67%，同时精矿质量也有所改善，试验流程与现有流程比较，全流程铁回收率为 73.12%，比 72.96% 提高了 0.16%，见表 3-30。

表 3-30　试验流程与现有流程工艺指标比较

名　称	$\gamma/\%$	$\beta/\%$				$\varepsilon_{TFe}/\%$
		TFe	F	$K_2O + Na_2O$	SiO_2	
现有流程	35.04	65.24	0.27	0.48	4.05	72.96
试验流程	35.19	66.91	0.26	0.34	2.49	73.12
差　别	+0.15	+1.67	-0.01	-0.14	-1.56	+0.16

接着包钢选矿厂第 8、第 9 系列的磁选工艺流程也都按阶段磨选的流程进行了技术改造。照李文丽的计算，按 4 个磁选生产系列均采用阶段磨选工艺流程进行工业生产时，该厂每年可获经济效益近 0.5 亿元之多。

第 8、第 9 系列的工艺流程改造图如 3-11 所示。

须指出，这两个系列的流程与图 3-9 的区别在于，后者经二段磨矿、二段分级、二段磁选得弱磁精矿，用反浮选法进行再精选，使精矿铁品位由 64.48% 提高到 66.92%，前者则采用三段磨矿、三段分级、三段磁选法得弱磁精矿后再用反浮选进行精选，而获得最终铁精矿（铁反浮精矿），这样更能保证最终生产高品位优质铁精矿。

改造流程的显著特点是多段磨矿、多段分级、多段磁选；粗铁精矿采用高频振动细筛，按几何粒度分级代替按比重在水介质中分级，对处理白云鄂博复杂共生铁矿石实属一大创新。阶段磨选流程的尾矿输送也是长期令人困惑问题之一，包钢选矿厂用旋流器浓缩后再压力输送的输送方案也是一大发明，加上自动化数字化高素质人员的企业管理……包钢选矿厂在过去科研和生产经验的基础上无论是原有的生产系列，还是在白云鄂博矿区新建和拟建的处理原生磁铁矿石混合型矿石和氧化矿石的各个生产系列，实际上通过不断技术攻关，改造工艺流程，采用新设备新药剂，已经在现代化大型选矿厂企业的大路上健步前进。

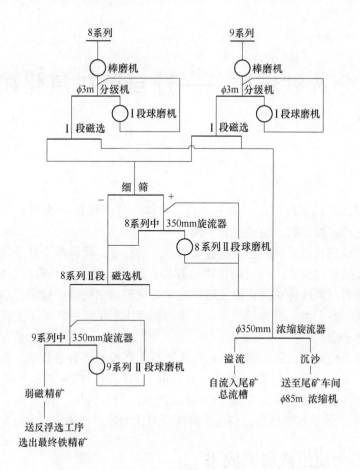

图 3-11　第 8、第 9 系列的工艺流程改造图

参 考 文 献

[1] 阶段磨选工艺在包钢选矿厂的推广应用 [J]. 矿山, 2009 (105): 41～47.

[2] 宋常青. 白云西矿难选氧化矿选矿新工艺研究 [J]. 矿山, 2007, 23 (4): 1～16.

[3] 包钢科技办. 包头白云鄂博选矿研究资料汇编 (下), 1978.

[4] 包头西矿氧化矿焙烧磁选工艺扩大连续试验获得成功 [J]. 稀土, 1983 (1): 63～64.

[5] 宋常青. 白云鄂博西矿选矿试验研究 [J]. 矿山, 2004, 20 (3): 10～16.

[6] 赵英. 影响包钢巴润矿业公司铁精矿品位的主要原因及改进措施 [J]. 矿山, 2007, 23 (4): 20～24.

[7] 罗长锐. 白云鄂博东矿原生磁铁矿矿石中钍的赋存状态及其对铁精矿降钍的影响 [J]. 矿山, 1987, 3(4):1～8, 45.

4 分选铁精矿——选自西矿氧化矿石

4.1 概述

白云鄂博西部矿体，即西矿，和主矿、东矿体一样，也是一处大型多金属共生铁矿床。不同的是它的矿物组成、组成成分不同。

西矿的矿物组成特点是碳酸盐矿物含量多、白云石多，而且基本都是含铁1%~3%的含铁白云石，菱铁矿也较多，同时褐铁矿也较多。然而，含稀土和萤石、铌矿物则较少，稀土矿物中独居石与氟碳铈矿之比以独居石为大。铌矿物中铌铁矿较多，嵌布粒度相对稍粗些。此外，角闪石和黑云母含量较多。上述的特点决定了它的选矿工艺流程必定具有它的相应的区别和特点。

包钢矿山研究院在白云鄂博西矿氧化难选矿石生产技术攻关过程中，在精选强磁—反浮选铁精矿时，采用弱磁选精选加震筛排出云母、角闪石含铁硅酸盐等矿物的新工艺方法，成功地使赤铁矿精矿含铁品位从56%提高到 $\beta_{TFe} = 63.50\%$，或由 $\beta_{TFe} = 50.10\%$ 提高到 $\beta_{TFe} = 62.10\%$，效果非常显著，满足了钢铁厂对优质原料的需求。

4.2 原矿石物质组成研究成果

西矿原矿石物质组成研究成果见表4-1~表4-3。

表4-1 西矿9号、10号矿体氧化矿石铁平衡表

矿物		$\gamma/\%$	$\beta_{TFe}/\%$	$\gamma\beta/\%$	$\varepsilon_{TFe}/\%$
铁矿物	磁铁矿	4.34	71.3	3.09	9.57
	半假象赤铁矿	13.21	70.0	9.25	28.64
	赤铁矿	18.73	69.8	13.07	40.46
	褐铁矿	8.21	55.0	4.52	13.99
含铁脉石矿物	钠闪石	8.71	14.0	1.22	3.78
	碳酸盐矿物	31.52	1.5	0.47	1.46
	云母	5.95	11.9	0.71	2.20
	黄铁矿、磁黄铁矿	0.26	46.0	0.12	0.37
总 计				32.45	100.47

注：γ—矿物含量，%；

β—矿物含铁量，%；

$\gamma\beta$—铁的金属量，%；

ε—铁的分布率，%。

$$\beta_{理论} = \frac{\gamma_1\beta_1 + \gamma_2\beta_2 + \gamma_3\beta_3 + \gamma_4\beta_4}{\gamma_1 + \gamma_2 + \gamma_3 + \gamma_4} = \frac{3.09 + 9.25 + 13.07 + 4.25}{4.34 + 13.21 + 18.73 + 8.21} = 67.27\%$$

$$\varepsilon_{理论} = \varepsilon_1 + \varepsilon_2 + \varepsilon_3 + \varepsilon_4 = 9.57\% + 28.64\% + 40.46\% + 13.99\% = 92.66\%$$

表4-2 西矿氧化矿石样矿物组成 （%）

序号	矿物	主东矿混合型原矿	主东矿云母型原矿	A29 西矿白云石型中品氧化矿 1955年	A30 西矿白云石型低品氧化矿 1955年	A31+33 西矿角闪黑云型中品氧化矿 1955年	A32 西矿角闪黑云型低品氧化矿 1955年	9号西矿闪云型中品氧化矿 1978年	10号西矿白云石型中品氧化矿 1978年	9号、10号西矿混合型中品氧化矿 1978年	9号、10号混合型中品氧化矿 包钢矿研院 1978年	9号、10号混合型中品氧化矿 北京矿冶院 1978年	9号、10号西矿混合型氧化矿原 包钢矿研院 1978年	9号、10号西矿混合型氧化矿原 连选北京矿冶院 1979年	2004 西矿白云石型氧化矿 2004年	2004 西矿闪云型氧化矿 2004年
(1)	磁铁矿	15.48	6.70	61.84	35.39	72.07/57.86	35.71	3.10	16.00	3.58	4.34	1.15	2.60	2.00	19.50	9.00
(2)	半假象赤铁矿	23.66	36.50	—	—	—	—	11.01	4.50	18.44	13.21	24.84	11.74	19.78	—	—
(3)	假象赤铁矿	—	—	—	—	—	—	—	—	—	18.73	9.35	—	9.46	—	—
(4)	赤铁矿	—	—	—	—	—	—	30.21	18.71	29.43	—	—	21.08	—	26.21	33.15
(5)	褐铁矿	2.28	1.80	8.00	27.43	0.89/11.41	12.34	3.32	4.40	3.55	8.21	9.90	9.55	11.03	—	—
(6)	菱铁矿	—	—	—	—	—	—	—	—	—	—	—	0.21	—	—	—
(7)	黄黄铁矿	—	0.10	—	—	—	—	0.26	0.20	0.39	—	—	—	—	<0.20	<0.20
(8)	磁黄铁矿	—	—	—	—	—	—	—	—	—	0.26	微	—	—	—	—
(9)	锰矿物	—	—	—	—	—	—	4.54	3.45	4.02	3.38	3.60	2.98	3.40	—	—
	小计	42.42	45.10	69.84	62.82	72.96/69.27	48.05	52.44	47.25	59.41	48.13	48.84	48.16	45.47	45.91	42.35
(10)	氟碳铈矿	7.38	5.80	—	—	—	—	0.17	—	0.20	0.21	—	0.34	—	0.43	0.48
(11)	独居石	3.70	4.50	—	—	—	—	0.57	1.00	0.67	0.80	—	0.79	—	<0.115	0.22
	小计	11.08	10.30	—	—	—	—	0.74	1.00	0.87	1.01	2.14	1.13	1.60	0.55	0.70
(12)	萤石	17.83	16.20	—	—	6.32/3.91	9.80	0.95	微	0.90	0.75	0.60	1.42	0.96	0.71	1.58
(13)	磷灰石	2.30	3.50	—	0.26	—/0.92	—	0.53	12.90	1.15	1.78	0.35	2.18	0.44	2.81	1.00
(14)	重晶石	—	—	—	—	—	—	0.20	0.24	0.14	0.47	0.82	0.32	0.53	0.35	1.53

续表 4-2

序号	矿物	主东矿混合型原矿	主东矿云母型原矿	A29 西矿白云石型中品氧化矿 1955年	A30 西矿白云石型低品氧化矿 1955年	A31+33 西矿闪角黑云型中品氧化矿 1955年	A32 西矿闪角黑云型低品氧化矿 1955年	9号西矿闪云型中品氧化矿 1978年	10号西矿白云石型中品氧化矿 1978年	9号,10号西矿混合型中品氧化矿 1978年	9号,10号西矿混合型中品氧化矿 包钢矿研院 1978年	9号,10号西矿混合型中品氧化矿 北京矿冶院 1978年	9号,10号西矿混合型氧化矿 连选原矿 包钢矿研院 1978年	9号,10号西矿混合型氧化矿 连选原矿 北京矿冶院 1979年	2004 西矿白云石型氧化矿 2004年	2004 西矿闪云型氧化矿 2004年
	小计	20.13	19.70	—	0.26	6.32 / 4.83	9.80	1.68	13.14	2.19	3.00	1.77	3.92	1.93	3.87	4.11
(15)	白云石							—	27.96	—						
(16)	方解石							—	3.50	—						
	小计	3.40	6.30	—	—	—	—	15.76	31.46	22.34	31.52	22.88	29.52	31.52	38.92	16.64
(17)	钠辉石	7.46	3.80					—	0.10	—	8.71	14.37	—	—		
(18)	钠闪石	1.50		0.45	2.04	1.60 / 1.26	7.82	20.87	5.00	14.34	5.95	7.79	12.12	11.72		
(19)	云母		6.60	0.22	2.00	3.94 / 8.71	4.57	8.24	0.20	0.51	—	—	3.49	5.77		
	小计	8.96	10.40	0.67	4.04	5.54 / 9.97	12.39	29.11	5.30	14.85	14.66	22.16	15.61	17.49	7.15	32.05
(20)	石英	—	—	0.59	0.36	3.79 / 0.03	0.63	0.15	0.56	0.21	1.06	1.06	1.18	1.07	0.20	0.30
(21)	长石	—	—						0.04							
	小计	8.87	5.90	0.59	0.36	3.79 / 0.03	0.63	0.15	0.60	0.21	1.06	1.06	1.18	1.07	0.20	0.30
(22)	易解石								0.18							
(23)	其他	5.14	2.30	28.05	31.56	10.58 / 15.33	27.37	0.12	1.00	0.13	0.62	1.15	0.48	0.90	3.40	3.85
(24)	总计	100.00	100.00	100.00	100.00	100.00	100.00	100.00	99.93	100.00	100.00	100.00	100.00	99.98	100.00	100.00

注：氧化矿"混合矿"9号：10号=1.3：1.7。

表 4-3　西矿氧化矿石样化学成分

(%)

成分	主矿① 云母型原矿	东矿 云母型原矿	A29 西矿② 白云石型中品氧化矿 1985年	A30 西矿② 白云石型低品氧化矿 1955年	A31+33 西矿② 白云石型中品氧化矿 1955年	A32 西矿② 闪云型低品氧化矿 1955年	9号西矿② 闪云型中品氧化矿 1978年	10号西矿② 白云石型中品氧化矿 1978年	9号、10号西矿② 混合型中品氧化矿 1978年	9号、10号西矿② 混合型中品氧化矿 小型试验样 包钢矿研院 1978年	9号、10号西矿② 混合型中品氧化矿 小型试验样 北京矿冶院 1978年	9号、10号西矿② 混合氧化矿 连选包钢矿研所 1978年	9号、10号西矿② 混合氧化矿 连选 北京矿冶研院 1979年	2004 西矿③ 白云石型氧化矿 2004年	2004 西矿③ 闪云型氧化矿 2004年
TFe	31.29	32.40	38.94	25.33	40.61	28.16	35.18	31.10	35.10	32.30	32.00	31.30	29.70	32.00	32.30
SFe	—	—	—	—	—	—	33.16	30.85	34.30	31.93	31.26	30.60	28.85	31.20	30.20
TFeO	2.76	—	0.45	0.68	0.73	1.32	3.18	4.40	3.30	3.95	4.60	2.65	4.24	1.00	0.60
SFeO	—	—	—	—	—	—	—	4.15	—	—	—	—	—	—	—
Fe_2O_3	—	—	—	—	—	—	46.77	39.61	46.52	41.99	—	—	—	—	—
REO	6.68	7.03	0.46	1.71	0.72	1.10	0.73	0.66	0.53	0.67	0.87	0.80	1.00	0.40	0.50
F	9.00	8.05	0.31	0.47	2.02	4.09	0.63	0.44	0.79	0.50	0.65	0.79	1.19	0.34	0.84
P	1.01	1.37	0.57	—	—	—	—	—	—	0.433	0.440	0.514	0.32	0.48	0.17
(P_2O_5)	—	—	—	0.30	0.26	0.42	0.50	5.60	0.73	—	—	—	—	—	—
S	0.54	—	0.07	0.08	0.10	0.07	0.07	0.07	0.046	0.073	0.080	0.064	0.082	0.022	0.26
K_2O	—	0.75	0.08	0.31	1.71	1.33	—	—	—	—	0.67	—	1.24	0.42	1.17
Na_2O	—	0.24	—	—	—	—	—	—	—	—	0.33	—	0.58	0.81	2.40
SiO_2	16.72	8.82	2.77	6.63	10.37	12.33	14.71	3.63	9.20	7.11	9.11	9.75	9.66	3.22	17.64
MnO	0.33	0.50	Mn2.56	2.14	2.61	2.32	3.69	2.82	3.27	3.30	2.72	3.24	Mn2.50	3.35	2.68
TiO_2	0.49	—	0.10	0.48	0.16	0.05	0.094	0.22	0.13	0.17	1.19	0.16	0.20	0.09	0.46
Al_2O_3	1.85	1.86	0.59	0.58	2.15	1.63	0.84	0.32	0.46	0.77	1.38	0.54	1.20	0.48	0.87
MgO	0.58	1.90	9.04	10.09	4.76	7.37	6.55	6.74	6.72	7.34	8.20	6.51	6.41	8.76	6.32
CaO	15.26	15.80	13.27	17.51	7.35	16.23	9.12	16.75	11.22	13.52	12.59	14.41	14.69	14.61	8.32
BaO	3.01	2.03	0.25	0.25	0.83	0.33	0.13	0.16	微	0.31	0.30	0.20	—	0.26	1.08
ThO_2	0.073	0.050	AS0.011	0.011	0.005	0.005	—	—	—	0.027	0.027	—	Th0.026	—	—
Nb_2O_5	0.12	0.13	V痕	5.0	痕	无	0.024	0.056	0.048	0.064	0.073	0.062	0.067	0.073	0.029
烧减	—	—	18.43	22.76	6.63	11.00	—	—	—	—	—	—	AS0.001	—	—
H_2O^-	—	—	0.43	0.44	0.41	0.55	—	—	—	—	—	—	—	—	—

4.3 中科院金属研究所 1955 年科研成果

中科院金属研究所 1955 年科研成果见表 4-4 及图 4-1～图 4-3。

表 4-4 西矿氧化矿样各流程选矿指标 （%）

流程		A$_{29}$		A$_{30}$		A$_{32}$		A$_{31+33}$	
焙烧—磁选 （一次粗选） （图4-1）	α_{TFe}	39.38		28.88		30.51		44.45	
	α_F	0.24		0.53		4.60		1.64	
	γ	57.9		38.85		41.27		62.04	
	β_{TFe}	59.74		58.19		58.48		62.39	
	β_F	0.12		0.24		1.07		0.42	
	ε	87.8		78.3		79.10		87.10	
焙烧—磁选 （一粗一精） （图4-1）	γ	51.55		33.69		34.48		55.36	
	β	63.28		63.35		62.76		65.04	
	ε	82.80		73.90		70.90		81.00	
焙烧—磁选 （两次磨矿—两次磁选， 一磁一粗一精二磁一粗） （图4-2）		精1	精2	精1	精2	精1	精2	精1	精2
	γ	50.82	5.92	26.69	5.51	34.40	4.27	60.56	4.03
	β	60.87	56.80	60.30	55.92	58.44	57.9	60.81	59.6
	ε	77.10	8.40	57.40	11.00	65.50	48.10	82.80	25.40
焙烧矿浮选法 （一粗三扫） （图4-3）		精矿	中矿						
	α	36.82	—						
	γ	60.47	4.29						
	β	51.46	32.08						
	ε	84.80	3.70						
焙烧矿磁选—浮选法 （浮选一粗二扫） （图4-3）		磁精矿	原精	综精					
	α	36.51	—	—					
	γ	26.90	24.60	51.50					
	β	66.43	45.98	56.66					
	ε	48.90	31.00	79.90					

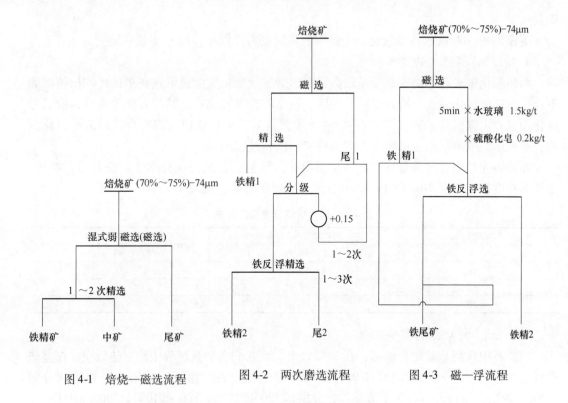

图 4-1 焙烧—磁选流程　　图 4-2 两次磨选流程　　图 4-3 磁—浮流程

4.4 包钢矿山研究所 1978～1979 年科研成果

4.4.1 几种矿物特征

几种矿物特征见表 4-5。

表 4-5　四种脉石矿物的化学多元素分析结果　　　（%）

成　　分	黑云母（棕色）	黑云母（黑绿色）	钠闪石	铁白云石
TFe	11.90	14.30	14.00	8.30
F	3.60	—	—	—
SiO_2	38.84	31.35	53.30	—
MnO	0.76	0.31	0.34	1.60
Al_2O_3	7.68	—	0.78	—
CaO	2.92	—	2.92	28.75
MgO	16.04	—	12.70	12.76
TiO_2	0.43	—	—	—
TFeO	—	—	7.72	10.76

4.4.1.1 菱铁矿和 γ-赤铁矿的特征

菱铁矿和 γ-赤铁矿产出于西矿 10 号矿体钻孔 300m 深处。菱铁矿色灰带褐，结晶粒度细，比重 3.78，菱铁矿与黄铁矿、磁黄铁矿、磁铁矿、白云石共生。

菱铁矿单矿物的化学成分为 TFe 40.40%；FeO 51.72%；CaO 3.03%；MgO 2.61%；MnO 3.93%。

γ-赤铁矿为黑色、贝壳断口、不透明、有磁性，与磁黄铁矿、黄铁矿、磁铁矿、菱铁矿共生。

菱铁矿和 γ-赤铁矿易于氧化, 菱铁矿氧化后变为褐铁矿; 而 γ-赤铁矿则变为赤铁矿。

4.4.1.2　褐铁矿的嵌布特点

西矿氧化带矿石中褐铁矿含量较高, 产出情况复杂, 显微镜下观测褐铁矿产出情况如下: 由赤铁矿风化而成, 沿赤铁矿解理缝、裂隙和边缘形成; 由钠闪石风化而成; 由云母风化而成; 由碳酸盐矿物 (方解石除外), 主要是菱铁矿、铁白云石和含铁白云石风化而成; 黄铁矿、磁黄铁矿也可风化生成褐铁矿, 但其量较小。

在碎屑光片中看到部分褐铁矿常呈浸染状, 星星点点或网状分布于含铁脉石矿物中, 由于其粒度极细, 在 4μm 以下, 因此, 破磨时难于解离, 见表 4-6。

表 4-6　和铁矿解离度测定结果

磨矿时间/min	磨矿粒度 −74μm/%	褐铁矿单体解离度/%
9	59.90	43
11	67.87	38
16	78.87	55
20	88.00	61

4.4.1.3　对烧结的影响

原矿石中碳酸盐矿物含量高, 在 30% 以上, 而它们在加热过程中均有热效应, 在差热曲线上, 白云石有 760～780℃ 和 920～950℃ 两个吸热谷, 相当于矿物中镁和钙的分解 (CO_2) 逸出; 铁白云石有 3 个吸热谷, 分别是 720～730℃, 890～910℃, 790～810℃。

方解石在 940℃ 时有 1 个吸热谷; 菱铁矿在 610℃ 时有 1 个吸热谷, 而在 760℃ 时有 1 个放热谷。

由于碳酸盐矿物具有热效应, 并含有 40% 左右的 CO_2 (白云石 47.9%, 方解石 44%, 菱铁矿 37.9%), 因此, 将对烧结或球团生产产生影响。

此外, 褐铁矿 ($Fe_2O_3 \cdot nH_2O$) 含水 7.7%～10.1%, 在加热中将失去水, 中差热曲线上在 350℃ 左右有 1 吸热谷, 即水的逸出。再有云母和钠闪石有不明显的热效应, 但在加热过程中也将逸出少量结晶水和氟。

4.4.2　高梯度强磁试验装置颇有创意

包钢矿山研究所为试验西矿氧化矿石弱磁—高梯度中强磁选工艺流程, 在用磁选管做完弱磁选试验后, 接着采用往磁选管中加筛网介质的办法造成高梯度强磁选环境, 进行高梯度强磁选小型试验研究工作。试验结果显示此方法方便可行。

4.4.3　西矿氧化矿石选别流程试验成果

为开发西矿氧化矿石作准备, 采取了 9 号矿体云母角闪石型矿样和 10 号矿体白云石型矿样两种矿样。还采取和出矿相适应的云母角闪石型和白云石型两种矿石量 1.3∶1.7 的混合型氧化矿样一个。

云母角闪石型矿样做了 5 个流程试验; 白云石型矿样做了 4 个流程; 混合型氧化矿样做了 6 个流程试验。试验结果见表 4-7, 图 4-4～图 4-12。

1978 年 9 号闪石云母型氧化矿石的 5 个试验流程小型试验结果如下。

表4-7 三个矿样的各个流程小型试验结果

矿样	流程	原矿品位/%					精矿品位/%					收率/%		尾矿品位/%			流程图
		SFe	TRₓOy	F	P	Nb₂O₅	SFe	RₓOy	F	P	Nb₂O₅	SFe	Nb₂O₅	SFe	RₓOy	Nb₂O₅	
1	弱磁—反浮—强磁	34.08	0.73	0.63	0.22	0.004	57.87	0.32	0.26	0.10	0.023	75.17	41.67	15.18	1.06	0.025	图4-4
	弱磁—强磁	34.08	0.73	0.63	0.22	0.024	57.39	0.37	0.24	0.13	0.027	75.89	50.00	14.06	0.96	0.022	图4-5
	反浮—多梯度	34.27	0.642	0.798	0.271	0.024	57.20	0.35	0.18	0.074	0.03	72.37	55.41	16.72	0.865	0.017	图4-6
	多梯度磁选	34.18	0.673	0.814	0.205	0.024	55.20	0.42	0.27	0.109	0.026	77.85	54.17	14.49	0.906	0.021	图4-7
	焙烧—磁选	36.60	0.67	0.70	0.23	0.023	60.79	0.37	0.17	0.11	0.026	65.60	58.26	10.91	1.00	0.020	图4-8
2	弱磁—浮选—强磁	30.67	0.71	0.53	2.46	0.056	61.38	0.47	0.06	0.28	0.051	77.41	35.71	11.43	0.85	0.059	图4-9
	反浮—多梯度磁选 I	31.11	0.692	0.473	2.233	0.056	60.25	0.31	0.14	0.196	0.072	77.63	51.79	11.58	0.95	0.045	
	反浮—多梯度磁选 II	30.82	0.692	0.513	2.267	0.056	60.42	0.41	0.08	0.174	0.061	79.00	43.93	10.78	0.88	0.052	图4-10
	多梯度磁选	30.60	0.586	0.535	2.404	0.056	60.70	0.21	0.09	0.248	0.065	75.95	38.29	11.93	0.819	0.052	图4-11
	还原焙烧—磁选	33.57	0.71	0.39	2.17	0.06	61.30	0.47	0.08	0.55	0.054	86.67	42.67	8.51	0.93	0.066	图4-12
3	弱磁—反浮—强磁	34.51	0.61	0.67	0.349	0.047	56.30	0.51	0.22	0.096	0.040	77.31	40.43	14.88	0.70	0.053	图4-9
	弱磁—强磁	34.51	0.61	0.67	0.349	0.047	58.20	0.30	0.25	0.114	0.051	75.60	48.94	15.26	0.87	0.043	图4-5
	反浮—多梯度磁选	34.67	0.58	0.79	0.331	0.049	58.62	0.18	微	0.09	0.042	73.01	36.96	16.47	0.88	0.054	图4-10
	多梯度磁选	34.38	0.56	0.80	0.354	0.042	56.96	0.24	11	0.12	0.042	74.37	45.24	15.99	0.81	0.042	图4-7
	多梯度—反浮选	34.80					56.80					76.87		15.21			
	还原焙烧—磁选	35.59	0.60	0.71	0.35	0.043	60.50	0.30	0.20	0.135	0.036	86.37	41.86	9.85	0.91	0.050	

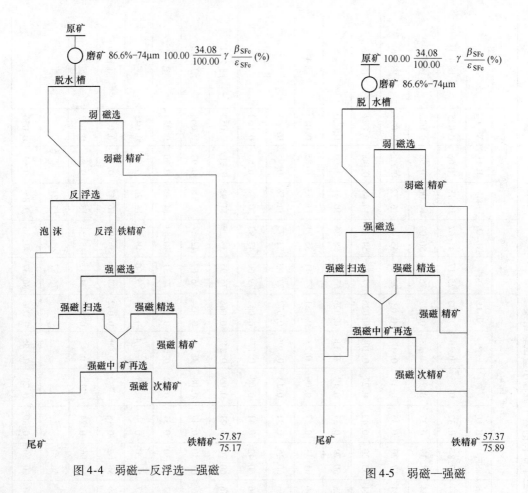

图 4-4　弱磁—反浮选—强磁　　　　　　　图 4-5　弱磁—强磁

1978 年 10 号白云石型氧化矿石的 4 个试验流程小型试验结果如下。

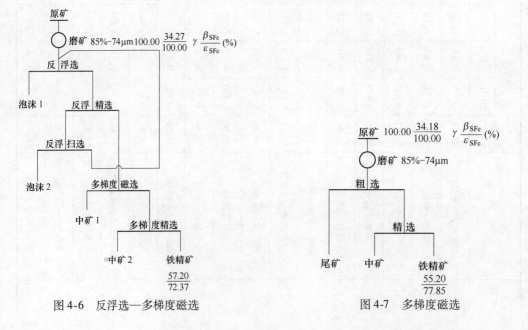

图 4-6　反浮选—多梯度磁选　　　　　　　图 4-7　多梯度磁选

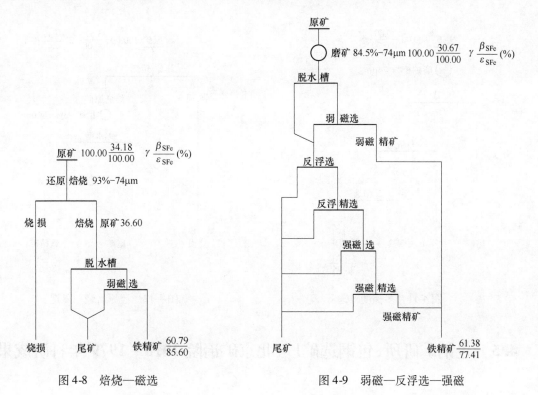

图 4-8　焙烧—磁选

图 4-9　弱磁—反浮选—强磁

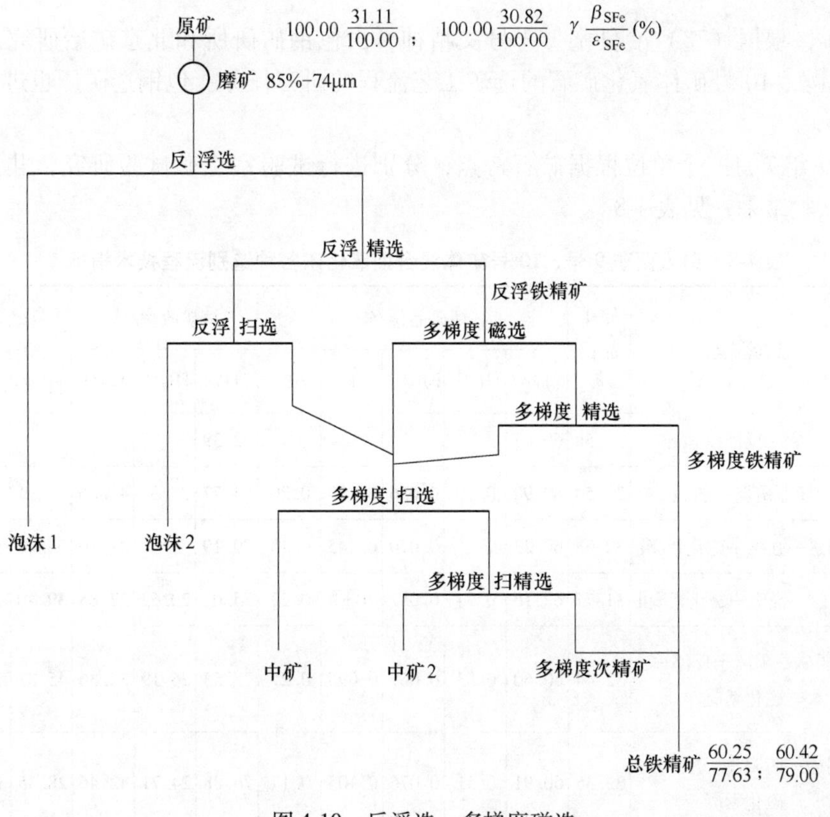

图 4-10　反浮选—多梯度磁选

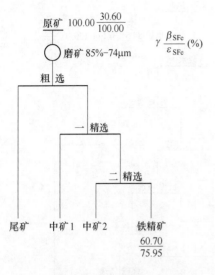

$\gamma \dfrac{\beta_{SFe}}{\varepsilon_{SFe}}(\%)$

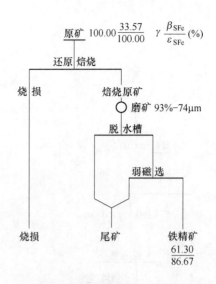

$\gamma \dfrac{\beta_{SFe}}{\varepsilon_{SFe}}(\%)$

图 4-11 多梯度磁选   图 4-12 还原焙烧—磁选

4.5 包钢矿研所、包钢选矿厂、北京矿冶院 1978～1979 年科研成果

4.5.1 概述

1978 年，根据（78）冶科字 113 号文精神，由包钢矿研所和北京矿冶研究总院共同承担西矿 9 号、10 号矿体氧化矿石的选矿工艺流程的研究任务。包钢选矿厂也进行了试验室选矿试验。

到 1979 年 7 月三个单位根据矿石特点，分别进行试验室选矿试验研究，共计提出了 11 个流程试验结果，见表 4-8。

表 4-8 白云西矿 9 号、10 号矿体混合型氧化矿各种选别流程技术指标

类型	序号	试验流程	原矿品位/%	精矿品位/%					精矿收率/%			细磨量-300目/%	研究单位
				TFe	TR$_2$O$_3$	Nb$_2$O$_5$	P	F	TFe	TR$_2$O$_3$	Nb$_2$O$_5$		
现场流程	1	弱磁—反浮—强磁	31.58	60.03					72.39				包钢矿研所
	2	还原焙烧—弱磁	35.50	60.90	0.30	0.036	0.135	0.20	84.77	25.33	41.86		包钢矿研所
絮凝脱泥流程	3	弱磁—强磁—磁化絮凝Ⅰ	32.58	60.23		0.070	0.145	0.13	79.19		41.16	68.48	包钢矿研所
	4	弱磁—强磁—磁化絮凝Ⅱ	31.77	62.16	0.34	0.057	0.13	0.23	75.07	20.63	27.85	39.40	包钢矿研所
	5	弱磁—阴离子反浮—磁化絮凝	32.44	60.60	0.53	0.067	0.095	0.27	77.53	26.19	38.36	45.87	包钢矿研所
	6	弱磁—阴阳离子反浮—磁化絮凝	32.35	60.91	0.51	0.076	0.105	0.17	76.88	24.71	42.46	28.35	包钢矿研所

续表 4-8

类型	序号	试验流程	原矿品位/%	精矿品位/%					精矿收率/%			细磨量 -300 目/%	研究单位
				TFe	TR$_2$O$_3$	Nb$_2$O$_5$	P	F	TFe	TR$_2$O$_3$	Nb$_2$O$_5$		
絮凝脱泥流程	7	弱磁—强磁—阴阳离子反浮—絮凝		60.28					76.52			25.83	北京矿冶院
其他流程	8	弱磁—强磁—阴阳离子反浮	31.23	58.88		0.096			81.11		54.47	11.96	北京矿冶院
	9	弱磁—强磁—高梯度磁选		60.27					77.60				北京矿冶院
	10	弱磁—阴阳离子反浮选	32.23	60.51	0.29	0.070	0.067	0.17	72.36	14.66	38.03		包钢矿研所
	11	多梯度—细磨—弱磁—反浮多梯度	31.89	60.05	0.29	0.074	0.08	0.36	78.62	17.14	48.10	66.79	包钢选矿厂

注：1.1 号和 3 号试验配比为 9 号：10 号 =1：2，4~11 号试样配比为 9 号：10 号 =1.3：1.7；

2. 2 号试样为 1978 年一季度采得。试样配比同 1 号、3 号，原矿品位为焙烧矿品位；

3. 3 号和 4 号主要区别：3 号弱磁粗精矿进行细磨絮凝再选，4 号弱磁精矿直接进入最终精矿。

上述实验室试验所用矿样为 9 号、10 号矿体氧化铁矿石，量比为 1.7：1.9，原矿石性质详见表 4-1~ 表 4-3 中 1978 年前 5 行所列矿样。第 6 行的 1978 年 9 号、10 号矿样和 1979 年 9 号、10 号矿样为两研究单位扩大连选试验所用，连选用样配比 9 号：10 号 =1.3：1.7。

4.5.2 四个实验室试验流程和结果

（1）焙烧—磁选流程如图 4-13 和表 4-9 所示。

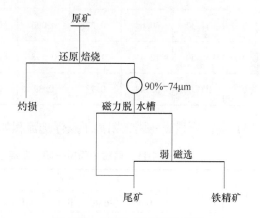

图 4-13 焙烧—磁选试验流程

表 4-9 焙烧—磁选流程试验结果

产 品	γ/%	β/%					ε/%		
		TFe	F	P	REO	Nb$_2$O$_5$	TFe	REO	Nb$_2$O$_5$
铁精矿	50.81	60.90	0.20	0.135	0.30	0.036	84.77	25.33	41.86
尾矿	49.19	11.30	1.23	0.572	0.91	0.050	15.23	74.67	58.14
焙烧矿	100.00	36.50	0.71	0.35	0.60	0.043	100.00	100.00	100.00

（2）弱磁—阴离子反浮选—磁化絮凝脱泥流程如图 4-14 和表 4-10 所示。

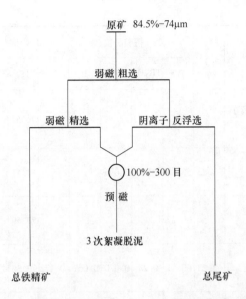

图 4-14 弱磁—阴离子反浮选—磁化絮凝脱泥流程

表 4-10 弱磁—阴离子反浮选—磁化絮凝脱泥试验结果

产 品	γ/%	β/%					ε/%		
		TFe	F	P	REO	Nb$_2$O$_5$	TFe	REO	Nb$_2$O$_5$
铁精矿	41.50	60.60	0.27	0.096	0.53	0.067	77.53	26.19	38.36
尾 矿	58.50	12.46	1.06	0.598	1.06	0.077	22.47	73.81	61.64
焙烧矿	100.00	32.44	0.73	0.39	0.84	0.073	100.00	100.00	100.00

（3）弱磁—强磁—阴、阳离子反浮选流程如图 4-15、表 4-11、表 4-12 所示。

表 4-11 弱磁—强磁—阴、阳离子反浮选流程选矿试验结果

产 品	γ/%	β/%					ε/%				
		TFe	Nb$_2$O$_5$	REO	F	P	TFe	Nb$_2$O$_5$	REO	F	P
铁精矿	43.02	58.88	0.096	0.35	0.09	0.06	81.11	54.47	17.31	5.96	6.45
尾 矿	56.98	10.35	0.965				18.89	45.53	82.69	94.04	93.55
原 矿	100.00	31.23	0.076	0.87	0.65	0.44	100.00	100.00	100.00	100.00	100.00

表 4-12 药剂用量

药剂名称	NaOH	Na$_2$SiO$_3$	RCOONa	醚胺	合计
用量/kg·t^{-1}原矿	0.765	1.50	0.267	0.176	2.708

（4）多梯度—细磨—弱磁—反浮选—多梯度流程如图 4-16、表 4-13、表 4-14 所示。

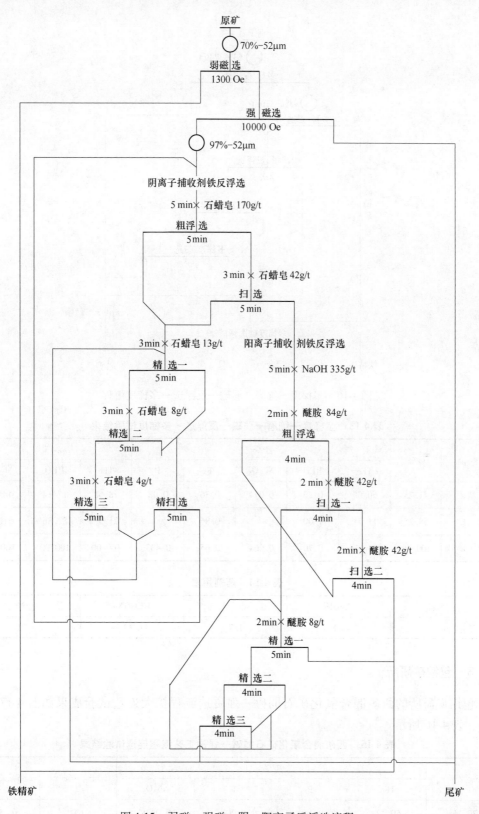

图 4-15 弱磁—强磁—阴、阳离子反浮选流程

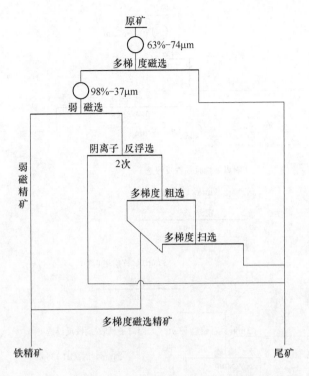

图 4-16 多梯度—细磨—弱磁—反浮选—多梯度流程

表 4-13 多梯度—细磨—弱磁—反浮选—多梯度试验结果

产　品	γ/%	β/%					ε/%		
		TFe	REO	Nb₂O₅	F	P	TFe	REO	Nb₂O₅
铁精矿	41. 75	60. 05	0. 29	0. 074	0. 36	0. 08	78. 62	17. 14	48. 10
尾　矿	58. 25	11. 71	1. 00		0. 86		21. 38	82. 86	51. 90
原　矿	100. 00	31. 89	0. 70	0. 064	0. 65	0. 433	100. 00	100. 00	100. 00

表 4-14 药剂用量

药剂名称	NaOH	Na₂SiO₃	RCOONa	合计
用量/kg·t⁻¹	0. 8	1. 7	0. 61	3. 71

4.5.3 包钢矿研所

包钢矿研所的西矿混合氧化矿石弱磁—强磁选流程扩大连选试验成果如图 4-17、表 4-15、表 4-16 所示。

表 4-15 西矿混合氧化矿石弱磁—强磁工艺流程连选试验结果

α_TFe/%	β/%				ε_TFe/%	δ_TFe/%
	TFe	P	F	Nb₂O₅		
30. 75	59. 42	0. 144	0. 201	0. 0438	64	16. 55

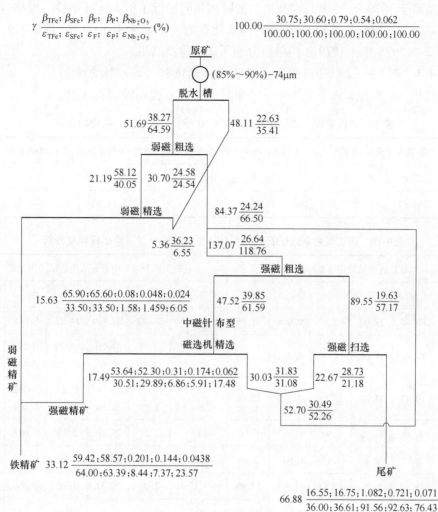

图 4-17 西矿混合氧化矿石弱磁—强磁工艺流程连选试验数质量流程图

表 4-16 西矿混合氧化矿石弱磁—强磁选流程扩大连选试验产品多元素化学分析结果（%）

元素产品	TFe	SFe	FeO	REO	F	P	SiO$_2$	Nb$_2$O$_5$	BaO	CaO	MgO	MnO	Al$_2$O$_3$	TiO$_2$	TS
强磁铁精矿	65.70	65.60	13.30	0.16	0.08	0.048	1.29	0.024	痕量	1.66	0.43	1.18	0.13	0.10	0.01
强磁铁精矿	53.35	52.30	3.40	0.35	0.31	0.174	4.20	0.062	0.066	5.44	2.35	2.45	0.21	0.21	0.021
强磁扫选尾矿	16.50	15.75	0.80	1.07	1.08	0.728	13.23	0.066	0.28	19.68	9.17	3.69	0.75	0.16	0.093
综合铁精矿	59.18	58.58	8.07	0.76	0.20	0.114	2.83	0.044	0.0347	3.65	1.44	2.82	0.17	0.158	0.0158
原　矿	30.51	29.93	3.21	0.802	0.789	0.525	0.785	0.059	0.199	14.37	6.61	3.41	0.559	0.159	0.067

　　因实验室浓缩机过小，矿浆量大，溢流损失多，弱磁尾未经浓缩，直接进强磁作业，使强磁粗选浓度仅为 7%～10%，过低。此次连选原矿中褐铁矿含量较小型实验室试验时多，因而导致最终铁精矿选矿指标较低。

4.5.4 北京矿冶研究院、包钢矿山研究所共同进行的西矿混合氧化矿石两种选矿工艺流程的扩大连选试验成果

　　据 1979 年 5 月北京全国选矿会议精神，选得两个新工艺流程由北京矿冶院与包钢矿

研所共同负责于 1979 年 7~8 月在北京矿冶院内共同进行了扩大连选试验。根据包钢公司拟定的采矿计划，确定 9 号和 10 号两矿体氧化矿石出矿量为 1.3：1.7. 原矿石性质见表 4-1 和表 4-2 中 1978 年和 1979 年两单位分别所做的检测结果。

4.5.4.1　弱磁—强磁—阴阳离子双重反浮选流程（北矿院方案）

试验规模为处理原矿石量 1.7t/d，结果见表 4-17~表 4-19 及图 4-18。

表 4-17　西矿混合氧化矿石（9 号：10 号 = 1.3：1.7）铁物相分析

相　别	磁选矿物中之铁	褐铁矿中之铁	其他氧化物中之铁	硅酸盐矿物中之铁	云母中之铁	硫化物中之铁	合　计
β_{TFe}/%	17.88	6.94	3.27	1.00	0.45	微	29.54
ε_{TFe}/%	60.53	23.49	11.07	3.39	1.52	—	100.00

表 4-18　西矿混合氧化矿石（9 号：10 号 = 1.3：1.7）原矿样粒度分析

北矿院连选试验用原矿/%						包头钢铁公司矿山研究所连选试验用原矿/%					
粒级/μm	γ	β_{SFe}	ε_{SFe}	$\beta_{Nb_2O_5}$	$\varepsilon_{Nb_2O_5}$	粒级/μm	γ	β_{SFe}	ε_{SFe}	$\beta_{Nb_2O_5}$	$\varepsilon_{Nb_2O_5}$
+74	32.05	39.00	42.74	0.068	37.65	+74	18.72	22.90	14.92	0.048	15.63
−74 +43	17.45	31.00	18.50	0.061	18.31	−74 +61	15.06	31.20	16.35	0.051	13.37
						−61 +43	11.80	30.60	12.56	0.059	12.12
−43 +20	19.47	25.80	17.18	0.060	20.00	−43 +38	46.19	29.30	47.09	0.062	49.06
						−38 +20	2.03	51.80	3.66	0.094	3.33
−20 +15	6.69	21.75	4.98	0.053	6.05	−20 +15	2.24	29.20	2.28	0.073	2.84
−15 +10	5.48	20.10	3.77	0.041	3.80	−15 +10	1.93	25.10	1.68	0.056	1.88
−10	18.86	9.90	12.83	0.043	13.99	−10	2.03	20.27	1.46	0.050	1.77
合　计	100.00	29.24	100.00	0.058	100.00		100.00	28.34	100.00	0.057	100.00

表 4-19　西矿混合氧化矿石弱磁—强磁—阴、阳离子双重反浮选流程扩大连选试验结果

产　品	γ/%	β/%		ε/%	
		SFe	Nb_2O_5	SFe	Nb_2O_5
铁精矿	39.55	56.05	0.071	75.83	47.63
尾　矿	60.45	11.69	0.051	24.17	52.37
原　矿	100.00	29.23	0.059	100.00	100.00

注：按工艺条件连选运转 24h 的试验结果。

4.5.4.2　弱磁—反浮选—细磨絮凝脱泥流程（包钢矿研所方案）

试验规模为处理原矿石量 1.44t/d。

西矿混合氧化矿石弱磁—反浮选—细磨絮凝脱泥流程（图 4-19）24h 连选运转的工艺条件和试验所获结果见表 4-20、表 4-21 和图 4-19。

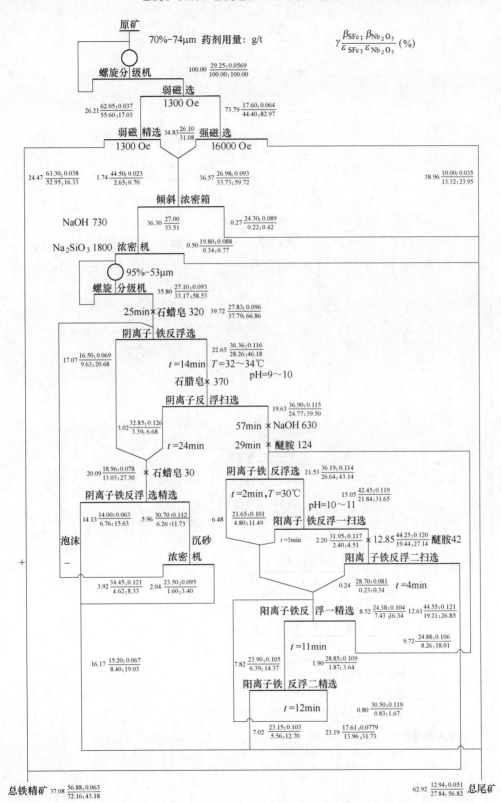

图 4-18 弱磁—强磁—阴阳离子两次铁反浮选连续试验工艺数质量流程图（处理量 = 1.70t/d）

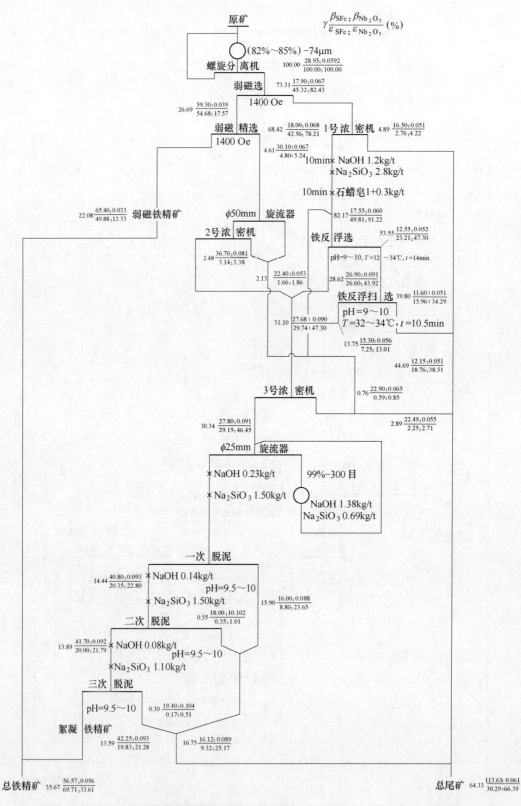

图 4-19 弱磁—反浮—细磨絮凝脱泥连选试验工艺流程（处理量 = 1.44t/d）（包钢矿研所方案）

表 4-20　西矿混合氧化矿石弱磁—反浮选—细磨絮凝脱泥流程扩大连选试验结果

产　　品	$\gamma/\%$	$\beta/\%$		$\varepsilon/\%$	
		SFe	Nb_2O_5	SFe	Nb_2O_5
铁精矿	35.67	56.57	0.056	69.71	33.61
尾　矿	64.33	13.63	0.061	30.29	66.39
原　矿	100.00	28.95	0.059	100.00	100.00

表 4-21　两个流程的药剂用量

方　　案	NaOH	Na_2SiO_3	石蜡皂	醚胺$/kg \cdot t^{-1}$
北京矿冶院方案	1.36	1.80	0.92	0.208
包钢矿研所方案	3.03	7.59	1.30	

4.5.4.3　小结

根据西矿混合氧化矿石（9 号∶10 号 = 1.3∶1.7）铁物相分析结果和两单位提出的两个选矿工艺流程扩大连选所获得的结果看，在 $\alpha_{SFe} = 29\%$、$\beta_{SFe} = 56\% \sim 56.57\%$ 时，ε_{SFe} 达 69.71% ~ 75.83%，还是令人满意的。因为原矿石中的磁性矿物基本都得到了回收，同时也回收了部分弱磁性铁矿物。当然对弱磁性铁矿物而言，尚需做进一步工作以便使其铁品位和铁回收率得到进一步提高。

4.6　包头西矿氧化矿焙烧磁选工艺扩大连续试验

1980 年以长沙矿冶研究所和包钢矿山研究所为主，鞍山矿山设计院派人参加，在长沙矿冶所对包头西矿氧化矿石进行了 $\phi0.25m \times 4m$ 回转窑的还原焙烧磁选扩大连续试验，焙烧磁选的尾矿分别在长沙矿冶所和包钢矿山研究所进行了回收铌、稀土矿物的小型浮选试验。

试验用的矿样是 1979 年底采自西矿 9 号、10 号矿体氧化带，其配比为 1.3∶1.7，$\alpha_{TFe} = 27.99\%$，$\alpha_F = 1.33\%$，$\alpha_{REO} = 0.89\%$。矿石中铁矿物以半假象赤铁矿和赤铁矿为主，磁铁矿及褐铁矿次之，褐铁矿占铁矿物的比率约为 21%；脉石矿物以含铁白云石为主，其次为钠闪石和黑云母；稀土、萤石很少。

4.6.1　还原焙烧

设备：$\phi0.25m \times 4m$ 回转窑；

原矿石粒度：$-7mm$，处理原矿量为 $1.0 \sim 1.1t/d$ 或 $5.631t/(m^3 \cdot d)$；

还原剂：内蒙古集宁褐煤，粒度 $-3mm$；

加热用燃料：发生炉煤气；

稳定试验期间：预热带 300℃，加热带 600 ~ 650℃，还原带 600 ~ 550℃；

窑内负压操作。

还原焙烧连续稳定期间，铁矿石的还原率（FeO/TFe）一般在38%～45%，平均42%（理论值为42.8%）。

原矿石 TFe 27.99%，经还原焙烧后，焙烧矿石占有率为91.25%，铁含量上升为29.38%，铁金属分布率占98.89%；粉尘占有率1.79%，含铁量为16.76%；烧失率为6.96%。

4.6.2　焙烧矿石弱磁选扩大连续试验

弱磁选系统处理矿量为1～1.05t/d。焙烧矿石经二段—闭路磨矿至（92%～94%）－74μm，经粗、扫、精各一次作业选别，磁场强度分别是1000e和480～6000e。

在粗选、精选中用高压大水量冲洗可使回收率在无大损失情况下，铁精矿铁品位提高。

磁选扩大试验连续运转58h，获得$\beta_{TFe}=64.07\%$，$\varepsilon_{TFe}=82.35\%$；$\beta_F<0.19\%$；$\beta_P<0.17\%$；$\beta_S<0.06\%$；$\beta_{Na_2O+K_2O}=0.23\%$的良好选矿指标。

对焙烧磁选尾矿，包钢矿山研究所和长沙矿冶研究所分别在实验室进行小型浮选等试验工作，可以得到$\beta_{REO}=25\%～30\%$；$\varepsilon_{REO}=28\%～32\%$的稀土精矿和$\beta_{Nb_2O_5}=4\%～5.5\%$，$\varepsilon_{Nb_2O_5}=18\%～20\%$的富铌产品。

4.7　西矿氧化矿石选矿技术攻关

1955～1981年包钢矿山研究院（所）和有关兄弟科研单位合作，对西矿氧化矿石做了多方案的探索、试验、研究，取得了$\beta_{TFe}=57\%～61\%$；$\varepsilon_{TFe}=70\%～86\%$的综合铁精矿成果，同时还可综合回收一定数量的稀土精矿、硫化铁精矿和富铌产品。成果是多而丰富的，为以后的开发利用提供了必要的科学依据和坚实的基础。

$\beta_{TFe}=60\%$的铁精矿虽然基本满足了20世纪前钢铁生产对原料的需求，但随着科技事业的迅速发展，普遍要求生产$\beta_{TFe}>67\%$的优质铁精矿。

当时，处理西矿氧化矿石获得的$\beta_{TFe}=60\%$的综合铁精矿中由$\beta_{TFe}>65\%～66\%$的磁铁矿、半假象赤铁矿精矿和$\beta_{TFe}\geqslant50\%～53\%$的赤铁矿、褐铁矿粗精矿或铁中矿配比组成。

因此，提高综合铁精矿含铁品位的关键是提高$\beta_{TFe}\geqslant50\%～53\%$的铁中矿的含铁品位，对西矿氧化矿石多含碳酸盐、含铁白云石、菱铁矿、角闪石、黑云母、含铁硅酸盐矿物特点的原矿原料来说，还不能直接借鉴处理主矿、东矿生产的混合型氧化矿石处理类似这种铁中矿的成功经验，主矿、东矿氧化矿石中和赤褐共生的是石英和钠辉石、角闪石类含铁硅酸盐。

主矿、东矿选别中产生的含石英、钠辉石、钠闪石可以在酸性矿浆介质中采用正浮选法处理，而对西矿氧化矿石则不够适宜，因为它的组成矿物多是含铁碳酸盐矿物，尽管也含有较多的含铁硅酸盐矿物角闪石和黑云母。这就要求用新的工艺方法来解决西矿氧化矿石中赤铁矿和含铁白云石、菱铁矿、褐铁矿以及角闪石、黑云母诸矿物的分离问题。

包钢矿山研究院通过探索、实践、总结终于找到对强磁—铁反浮选获得的 β_{TFe} = 50%～53%的铁粗精矿用较低场强的磁选法结合高频震筛筛出呈条片状类云母、闪石和较粗粒贫连生体联合处理措施，获得了 $\beta_{TFe} > 62\%$，$\varepsilon_{对强磁精矿} = 36.38\%$ 或 $\varepsilon_{对铁反浮选} = 47.60\%$ 的结果。

代表矿样见表4-2和表4-3中2004年的两个氧化矿样名下的数据，巴润公司二选厂的小型试验流程如图4-20所示，工业生产试验流程如图4-21所示。小型试验结果和工业生产试验结果见表4-22和表4-23。

表 4-22　小型试验结果　（%）

产　品	白云石型氧化矿石			云母角闪石型氧化矿石		
	γ	β	ε	γ	β	ε
（9）铁精矿	9.55	63.50	22.44	10.56	62.10	23.81
（8）中矿	2.76	30.00	3.08	6.42	30.10	7.08
（7）反浮精矿	12.31	56.00	25.52	16.98	50.10	30.89
（6）反浮泡沫	6.77	25.00	6.29	19.45	18.35	12.96
（5）强磁尾矿	66.79	13.50	33.38	49.46	12.40	22.25
（4）强磁精矿	19.08	45.00	31.81	36.43	33.15	43.85
（3）弱磁尾矿	85.87	20.50	65.19	85.89	21.20	66.10
（2）弱磁精矿	14.13	66.50	34.81	14.11	66.21	33.90
（1）原矿	100.00	27.00	100.00	100.00	27.55	100.00
（9）+（2）总铁精矿	23.68	65.28	57.25	24.67	64.45	57.71
（5）+（6）总尾矿	73.56	14.56	39.67	69.00	14.06	35.21
（9）+（7）铁精矿	26.44	61.61	60.33	31.00	57.58	64.79

表 4-23　工业生产试验结果　（%）

产　品	γ	β	ε
（1）原矿石	100.00	31.55	100.00
（2）弱磁精	18.15	65.55	37.71
（3）弱磁尾	99.80	27.52	87.05
（4）中磁精	4.83	61.31	9.39
（5）中磁尾	94.97	25.80	77.66
（6）强磁精	29.66	46.43	43.65
（7）强磁尾	65.31	16.43	34.01
（8）大井给看	53.88	45.64	77.94
（9）反浮给矿	47.69	46.75	20.67
（10）溢流	6.19	37.05	7.27
（11）反浮粗泡	27.91	42.17	37.30
（12）反浮沉砂	19.78	53.21	33.36

产　品	γ	β	ε
(13) 一精泡	4.29	28.13	3.82
(14) 一沉砂	23.62	44.72	33.48
(15) 二精泡	3.69	25.79	3.02
(16) 二沉砂	0.60	42.44	0.81
(17) 永磁精选精矿	8.02	42.46	15.88
(18) 永磁精选尾矿	11.76	46.90	17.48
(19) 总尾矿	69.00	16.93	37.03
(20) 总铁精矿	31.00	64.09	62.97

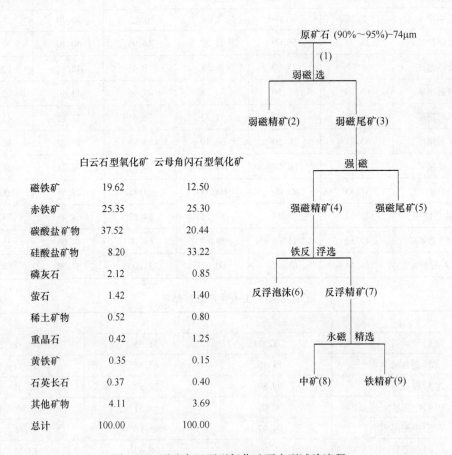

图 4-20　西矿白云石型氧化矿石小型试验流程

　　值得进一步探索的是对图 4-21 中（18）产品永磁精选尾矿（$\gamma = 11.76\%$，$\beta_{TFe} = 46.90\%$，$\varepsilon_{TFe} = 17.48\%$）的处理，是返回到弱磁选给矿处，还是另外单独进一步研究，把其中的褐铁矿和菱铁矿分选出适合炼铁需要的原料，自用或出售给兄弟钢铁企业使用。再者，根据已发表的地质资料，预计在黑云母、角闪石中有可能含有相当数量的 Sc_2O_3，如有可能应做些考察和研究回收问题。

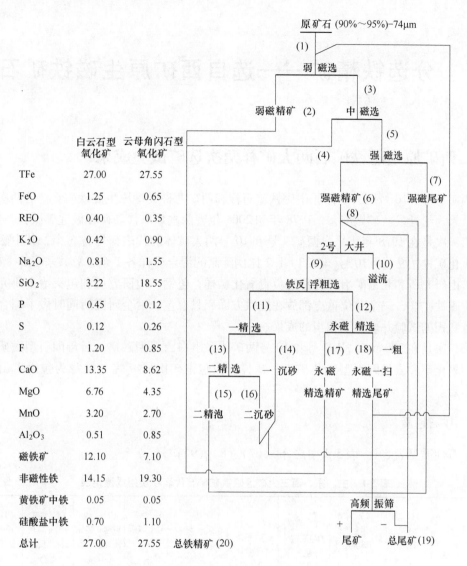

	白云石型氧化矿	云母角闪石型氧化矿
TFe	27.00	27.55
FeO	1.25	0.65
REO	0.40	0.35
K_2O	0.42	0.90
Na_2O	0.81	1.55
SiO_2	3.22	18.55
P	0.45	0.12
S	0.12	0.26
F	1.20	0.85
CaO	13.35	8.62
MgO	6.76	4.35
MnO	3.20	2.70
Al_2O_3	0.51	0.85
磁铁矿	12.10	7.10
非磁性铁	14.15	19.30
黄铁矿中铁	0.05	0.05
硅酸盐中铁	0.70	1.10
总计	27.00	27.55

图 4-21　西矿氧化矿石（白云石型：云母、角闪石型 = 7：3）
工业生产试验流程图（在巴润公司二选厂）

参 考 文 献

［1］宋常青. 白云西矿难选氧化矿选矿新工艺研究［J］. 矿山, 2007, 23（4）: 1~16.

［2］包头西矿氧化矿焙烧磁选工艺扩大连续试验获得成功［J］. 稀土, 1983(1):63~64.

［3］宋常青. 白云鄂博西矿选矿试验研究［J］. 矿山, 2004, 20（3）: 10~16.

［4］赵英. 影响包钢巴润矿业公司铁精矿品位的主要原因及改进措施［J］. 矿山, 2007, 23（4）: 20~24.

5 分选铁精矿——选自西矿原生磁铁矿石

5.1 西矿原生磁铁矿石两大矿样两次选矿试验成果

西矿 9 号、10 号两大矿体原生磁铁矿石样和西矿两种类型原生磁铁矿石样的两次选矿试验结果为给开发西矿做准备，1978 年和 2004 年曾两次采取代表矿样做选矿试验。

第一次是在 1978 年，采自西矿 9 号和 10 号两大矿体的代表矿样各 3 个，其中磁铁矿样、氧化矿样按 9 号：10 号 = 1.3：1.7 比例配制的混合矿样各 1 个，总共采了 6 个矿样。包钢矿山研究所和北京矿冶研究总院负责氧化矿样，包钢矿山研究所和包头冶金研究所负责原生磁铁矿样，三个单位重点都放在选铁方面，只有包头冶金研究所同时做了综合回收稀土硫和铌的试验并取得了相当的成果。

第二次是在 2004 年，从 9 号和 10 号两矿体采出白云石型磁矿、云母闪石型磁矿、白云石型氧化矿和云母闪石型氧化矿 4 种矿样。由包钢矿山研究院（前身为包钢矿山研究所）负责。

5.1.1 矿石性质

矿石性质见表 5-1 ~ 表 5-3 中之（6）、（7）、（8）、（9）矿样。

表 5-1 主、东、西三大矿区磁铁矿矿石代表物质组成鉴定表 　（%）

矿　物	(1) 东矿原生磁铁矿石试用样 B_1 1980 年	(2) 东矿原生磁铁矿石试验用样 B_2 1980 年	(3) 东矿原生磁铁矿石考查 Th 样 1987 年	(4) 选厂 8 系列试生产平均样 1991 年	(5) 选厂东矿原生磁铁矿阶段磨选工业试验样 1980 年	(6) 两矿 9 号矿体原生磁铁矿岩芯样(闪+白) 1978 年	(7) 两矿 10 号矿体原生磁铁矿岩芯样(白) 1978 年	(8) 两矿 9 号矿体白云石型磁矿石 2004 年	(9) 两矿 10 号矿体云母闪石型磁铁矿石样 2004 年
磁铁矿	45.23	37.04	38.59		31.21	31.21	39.02	29.50	30.90
半假象赤铁矿	0.12	1.39		>29.72		0.31	0.24		
假象赤铁矿									
赤铁矿	0.23	2.57	11.33	>13.77		0.29	0.44	15.40	11.24
褐铁矿	—	0.14			9.99	0.23	0.20		
锰矿物	2.45	1.16			3.29	3.27	3.84	—	—
小　计	48.03	42.30	49.92	43.49	44.49	35.31	43.74	44.90	42.14
氟碳锦矿	1.57	3.57	1.90	5.35	2.59	0.56	0.10	0.10	0.12
独居石	1.53	3.14	1.95	1.85	1.63	1.01	1.04	<0.10	<0.10
小　计	3.10	6.71	3.85	7.20	4.22	1.57	1.14	0.20	0.22

矿 物	(1) 东矿原生磁铁矿石试验用样 B_1 1980 年	(2) 东矿原生磁铁矿石试验用样 B_2 1980 年	(3) 东矿原生磁铁矿石考查 Th 样 1987 年	(4) 选厂8 系列试生产平均样 1991 年	(5) 选厂东矿原生磁铁矿阶段磨选工业试验样 1980 年	(6) 两矿9 号矿体原生磁铁矿岩芯样(闪+白) 1978 年	(7) 两矿10 号矿体原生磁铁矿岩芯样(白) 1978 年	(8) 两矿9 号矿体白云石型磁铁矿石 2004 年	(9) 两矿10 号矿体云母闪石型磁铁矿石样 2004 年
黄铁矿	6.01	2.51	3.75	1.30	2.33	2.96	2.66	<0.20	<0.20
雌黄铁矿	0.14	0.06							
方铅矿	0.40	0.18							
小 计	6.55	2.75	3.75	1.30	2.33	2.96	2.66	<0.20	<0.20
萤 石	5.38	6.92	7.30	11.27	10.51	2.30	0.16	0.67	6.57
磷灰石	0.80	1.40	0.88	2.29	1.42	0.93	2.30	1.87	2.15
重晶石	0.92	1.55	0.26	2.02	1.30	0.53	0.17	0.58	0.76
白云石									
方解石	15.56	17.03	13.32	13.87	18.32	29.39	38.62	42.81	24.23
小 计	22.66	26.90	21.76	29.45	31.55	33.15	41.25	45.93	33.71
钠辉石	0.73	0.36	1.15						
钠闪石	13.61	14.46	14.72	12.61	15.51	18.06	7.18	4.89	17.67
云 母	3.90	4.74	2.96	1.23	0.89	8.68	3.76		
石 英	0.84	1.09	0.93	4.25	0.95	0.13	0.10	0.20	0.50
长 石									
小 计	19.08	20.61	19.76	18.09	17.35	26.87	11.04	5.09	18.17
易解石						0.15	0.17		
铌矿物		0.50							
其 他	0.58	0.69	0.46	0.47	0.06			3.68	5.56
总 计	100.00	100.00	100.00	100.00	100.00	100.00	100.00	100.00	100.00

表 5-2 主、东、西三大矿区磁铁矿矿石代表矿样化学多元素分析结果 （%）

化学成分	(1) 东矿原生磁铁矿石试验用样 B_1 1980 年	(2) 东矿原生磁铁矿石试验用样 B_2 1980 年	(3) 东矿原生磁铁矿石考查 Th 样 1987 年	(4) 选厂8 系列试生产平均样 1991 年	(5) 选厂东矿原生磁铁矿阶段磨选工业试验样 1980 年	(6) 西矿9 号矿体原生磁铁矿岩芯样(黄+白) 1978 年	(7) 西矿10 号矿体原生磁铁矿岩芯样(白) 1978 年	(8) 西矿9 号矿体白云石型磁铁矿石样(白) 2004 年	(9) 西矿10 号矿体云母闪石型磁铁矿石样(云母+闪) 2004 年
TFe	36.40	32.00	34.05	32.10	31.91	33.58	30.91	31.60	31.60
SFe	32.85	29.80	31.65	30.20	29.00			29.80	29.90
FeO	12.45	10.24	15.60	10.50	11.38	13.03	11.21	14.00	6.80
SFeO	—	—	15.55	10.40					
REO	1.99	4.70	2.00	4.45	3.08	1.04	0.81	0.10	0.10
F	3.15	3.95	3.60	6.50	5.18	2.22	0.17	0.34	3.16
Nb_2O_5	0.06	—	0.129	0.10	0.083	0.058	0.051	0.16	0.14

化学成分	(1) 东矿原生磁铁矿石试验用样 B₁ 1980 年	(2) 东矿原生磁铁矿石试验用样 B₂ 1980 年	(3) 东矿原生磁铁矿石考查 Th 样 1987 年	(4) 选厂8系列试生产平均样 1991 年	(5) 选厂东矿原生磁铁矿阶段磨选工业试验样 1980 年	(6) 西矿9号矿体原生磁铁矿岩芯样(黄+白) 1978 年	(7) 西矿10号矿体原生磁铁矿岩芯样(白) 1978 年	(8) 西矿9号矿体白云石型磁铁矿石样(白) 2004 年	(9) 西矿10号矿体云母闪石型磁铁矿石样(云母+闪) 2004 年
S	3.48	1.81	2.33	1.16	1.245	1.39	1.781	0.13	0.11
P	0.35	0.62	—	0.74	0.49	0.488	0.507	0.31	0.47
P_2O_5	—	—	0.895	—	—	—	—	—	—
SiO_2	10.22	—	10.05	14.80	10.62	11.64	2.96	2.66	9.69
CaO	10.24	12.55	9.68	14.08	12.98	10.75	12.87	14.81	12.48
MgO	3.78	4.59	6.51	0.90	6.30	7.28	10.23	9.29	8.16
Al_2O_3	0.63	1.22	0.87	1.21	1.13			0.33	1.54
BaO	0.38	1.02	0.17	1.314	0.85			0.47	0.72
K_2O	0.92	0.93	0.94	0.43	0.79			0.24	1.68
NaO	0.95	0.74	0.40	0.72	0.81			0.21	0.38
MnO	4.03	2.89	5.25	1.53	—			2.83	2.79
TiO_2	0.26	0.40	0.43	0.50	0.412			0.21	2.88
烧减	4.40	8.11	10.61	7.65					
Sc_2O_3				0.014					
ThO_2			0.038		0.0196				
Fe_2O_3			31.35						
CO_2									

表 5-3 主、东、西三大矿区磁铁矿矿石代表矿样物相分析结果

物 相	(1) 东矿原生磁铁矿石试验用样 B₁ 1980 年	(2) 东矿原生磁铁矿石试验用样 B₂ 1980 年	(3) 东矿原生磁铁矿石考查 Th 样 1987 年	(4) 选厂8系列试生产平均样 1991 年	(5) 选厂东矿原生磁铁矿阶段磨选工业试验样 1980 年	(6) 西矿9号矿体原生磁铁矿岩芯样(黄+白) 1978 年	(7) 西矿10号矿体原生磁铁矿岩芯样(白) 1978 年	(8) 西矿9号矿体白云石型磁铁矿石样(白) 2004 年	(9) 西矿10号矿体云母闪石型磁铁矿石样(云母+闪) 2004 年
铁物相 磁铁矿之 Fe	78.60	77.87	80.71	64.55	68.95	75.80	78.43		
磁铁矿之 Fe	7.28								
碳酸盐之 Fe	4.34	15.70	13.84	29.06	22.06	14.99	14.99		
硅酸盐之 Fe	2.55	2.78	1.92	4.56	4.89	4.28	2.88		
黄铁矿之 Fe	6.3	3.65	3.53	1.83	4.10	4.93	3.70		
合 计	100.00	100.00	100.00	100.00	100.00	100.00	100.00		
REO物相 磷酸盐稀土	49.77	46.81	33.50		38.64	64.55	90.91		
氟碳酸盐稀土	50.23	53.19	66.50		61.36	35.45	9.09		
合 计	100.00	100.00	100.00	100.00	100.00	100.00	100.00		
磷物相 磷灰石之 P	43.08	39.52	42.47		57.53	63.84	76.08		
独居石之 P	56.92	60.48	57.53		42.47	36.16	23.92		
合 计	100.00	100.00	100.00		100.00	100.00	100.00		
钙物相 萤石之 Ca			56.34		58.11	16.17 [×)	10.27 [×)		

物　相	(1) 东矿原生磁铁矿石试验用样 B₁ 1980年	(2) 东矿原生磁铁矿石试验用样 B₂ 1980年	(3) 东矿原生磁铁矿石考查 Th样 1987年	(4) 选厂8系列试生产平均样 1991年	(5) 选厂东矿原生磁铁矿石阶段磨选工业试验样 1980年	(6) 西矿9号矿体原生磁铁矿岩芯样(黄+白) 1978年	(7) 西矿10号矿体原生磁铁矿岩芯样(白) 1978年	(8) 西矿9号矿体白云石型磁铁矿石样(白) 2004年	(9) 西矿10号矿体云母闪石型磁铁矿石样(云母+闪) 2004年
碳酸盐之 Ca			43.66		41.44	81.36	89.04		
硅酸盐之 Ca			—		—	2.24	0.64		
稀土碳酸盐之 Ca					0.45	0.23	0.05		
合　计			100.00		100.00	100.00	100.00		

第一次矿样磁铁矿所占铁比为 75.8% ~ 78.4%，黄铁矿之铁为 4.93% ~ 3.70%，含 REO 1% 左右，含 Nb_2O_5 仅为 0.05% ~ 0.06%，含 S 高达 1.39% ~ 1.78%。第二次矿样赤褐铁矿所占比例高达 1/2 ~ 1/3，含 REO 低至 0.1%，含 Nb_2O_5 高达 0.16% ~ 0.14%，含 S 仅 0.11% ~ 0.13%。4 个原矿样中含 F 均在 3.16% 以下。Mn、Ti 含量较高。Th、Sc_2O_3 未见化验数据。

5.1.2　第一次 9 号、10 号两大矿体原生磁铁矿样的选矿结果

5.1.2.1　包钢矿山研究所的试验

结果指出，按选厂现有流程（磨至 90% −74μm，一次脱水槽，一次弱磁选工艺）处理 9 号、10 号矿体原生磁铁矿石的小型选矿试验，可获得 β_{Fe} = 63.20% ~ 66.75%；β_F = 0.02% ~ 0.27%；ε_{TFe} = 77.3% ~ 80.3% 的铁精矿。混合原生磁铁矿样的数质量流程图如图 5-1 所示。

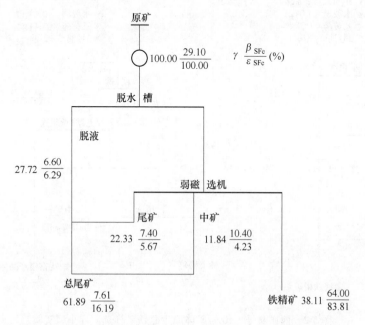

图 5-1　西矿 9 号、10 号原生磁铁矿石混合样磁选工艺数质量流程图

5.1.2.2　包头冶金研究所的试验

该所的试验结语是西矿原生带矿床也是一个多金属共生铁矿床，矿石中铁、稀土、硫和铌都具有可选性，在选矿过程中都应该进行综合回收。

该所的试验流程为原矿石细磨至94.96% –74μm，经一次弱磁粗选、一次精选作业得铁精矿，铁精矿中含呈磁黄铁矿存在的S高达3.54%，因而被送入pH=5介质矿浆中用水玻璃，乙黄药2号油经一次粗选、二次精选获得$\beta_S = 25.67\%$，$\beta_{Fe} = 56.60\%$，$\varepsilon_S = 42.83\%$，$\varepsilon_{Fe} = 8.84\%$，$S_{作业} = 89.36\%$的硫精矿。选铁尾矿富集有原矿石中约90%的REO，96%的Nb_2O_5和约50%呈黄铁矿存在的S，它经摇床重选和先黄药浮选黄铁矿精矿，再从其尾矿中用N-羟肟酸铵为捕收剂浮选稀土得稀土精矿。

该所的试验流程如图5-2所示。

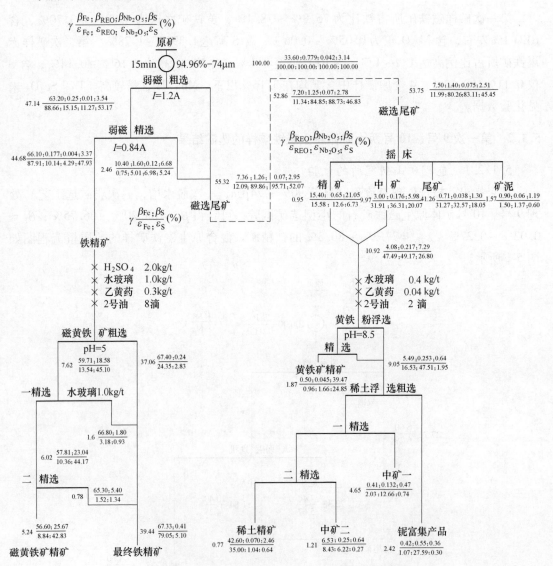

图 5-2　西矿9号、10号矿体原生磁铁矿样选矿样小型实验
选铁和综合利用硫、稀土、铌、选矿工艺流程图

试验取得了如下成果：

铁精矿 $\beta_{Fe}=67.0\%$ ，$\varepsilon_{Fe}=79\%$ ，$\beta_s<0.5\%$ 。

稀土精矿 $\beta_{REO}>40\%$ ，$\varepsilon_{REO}>30\%$ 。

硫精矿 $\beta_S=30\%$ ，$\varepsilon_S>60\%$ 。

对铌矿物尚未处理，但在磁—重—浮流程回收稀土的尾矿中，铌却富集到 0.55% Nb_2O_5，$\varepsilon_{Nb_2O_5}=27.59\%$ ，经初步探索可使铌富集到 $\beta_{Nb_2O_5}=1.62\%$ ，$\varepsilon_{Nb_2O_5}=4.68\%$ 。

5.1.2.3 第二次9号、10号两大矿体原生磁铁矿样的选矿结果

包钢矿山研究院负责这项试验。该院小型试验结果指出：白云石型原生磁铁矿石较为易选，在原矿石细磨至 95% –74μm 时，经一次弱磁选（场强 120kA/m）即可获得 $\beta_{Fe}=$ 66.90% ；$\varepsilon_{Fe}=76.14\%$ （ $\alpha_{Fe}=31.47\%$ ）的良好工艺指标；云母角闪石型原生磁铁矿石在同样工艺条件下处理仅可得到 $\beta_{Fe}=$ 55.80% ；$\varepsilon_{Fe}=79.08\%$ 的结果，如再用水玻璃 4kg/t、捕收剂 1.2kg/t 浮选出其中的碳酸盐矿物和萤石后，β_{Fe} 可提高到 62.00% ，$\varepsilon_{作业Fe}=89.93\%$ 。

在小型试验基础上该院还做了白云石型和云母闪石型两种磁铁矿石按 7∶3 配比得到 9 号、10 号两大矿体原生磁铁矿混合矿样，并做了连续性选矿试验。磁铁矿按单一弱磁选，该磁铁矿试验用样由于混入了一部分氧化矿石，所以 ε_{Fe} 稍差，在图 5-3 所示流程的指标为 $\beta_{Fe}=66.30\%$ ，$\varepsilon_{Fe}=59.58\%$ ，提高

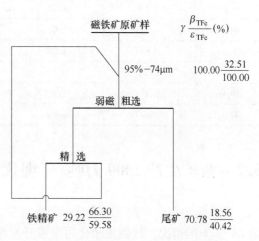

图 5-3 西矿 9 号、10 号两大矿体原生磁铁矿混合矿样连选试验流程图

ε_{Fe} 的工作需要进一步进行研究。两种类型磁铁矿石和连选磁铁矿石代表矿样的精矿多元素分析结果见表 5-4。

两个矿样的物质组成化学成分见表 5-3 和表 5-4。

表 5-4 选自西矿白云石型、云母闪石型原生磁铁矿石试验用样铁精矿多元素化学分析

（%）

成 分	选自西矿白云石型原生磁铁矿石试验样的小试铁精矿	选自西矿云母闪石型原生磁铁矿石试验样单一磁选小试铁精矿	选自西矿云母闪石型原生磁铁矿石试验样磁—反浮选小试铁精矿	选自西矿白云石型 7∶3 混合原生磁铁矿石连选单一磁选铁精矿	采自西矿白云石型 7∶3 混合原生磁铁矿石连选单一磁选的原矿样
TFe	66.90	55.80	62.00	66.30	32.40
SFe	63.20	54.30	—	65.60	29.40
FeO	18.40	14.40	—	19.00	5.60
REO	0.20	0.20	—	—	0.15
K_2O	0.038	0.44	—	0.11	0.93
Na_2O	0.033	0.06	—	0.048	0.76
Al_2O_3	0.074	0.40	—	0.16	2.22

成 分	选自西矿白云石型原生磁铁矿石试验样的小试铁精矿	选自西矿云母闪石型原生磁铁矿石试验样单一磁选小试铁精矿	选自西矿白云母闪石型原生磁铁矿石试验样磁—反浮选小试铁精矿	选自西矿白云石型7:3混合原生磁铁矿石连选单一磁选铁精矿	采自西矿白云石型7:3混合原生磁铁矿石连选单一磁选的原矿样
SiO_2	0.83	3.18	2.16	1.19	12.81
P	0.021	0.16	0.071	0.056	0.45
S	<0.01	0.05	0.026	0.082	0.52
F	—	1.04	0.35	0.18	1.83
CaO	1.50	4.18	1.80	1.27	10.79
MgO	1.27	3.01	2.48	1.08	6.51
MnO	0.64	1.29	—	0.88	2.40
BaO	0.027	0.16		0.042	0.31
Nb_2O_5	0.11	0.098	—	0.029	0.062
ThO_2	0.0027	0.011		0.0075	0.078

5.2 西矿生产1000万吨/年现代化磁选厂建设、生产双成功

为适应包钢生产发展的需要，根据地质工作获得的地质总储量为9亿吨、平均铁品位为24.96%的情况，包钢集团公司决策开发西矿，组建巴润矿业公司。西矿距包头公路里程150km，铁路里程为137km。

巴润矿业公司2004年8月在达茂旗注册并开始建设，是包钢的又一个大型铁原料基地。也是目前我国的最大露天铁矿之一。到2010年底采场出矿能力已达1500万吨/年，其中1000万吨/年磁铁矿石供给在矿区新建的1000万吨/年现代化磁选厂（简称巴润选厂，下同），加工生产 β_{TFe} >66%的优质铁精矿；500万吨/年氧化铁矿石供给达茂旗7座选矿厂处理生产 β_{TFe} >63%的铁精矿，所有这些铁精矿（550万吨/年）通过 ϕ355mm、全长145km，海拔高差584m的矿浆管道压力输送到包钢厂区。

巴润选厂用水由包钢黄河水源地取水，经 ϕ920mm全长140km管道压力输送到西矿区高位水池。输水量为6万立方米/天或2000万立方米/年。该输水管道和铁精矿输送管道一起埋设在同一个地下管沟之中，均埋藏在冰冻线之下，西矿矿区的冰冻厚度为2.8m。

巴润选厂的尾矿处理具有特色，对年产尾矿700万吨的尾矿处理采用管道输送高浓度干式堆放技术，其特点是更加安全、节能与环保。由于当地温差在+40～-40℃，而选厂冬季排尾温度在10℃，因而尾矿管道也需要防冻，需要在冻土层2.8m以下铺设。

巴润选厂的选矿工艺流程是由从20世纪50年代起直至今日始终和包钢合作，工作卓有成效的长沙矿冶研究院经对代表矿石样所做的选矿科学试验结果，并经包钢矿山研究院验证试验后，由秦皇岛中冶京城设计院负责设计的。

铁精矿管道输送工程设计由美国PSI公司和包钢设计院共同承担；尾矿干堆工程设计也由PSI公司负责设计。必须指出的是整个选矿厂的生产和精—尾—水管道的设备运行都

采用 SCADA 系统进行监控，全厂的自动化水平高是该厂的又一显著特点。

从 2007 年 2 月提交选矿试验报告到主体设备订货、施工图设计仅用 1 年半时间。

从 2008 年 6 月破土施工到 2009 年 11 月（包括 3 个月的冬休期）只用 1 年 2 个月基本建成整个巴润选厂。

从 2009 年 11 月 29 日到 2010 年 1 月 29 日又仅用 2 个月时间全部 4 个生产系列都顺利进行带料试车。又经过半年时间，4 个选矿生产系列经过 8 个月的工作到 2010 年 7 月全部达产。当月生产铁精矿（$\beta_{TFe} > 66.5\%$，$\varepsilon_{TFe} > 65\%$）25 万吨，也就是达到了年产 300 万吨优质铁精矿的设计指标。总之，从提交选矿试验报告，到选厂顺利达产共用了 3 年 5 个月时间的事实充分证明，巴润选厂确实做到了建设与生产又快又好双丰收。

基建工程：完成了挖方 32.1 万立方米，填方 33.81 万立方米；建筑面积 9.6 万平方米（体积 101 万立方米）；厂区占地面积 47.44 万平方米。

设备安装：完成了安装设备总重量 8488.4t。非标件制作安装 3000t。

供电条件：现有一座 110kV 总降压变电所，安装 2 台 5 万千瓦变压器，目前用电负荷为 4 万千瓦时可满足巴润选厂和精矿、尾矿泵站用电需要。

5.2.1 巴润露天采场设计技术经济指标

露天矿开采设计主要参数见表 5-5 ~ 表 5-7。

表 5-5 露天采场开采境界主要参数

指 标 名 称	单 位	东 采 场	西 采 场	合 计
开采最高标高	m	1632	1668	1668
封闭圈标高	m	1620	1620	1620
露天底标高	m	1212	1152	
地表尺寸（长×宽）	m	2200×1100	2500×1050	4700×1100
露天底尺寸（长×宽）	m	220×60	500×100	
开采阶段高度	m	12	12	
最终并段高度	m	24	24	
平台宽度	m	7~9（第四系 7.5）		
运输平台（双车道/单车道）	m	30/20		
阶段坡面角：工作时	(°)	75		
终了时	(°)	65（第四系 45）		
最终边坡角	(°)	44~46		
境界内矿量	万吨	16223	27638	43861
其中：氧化矿	万吨	2399	4857	7256
混合矿	万吨	13824	22781	36605
境界内岩量	万吨	72790	113192	185982
其中：稀土	万吨	15315	37960	53275
铌 矿	万吨	2677	2419	5096
平均剥采比	t/t	4.49	4.10	4.24

表5-6 主要设备选型

设备名称	型 号	台 数	综合效率	备 注
穿孔：牙轮钻机	φ310mm	21	4.2~4.5万米/(台·年)	
采装：电铲	6~8m³铲	8	300~350万吨/(台·年)	矿石
电铲或液压铲	16m³及以上铲	13	750万吨/(台·年)	岩石
运输：自卸汽车	型号SF31904，载重108t	26	110t/(台·年)	矿石
自卸汽车	型号830E，载重223t	52	226t/(台·年)	岩石
排土：推土机	470HP/351kW推土机	14		

表5-7 主要技术经济指标

序 号	指标名称	单 位	数 量	备 注
(1)	西矿总地质储量	万吨	91153	含表外矿10356万吨
	其中：111b+122b	万吨	32403	
	333级	万吨	58749	含表外矿3728万吨
(2)	2~48线TFe地质储量	万吨	80741	含表外矿6628万吨
	其中：111b+122b	万吨	32403	含表外矿9414万吨
	333级	万吨	48338	含表外矿3728万吨
(3)	2~48线TFe地质品位混合原生矿	%	33.35	
	其中：表内矿	%	33.27	含表外矿5686万吨
	表外矿	%	24.94	
	氧化矿	%	35.23	
(4)	矿山规模			
	原矿量	万吨/年	1500	
	岩石量	万吨/年	9750	
	采剥总量	万吨/年	11250	
	生产剥采比	t/t	6.5	
(5)	采出矿石品位混合矿	TFe%	30.96	mFe24.4%
	氧化矿	TFe%	28.15	
(6)	露天采矿场矿石量	万吨	43861	mFe13.55%
	岩石量	万吨	185982	
	矿岩总量	万吨	229843	
	平均剥采比	t/t	4.24	
(7)	基建剥离量	万立方米	3110	新增1283万m³
(8)	主要设备及效率			
(8.1)	6~8m³铲	台	8	
		万吨/(台·年)	300~350	
(8.2)	16m³及以上铲	台	13	
		万吨/(台·年)	750	

序 号	指标名称	单 位	数 量	备 注
(8.3)	φ310mm 牙轮钻机	台	21	
		万米/(台·年)	4.2~4.5	
(8.4)	载重 108t 自卸汽车	台	26	参考型号 SF31904
		万吨/(台·年)	110	
(8.5)	载重 223 自卸汽车	台	52	参考型号 830E
		万吨/(台·年)	226	
(8.6)	1216（颚式）移动破碎站	台	1	
(8.7)	63~89 移动（旋回）破碎站	台	3	8 年后
(8.8)	54~75 破碎站（旋回）	台	1	6 年后
(9)	供 电			6 年后
(9.1)	设备安装电容量	kW	41897	
(9.2)	视在功率	kVA	22970	
(9.3)	年总耗电量	万千瓦时	7730	
(9.4)	单位耗电量	kW·h/t 矿岩	0.69	初 期
		kW·h/t 矿岩	4.82	后 期
(10)	耗水量	m^3/h	225.7	
(11)	矿山设备重量	t	18837	其中新水 $67m^3/h$
(12)	矿山占地	hm^2	2234.56	
(13)	建筑面积	m^2	42262	
(14)	职工定员及劳动生产率			
(14.1)	职工定员	人	1375	前 期
	其中：工人	人	1306	
(14.2)	全员劳动生产率	吨矿岩/(人·年)	81800	前 期
(14.3)	生产工人劳动生产率	吨矿岩/(人·年)	86100	
(15)	概算投资	万元	431804.06	
(16)	矿石成本	元/吨	98.60	前期计算年

巴润露天采场最终圈定在 2~48 勘探线（勘探线间距为 100m）开采范围内形成一大露天采场。1536m 标高以下，以 26~28 勘探线中间位置为界分为东、西两个露天采场。

东采场 1512m 标高以下又分为南、北采场，南采场露天底标高 1416m，北采场露天底标高 1212m；西采场开采境界主要参数见表 5-5~表 5-7。

5.2.2 原矿性质和选矿工艺原则流程

5.2.2.1 原矿性质

原矿石的多元素化学分析、物相分析和矿物组成测定结果分别见表 5-8~表 5-10。

表5-8   矿样的多元素化学分析结果   （%）

成分	TFe	FeO	Fe₂O₃	SFe	REO	Nb₂O₅	Cu	Pb	Zn	SiO₂	TiO₂	Al₂O₃
含量	31.62	13.44	30.27	30.12	1.01	0.12	0.0054	0.088	0.12	6.93	0.22	0.62
成分	CaO	MgO	MnO	BaO	Na₂O	K₂O	P	S	F	Ig	碱性系数	
含量	13.57	7.17	3.05	0.51	0.38	0.79	0.29	2.25	1.39	14.82	2.75	

表5-9   铁的物相分析结果   （%）

铁物相	磁铁矿中矿	赤（褐）铁矿中矿	碳酸盐中铁	硫化物中铁	硅酸盐中铁	合 计
含 量	24.62	0.54	3.66	1.77	1.03	31.62
分布率	77.86	1.71	11.57	5.60	3.26	100.00

表5-10   矿石的矿物组成测定结果   （%）

矿物	磁铁矿	半假象赤铁矿	褐铁矿	菱铁矿	氟碳铈矿独居石	黄铁矿	白云石、方解石	黑云母、金云母	钠闪石、钠辉石	萤石	长石、石英	磷灰石	重晶石	其他	总计
含量	34.3	1.0	0.2	1.8	2.5	3.7	35.3	7.8	5.4	2.9	2.6	1.0	0.5	1.0	100.0

5.2.2.2   实验室选矿流程试验

根据过去历次选矿试验的经验，结合新建选厂入选原矿石性质（表5-4、表5-5和表5-6）的具体特点，采用中碎产品磁滑轮干选，预先分出废石、阶段磨矿、阶段弱磁选、浮选除硫，选出优质铁精矿的原则工艺流程。

试验所得结果如图5-4、图5-5和表5-11所示。

5.2.2.3   工业设计、应用选矿工艺流程

根据长沙矿冶研究院研制的并经包钢矿山研究院验证过、由秦皇岛中冶京城设计院创造性地精心设计成功的西矿磁铁矿石选矿工艺流程是一个很完美的工艺流程。

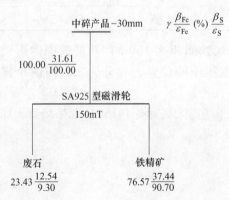

图 5-4   原矿干式预选抛尾试验数质量流程图　　图 5-5   阶段磨矿阶段磁选工艺数质量流程图

表 5-11　铁精矿浮选降硫试验结果

产　品	$\gamma/\%$	$\beta/\%$		$\varepsilon/\%$		$\varepsilon_原/\%$
		TFe	S	TFe	S	S
铁精矿	98.40	67.10	0.039	98.80	12.84	
浮硫泡沫	1.60	50.52	16.330	1.20	87.16	4.13①
弱磁精矿	100.00	66.83	0.300	100.00	100.00	

① $\gamma_{原矿} = 0.57\%$。

　　该流程如下：原矿石中碎产品干式磁选分出岩石，三段磨矿四段磁选，一段磁选尾矿增加一次中强磁选作业，三段磁选铁精矿经过一次高频细筛分级，四段磁选铁精矿再经过一次粗选二次精选脱硫作业。它能保证稳产优质铁精矿。流程如图 5-6 和图 5-7 所示。

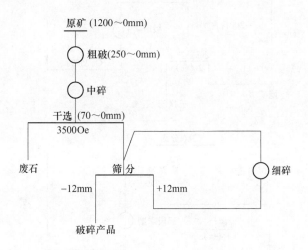

图 5-6　破碎系统工艺流程图

5.2.2.4　选矿生产工艺设备及调试

A　主要生产工艺设备

a　破碎系统

该系统采用三段一闭路流程，中碎后设有干选作业。

原矿石由东西露天采场用汽车运至粗破碎（待开采一段时间后在采场进行粗破碎，用皮带送粗碎矿石到选厂）。

粗破碎采用 SuperiorMK-Ⅱ54-75 旋回破碎机（美卓矿机）1 台。

中碎采用 CH880MC 圆锥破碎机（山特维克）2 台。干选采用 CTDG1214N 永磁干式大块磁选机（北矿院）4 台，筛分采用 LF2460D 双层直线振动筛（山特维克）8 台。

细碎采用 CH8800EFX 圆锥破碎机（山特维克）3 台。

b　磨选系统（见图 5-6）

磨矿系统采用三段闭路流程，矿石最终磨细度为 98% $-74\mu m$ 或 80% $-44\mu m$。选别流程是四段弱磁选作业。

主要生产工艺设备，4 个生产系列的设备数量如下：

一段磨矿和二段磨矿均用 $\phi \times L = 5.03m \times 6.4m$ 球磨机，8 台；三段磨矿各用 $\phi \times L =$

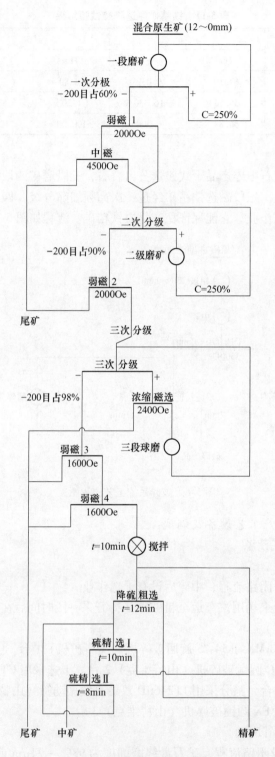

图 5-7　磨选系统工艺流程图

4.3m×6.1m 球磨机，4 台。

四段磁选作业，4 个生产系列分别用 CTB-1230、CTN-1230、NCT-1230 和 LCTJ-1230

四种型号的湿式永磁筒式磁选机，共计 72 台，或每个生产系列装备 18 台这样的永磁选机。

与第一和第二两段磨矿构成闭路所用的分级设备是 $\phi610 \times 6$ 和 $\phi350 \times 8$ 旋流器，各 8 台（套）。

采用高频振动细筛，德瑞克五路重叠式的高频细筛 20 台与第三段磨矿机组成闭路。

浮选机采用 BF-T20 浮选机 20 台。

c　尾矿系统

尾矿处理工艺由美国管道公司和包钢设计院设计。采用的是高浓度堆放法：浓度 9.5% 的尾矿经 $\phi48m$ 的中心传动高效浓密机加絮凝剂浓缩处理后，浓度达到 45% ～50%，之后由 2.7km 的矿浆输送管道输送到二次浓缩泵站，经 $\phi20 \times 18$ 深锥浓密机处理后浓度达到 73% 以上，由隔膜泵加压输送到尾矿坝进行排放。尾矿坝设有集水池对渗透水回收利用，目前排放浓度能达到 69% ～71% 之间。

d　供水系统

选矿厂用水分为浊环水、净水、新水三种。其中：

浊环水来自尾矿和精矿的回水，主要用在磨矿、分级、弱磁一、弱磁二、弱磁三的底箱冲散水，矿浆池的补加水、地坪冲洗水等。

净水来自经过处理后的生产杂水，主要用在弱磁三的卸矿水、弱磁四、浮选用水和水封水。

新水来自高位水池，主要用作冷却水、除尘水、浮选冲洗水、浊环水和净水的补加水。

B　主要生产工艺设备调试与生产

巴润选厂处理的是该公司露天矿场采出的白云石型与云母角闪石型混合型原生磁铁矿石，设计规模为 1000 万吨/年，或给入磨磁系统处理的原矿量为 920 万吨/年，按 290 吨/（台·时）设计 4 个系列的处理量为 1160t/h，即 27840t/d，全厂 4 个系列，正好可在 330.5d 共计处理 920 万吨/年原矿石。巴润选厂的设计生产指标见表 5-12。

表 5-12　巴润选厂设计生产指标

产　物	$\gamma/\%$	$\beta_{TFe}/\%$	$\beta_S/\%$	ε_{TFe}	数量/万吨·年$^{-1}$
原矿石	100	31.01	2.05	100	1000
干选废石	8	13		3.35	80
入磨原矿石	92	32.58		96.65	920
铁精矿	30.4	67.5	0.18	66.17	304
中　矿	1.1	61.77	14.78	2.19	11
尾　矿	61.6	14.5	2.76	28.29	605
选矿比	3.29				

根据对整个选矿工艺流程的各个设备的调试、各环节管道线路的调整改进、矿水量的平衡以及工艺参数的调整确定、安全设施的清理完善等一系列细致的科学工作之后，达到了全流程顺畅、稳定、安全地运行生产，在保证生产优质铁精矿（$\beta_{TFe}=66.34\%$、$\gamma_{TFe}=32.57\%$、$\varepsilon_{TFe}=79.06\%$）的情况下，球磨机处理原矿石量由设计的 290 吨/（台·时）提高

到 371.28 吨/(台·时)，净提高了 28.03%，为超额完成铁精矿生产任务创造了良好条件。

这是该厂在 2010 年 1 月投产 1 年后所作的流程考察时获得的实际结果。考察所得混合矿工艺数质量流程图如图 5-8 所示。

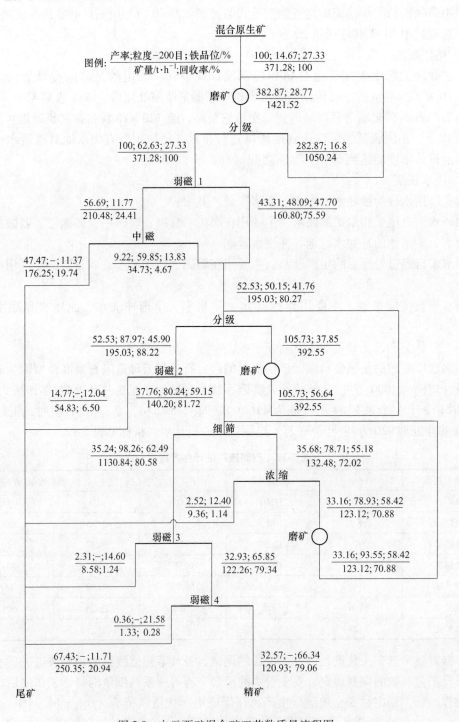

图 5-8 白云西矿混合矿工艺数质量流程图

C　各作业技术经济指标

各作业技术经济指标见表5-13～表5-16。

表5-13　磨矿分级细筛技术经济指标

指标		一段磨矿与分级	二段磨矿与分级	三段磨矿	三段细筛	
给矿	给矿量/t·h⁻¹	371.28				
	γ/%	100.00				
	74μm/%	14.67		78.93	86.46	
	β_{TFe}/%	27.33		58.42	58.81	
	γ/%	100.00		33.16	70.92	
	ε_{TFe}/%	100.00		70.88	152.60	
排矿	74μm/%	28.77	56.64	93.55	筛下	98.26
	β_{TFe}/%			58.42		62.49
	γ/%		105.73	33.16		35.24
	ε_{TFe}/%			70.88		80.58
溢流	74μm/%	62.63	87.97		筛上β_{TFe}/%	78.71
	γ/%		52.53			55.18
沉砂	74μm/%	16.80	37.85			
	γ/%		105.73			
磨机效率/t·hm⁻³		1.47	0.61	0.23		
循环负荷/%		282.87				
分级效率/%		43.16	44.82	39.93		
新生-74μm/%				14.62		

表5-14　四段磁选作业生产技术经济指标

指标		第一段弱磁选	中强磁选	第二段弱磁选	第三段弱磁选	第四段弱磁选
给矿	γ/%	100.00		52.53		
	β_{TFe}/%	27.33	11.77	45.90	62.49	65.85
	74μm/%	62.63		87.97		
	浓度/%	38.28	19.08			
精矿	γ/%	43.21	9.22	37.76	32.93	32.57
	β_{TFe}/%	47.70	13.83	59.15	65.85	66.34
	ε_{TFe}/%	75.59	4.67	81.72	79.34	79.6
	浓度/%	61.36	5.03			
	74μm/%	8.09	59.85	80.24		
尾矿	γ/%		47.47	14.77	2.31	0.36
	β_{TFe}/%	11.77	11.37	12.04	14.60	21.58
	ε_{TFe}/%		19.74	6.50	1.24	0.28
	浓度/%		22.09			

D   原矿和铁精矿的化学成分及筛水析结果

表 5-15   多元素化学分析结果   （%）

成　分	原矿石	铁精矿
TFe	27.33	66.34
S	2.51	0.56
REO	0.24	0.1
SiO$_2$	12.39	1.15
P	0.34	0.05

表 5-16   原矿与精矿筛水析结果

粒级/μm	γ/%		β_{TFe}/%		ε_{TFe}/%	
	原矿	铁精矿	原矿	铁精矿	原矿	铁精矿
+74	37.38	1.51	27.7	30.46	37.88	0.69
-74+45	10.02	13.18	31.95	58.05	11.71	11.53
-45+38	6.33	7.68	31.55	66.08	7.31	7.63
-38	46.27	77.63	26.11	68.48	44.20	80.13
合　计	100.00	100.00	27.33	66.34	100.00	100.00

参 考 文 献

[1] 宋常青. 白云鄂博西矿选矿试验研究[J]. 矿山, 2004, 20(3):6~17.

[2] 赵德贵, 闫常陆, 唐绍义. 巴润矿业公司选矿厂生产实践[J]. 矿山, 2011, 27(1):22~26.

[3] 宋立民. 白云西矿混合矿的选矿工艺研究[J]. 矿山, 2012, 28(2):39~42, 28.

[4] 崔凤. 巴润矿业公司1500万吨/年采矿工程工艺报告[J]. 矿山, 2009, 25(4):35~38.

[5] 赵德贵, 崔凤. 白云鄂博西矿微细粒铁矿石选矿技术开发及工业应用[J]. 矿山, 2012, 28(3): 12~15.

[6] 杨占峰. 谈包钢集团巴润矿业公司的建议[J]. 矿山, 2008, 24(1):6~8.

6　分选稀土精矿

6.1　半优先半混合浮选稀土精矿的生产

6.1.1　历史的经验

1965 年，在优先浮选萤石、稀土、铁与混合浮选稀土、萤石、浮选铁两方案的比较试验中发现，优先浮选方案的稀土精矿指标较好，但需用的药剂种类和数量较多；混合浮选的稀土精矿指标较差，但药剂种类和数量较少。能否把二者的优点结合起来是大家所关注的。

在一次浮选试验中发现：在碳酸钠的矿浆介质中，添加较大量水玻璃的情况下，分两次添加捕收剂氧化石蜡皂得两个泡沫产品，一个是低稀土高萤石，另一个是低萤石高稀土。问题是在铁产品（混合浮选尾矿）中稀土损失较多，后经添加稀土活化剂 Na_2SiF_6 或 $CaCl_2$ 等，低萤石高稀土泡沫增加两次精选作业，使结果得到了改善。根据国内外稀土市场的需要，在保证铁精矿稳定生产的条件下，包钢选矿厂采用被称为半优先半混合的第二个，即低萤石高稀土的泡沫产品为原料送摇床重选车间生产 $\beta_{REO}=25\%\sim30\%$ 的稀土精矿，也被称为稀土重选粗精矿。该粗精矿再经羟肟酸类捕收剂精选后可生产 $\beta_{REO}=30\%\sim68\%$ 各种品级的稀土精矿供应国内外两个市场，满足不同用户的需要。

包钢选矿厂 1966～1990 年均以半优先半混合浮选流程生产的低萤石高稀土混合泡沫为原料，按图 6-1 流程生产各种品级的稀土精矿。从 1990 年起改为用强磁中矿作为选别各

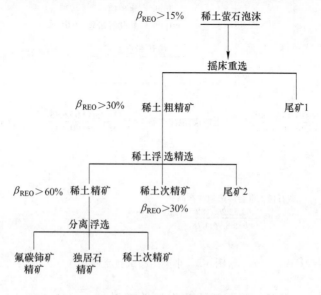

图 6-1　稀土精矿生产工艺原则流程

种品级稀土精矿的原料。

6.1.2 半优先半混合浮选工艺条件

（1）α_{REO} = 3.72% 中贫氧化矿细磨至 95% – 74μm 的小型闭路试验流程与结果如图 6-2所示。

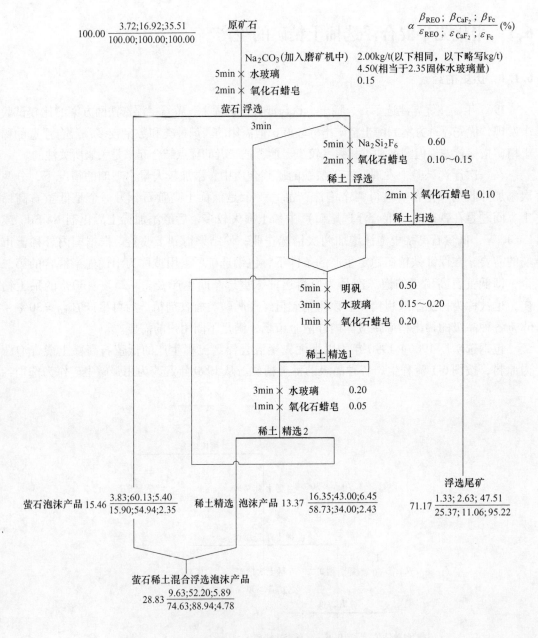

图 6-2 小型闭路试验流程

α_{REO} = 3.72% 半优半混，稀土泡沫两次精选可得 β_{REO} = 16.35%，ε_{REO} = 58.73% 的指

标；萤石泡沫 β_{CaF_2} 达 60.13%，据北京有色金属研究院经验将其再磨至 92% – 40μm 后连续 7 次精选可以获得萤石高品位精矿。

（2）α_{REO} = 3.83% 中贫氧化矿细磨至（85% ~ 90%）– 74μm，半工业试验流程与结果如图 6-3 所示。

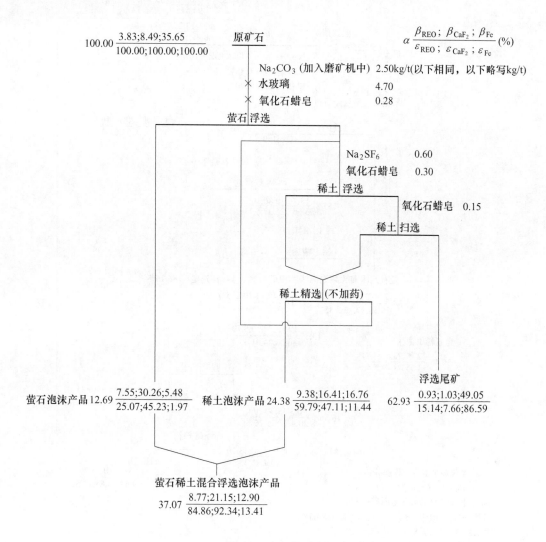

图 6-3 半工业流程

半工业试验中，原矿磨细度由 95% – 74μm，改为（85% ~ 95%）– 74μm 稍粗些，捕收剂氧化石蜡皂用量有所增加，两次加药精选稀土泡沫改为一次不加药精选，β_{REO} 未能超过 10%。但是仍然可以看出，半优先混合对 β_{REO} 仍然有利。

从试验结果可以看出，当原矿中含稀土氧化物（REO）低于 4% 时，要使 β_{REO} > 15% 保证摇床重选车间稀土精矿生产需要，增加稀土泡沫精选次数是必要的。其中包括加药精选和不加药精选作业。

（3）α_{REO} = 7.32% 中贫氧化矿细磨至（85% ~ 90%）– 74μm，工业生产流程与结果如图 6-4 所示（1975 年 8 月 28 日白班数质量流程）。

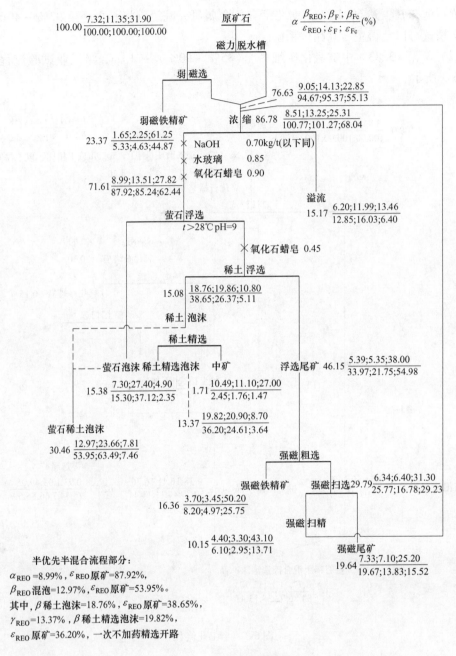

图 6-4 工业生产流程

半优先半混合流程部分：
$\alpha_{REO}=8.99\%$, ε_{REO}原矿$=87.92\%$,
β_{REO}混泡$=12.97\%$, ε_{REO}原矿$=53.95\%$。
其中，β稀土泡沫$=18.76\%$, ε_{REO}原矿$=38.65\%$,
$\gamma_{REO}=13.37\%$, β稀土精选泡沫$=19.82\%$,
ε_{REO}原矿$=36.20\%$, 一次不加药精选开路

6.2 羟肟酸类捕收剂浮选法

6.2.1 五种稀土原料性质的异同

在综合利用白云鄂博铁矿的选矿试验研究工作中,有优先浮选萤石、稀土、铁铌工艺流程; 有萤石稀土等混合浮选、混合泡沫分离稀土工艺流程;当然,M-M-F,F-M-M,M-F-M 实际上是优

先选铁的流程;还有优先浮选稀土—萤石—铁铌工艺流程,以及中贫富稀土原矿石直接入高炉熔炼,从富稀土渣中回收稀土的工艺流程等多种流程试验研究方案,都取得了丰富的成果,积累了宝贵的经验。本章概述优先浮选稀土工艺技术发展过程、主要创新成果和体会。

白云鄂博矿石综合利用稀土选矿技术不断提高,不断提高稀土精矿中稀土品位(REO含量),1970 年选矿厂采用半优先混合稀土萤石泡沫(含 REO 品位 >15%),1974 年经摇床重选得到 $\beta_{REO} \approx 30\%$ 的稀土粗精矿。当时虽然优先萤石—稀土—铁铌工艺流程试验处理萤石型中贫氧化矿石能够获得的 $\alpha_{REO} = 9.75\%$,$\beta_{REO} = 52.85\%$,$\varepsilon_{REO} = 91.20\%$ 的好指标,但由于当时不可能进口所需浮选捕收剂以及对国内外稀土精矿市场尚未打通等情况,不能进行生产,只能作为技术储备。

由于稀土冶炼生产的需要和稀土市场的开拓,对稀土精矿质量提出更高要求,因而必须解决生产 $\beta_{REO} > 60\%$ 继而生产 $\beta_{REO} = 68\% \sim 70\%$ 和单一氟碳铈矿精矿、单一独居石精矿的技术问题。

在优先稀土浮选方面,包头稀土研究院和广州有色金属研究院做得较多。后者首先以重选粗精矿为原料用 $C_{5\sim9}$ 羟肟酸为捕收剂(用量为 $0.8 + 0.2 \times (5\sim8)$ kg/t)、碳酸钠 3.0kg/t 调浆,水玻璃(20.0~27.0kg/t)作抑制剂,氟硅酸钠 0.9kg/t 作稀土活化剂,采用一粗八扫(或五扫)作业的工艺流程,获得了 30t/d 半工业规模试验成功。工艺指标:$\alpha_{REO} = 22\% \sim 24\%$,$\beta_{REO} = 60\% \sim 61\%$,$\varepsilon_{REO} = 56\% \sim 63\%$。继之,用中贫氧化矿石和选厂总尾矿为原料采用处理重选粗精矿相同流程处理,也取得了生产 $\beta_{REO} > 60\%$ 的稀土精矿,$\varepsilon_{REO} = 24\% \sim 36\%$。该工艺流程后经该院进一步研究与改进,在工艺指标有所改善的情况下,$C_{5\sim9}$ 羟肟酸捕收剂用量由 2.4kg/t 减到 0.24kg/t,使水玻璃用量由 20.0~27.0kg/t 减到 15kg/t。措施主要有:将原料粒度由 51.2% $-74\mu m$ 再磨细到 96% $-74\mu m$,矿浆介质由 pH 值为 9~10.5 改成 8~9,控制浮选矿浆浓度,粗选作业为 30%,精选浓度(不加药)为 7%~13%,该项试验成果被采用在当时选矿厂和稀土三厂稀土车间的设计和生产之中。该流程处理三种原料的试验结果见表 6-1。

表 6-1　$C_{5\sim9}$ 羟肟酸为捕收剂优先浮选 $\beta_{REO} > 60\%$ 稀土精矿半工业试验结果

原　料		粗精矿品位 REO/%	高品位稀土精矿			稀土次精矿			稀土总精矿		
			$\alpha/\%$	$\beta_{REO}/\%$	$\varepsilon/\%$	$\alpha/\%$	$\beta_{REO}/\%$	$\varepsilon/\%$	$\alpha/\%$	$\beta_{REO}/\%$	$\varepsilon/\%$
30t/d 半工业试验	包钢选厂	22.71	21.11	60.67	56.41	20.58	36.93	33.47	39.69	54.12	89.15
	包钢有色三厂	24.04	24.53	61.64	62.94	15.16	41.55	26.21	41.69	48.96	89.88
实验室适应性试验	混合型原矿石	6.30	4.53	60.95	43.82	4.51	33.79	24.18	9.04	47.40	68.00
	萤石型原矿石	7.90	5.20	62.77	41.33	9.39	30.00	35.65	14.59	41.67	76.98

包头稀土研究院开始用混合型中贫氧化原矿石为原料,以碳酸钠、水玻璃、氧化石蜡皂药剂组合选出的稀土萤石混合泡沫($\beta_{REO} = 13.64\%$,$\varepsilon_{REO} = 87.48\%$),用明矾、苛性钠、水玻璃、氧化石蜡皂分离出重晶石和萤石得稀土富集物($\beta_{REO} = 20.33\%$,$\varepsilon_{REO} = 70.61\%$),再经摇床重选富集得稀土粗精矿 1($\beta_{REO} = 52.75\%$,$\varepsilon_{REO} = 10.95\%$)和稀土粗精矿 2($\beta_{REO} = 34.26\%$,$\varepsilon_{REO} = 37.57\%$),总 $\varepsilon_{REO} = 48.52\%$。稀土粗精矿 1 再经一次钢绒毛介质强磁机分选,获得 $\beta_{REO} = 68.80\%$,$\varepsilon_{REO} = 6.43\%$ 的高品位稀土精矿,其尾矿与稀土粗精矿 2 合并得稀土次精矿 $\beta_{REO} = 34.76\%$,$\varepsilon_{REO} = 42.09\%$,总 ε_{REO} 仍为 48.52%。其数

质量工艺流程图如图6-5所示。

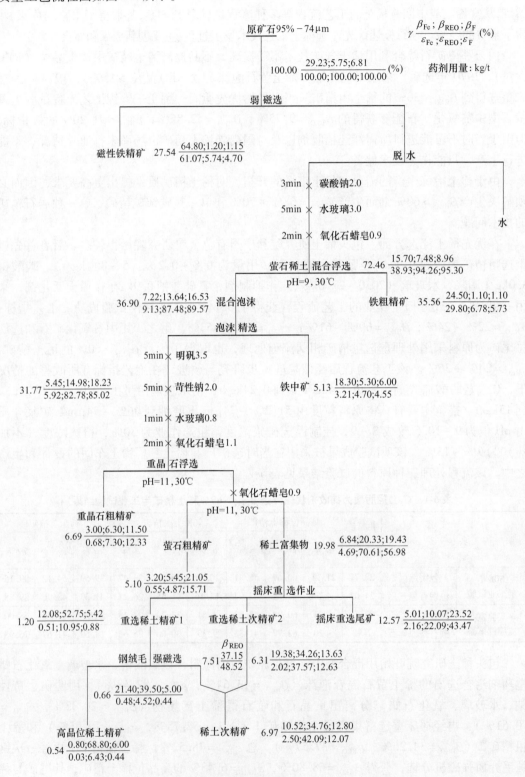

图 6-5 混合型中贫矿氧化石蜡皂浮选稀土精矿试验数质量流程图

包头稀土研究院始终如一地进行白云鄂博矿石资源优先稀土精矿的研制和创新工作，该院用原矿石、稀土-萤石混合泡沫、重选粗精矿（在 1990 年 M-M-F 流程投产后又继而研究强磁中矿、强磁尾矿）为原料，先后采用氧化石蜡皂稀土捕收剂、羟肟酸类系列稀土矿物捕收剂，并与选矿工艺研究密切协作，共同制订出全新的稀土矿物优先浮选工艺方法与工艺流程，成功用于大规模生产中，在国内许多类似稀土矿选厂中得到推广运用。该院研制的工艺流程可处理各种含稀土原料，可以生产出各种品级的稀土精矿。包括 $\beta_{REO} > 60\%$ 的稀土精矿，$\beta_{REO} > 68\%$ 的稀土精矿，$\beta_{REO} > 70\%$ 的单一氟碳铈矿精矿。

包钢矿山研究院和包钢选矿厂以重选粗精矿为原料，分别用自己研制的水杨羟肟酸和苯羟肟酸为捕收剂优先浮选稀土精矿也获得了优异结果。选厂的结果是 $\gamma_{REO} = 31.32\%$，$\beta_{REO} = 61.22\%$，$\varepsilon_{REO} = 92.18\%$。矿山研究院的结果是 $\gamma_{REO} = 29.17\%$，$\beta_{REO} = 66.52\%$，$\varepsilon_{REO} = 90.19\%$。包头稀土研究院与包钢选厂合作以重选粗精矿为原料用环肟酸为捕收剂生产 $\beta_{REO} = 68\%$。稀土精矿工业试验结果令人满意，其一粗五精开路流程工艺指标为 $\alpha_{REO} = 31.7\%$，$\beta_{REO} = 72.20\%$，$\varepsilon_{REO} = 22.82\%$。闭路流程指标为 $\gamma_{REO} = 32.40\%$，$\beta_{REO} = 71.30\%$，$\varepsilon_{REO} = 72.22\%$。

北京矿冶研究总院与包钢选厂稀土选矿车间和包钢矿山研究院合作用 $\phi 1\,m$ 钢板网介质高梯度强磁机处理重选粗精矿，因排出大量萤石、重晶石和磷灰石使 β_{REO} 由 33.56% 一次提高到 $\beta_{REO} = 47.14\%$，$\varepsilon_{REO} = 98.07\%$。处理稀土萤石混合泡沫时，起到脱泥、脱药、脱水和分离出萤石、重晶石、磷灰石选别四种功能作用，因而效果较好。

在此期间，联邦德国 KHD 公司和日本神户制钢所分别用烷基膦酸酯和烷基磺酸钠作捕收剂浮选稀土精矿，分别取得了良好结果，KHD 公司的结果是 $\alpha_{REO} = 9.88\%$，$\beta_{REO} = 56.58\%$，$\varepsilon_{REO} = 87.26\%$；神户所的结果是 $\alpha_{REO} = 30\%$，$\beta_{REO} = 60\%$，$\varepsilon_{REO} = 83\%$。

一份美国专利介绍用乳浊液混合捕收剂——Emulsion 优先浮选稀土，经一次粗选、四次精选、一次扫选的工艺流程处理由石英、萤石、方解石、云母等组成的氟碳铈矿矿石。其结果为 $\alpha_{Ce_2O_3} = 4.17\%$，$\beta_{Ce_2O_3} = 29.82\%$，$\varepsilon_{Ce_2O_3} = 94.6\%$。

白云鄂博矿石的选矿过程、稀土分选过程是一种从构成矿石的多种矿物群的稀土矿物中依其物理（磁、电、光、比重、表面化学……）、化学性质不同，差别进行加工处理的，旨在使稀土矿物同其他所有伴生矿物分离开来，从而使稀土矿物得到纯化成稀土精矿的过程。然而由于存在细粒稀土矿物与其他矿物呈相互浸染、镶嵌和互相包裹等现象，还有稀散元素存在稀土矿物结晶格中等情况，因而想选得 100% 的纯净稀土矿物是十分困难，甚至是不可能的，只能尽最大可能地接近纯矿物。至于能把原料中所含纯净稀土矿物量选出多少成为一定数量的精矿，该量与原料中所含有量的比值被称为稀土矿物回收率。除了上述的原因之外，还要受到所用工艺流程结构、所用工艺设备和药剂制度以及操作因素的影响，达不到 100% 地回收。

根据原料特性、嵌布情况、单体解离度、工艺方法、操作条件等，预计达到的 β_{REO} 和 ε_{REO} 指标水平计算方法，详见 2.6.3 节。

最常用于浮选稀土精矿的五种原料有白云鄂博主矿、东矿中贫氧化矿石、混合稀土萤石浮选泡沫、重选稀土粗精矿和强磁中矿和强磁尾矿。它们的矿物组成、多元素化学分析和磨矿细度见表6-2和表6-3。

表6-2 优先浮选稀土精矿的原料矿物组成 （%）

	矿物组成	原矿石	混合泡沫	重选稀土粗精矿	强磁中矿	强磁尾矿
实测值	稀土矿物	10.5	16.8	32.9	17.5	8.9
	其中氟碳铈矿	8.0	11.0	24.5	11.9	—
	独居石	2.5	5.8	8.4	5.6	—
	萤 石	26.3	41.6	31.2	15.8	37.0
	重晶石	5.1	8.7	7.3	1.2	8.7
	磷灰石	3.1	7.4	6.6	2.2	7.5
	黄铁矿	0.2	1.8	—	—	0.8
	方解石、白云石	1.6	5.4	5.3	9.0	8.6
	硅酸盐矿物	7.2	6.2	3.4	35.5	19.6
	铁矿物	45.1	12.0	12.9	17.8	8.4
	总 计	99.1	99.9	99.6	99.0	99.5
近似值	稀土矿物	10	17	33	18	9
	萤、重、磷、黄	35	60	45	20	54
	白云石、方解石	2	5	5	9	9
	铁硅矿物	53	18	17	53	28
	总 计	100	100	100	100	100
磨细度	70μm	96	—	93	79	
	40μm	80	87-92	62	45	
	30μm	45	75-76	40	36	

表6-3 优先浮选稀土精矿的原料多元素化学分析 （%）

	矿 样	REO	TFe	TiO_2	Nb_2O_5	SiO_2	CaO	BaO	F
原矿石	M-M-F N1 样	5.4	34.2	0.54	0.086	9.2	15.4	2.2	8.6
	最佳化 N2 萤石型样	7.7	30.6	0.40	0.125	9.2	18.6	3.8	11.5
	最佳化 N1 混合型样	7.0	30.8	0.51	0.130	13.6	17.0	2.0	9.1
	絮凝 79 中贫矿样	6.2	32.0	0.58	0.120	10.2	16.2	1.6	9.0
稀土萤石泡沫	半优先混合稀土萤石泡沫	17.3	8.5	—	0.076	3.1	—	—	17.1
	混合稀土黄石泡沫	13.4	8.4			3.3	35.0	5.7	22.5
	强磁精矿反浮选泡沫	25.6	13.7		0.160	3.2	24.1		13.6
	铁精矿反浮选泡沫	10.1	27.1	—	0.145	2.7	23.4	0.9	13.3

矿 样		REO	TFe	TiO$_2$	Nb$_2$O$_5$	SiO$_2$	CaO	BaO	F
重选稀土粗精矿	β_{REO} =24% 稀土粗精矿	24.9	13.2	0.40	0.070	痕	16.7	12.7	11.8
	β_{REO} =24% 稀土粗精矿	23.5	14.2	0.42	0.105	1.0	20.3	10.1	11.9
	β_{REO} =30% 稀土粗精矿	29.5	12.6	—	0.085	—	14.8	11.8	8.7
	β_{REO} =30% 稀土粗精矿	29.5	6.7	0.19	0.101	1.4	13.0	13.0	8.4
强磁中矿	β_{REO} =12.7% 强磁中矿	12.7	21.0	0.90	0.210	17.7	14.0	1.3	7.0
	β_{REO} =13.1% 强磁中矿	13.1	17.9	0.97	0.250	18.7	15.9	1.5	8.7
强磁尾矿	β_{REO} =6.03% 强磁尾矿	6.03	7.40	0.351	0.12	17.70	32.78	5.10	18.70

由表6-2、表6-3可以看出,该5种原料源于原矿石,它们的矿物组成和多元素化学分析都一样,只是它们的数量各有不同。不同的量决定着不同的质,磨细度原矿石为96% -74μm或80% -40μm;重选粗精矿变粗些,为93% -74μm或62% -40μm,强磁中矿更粗些,变成79% -74μm或45% -40μm了,只有混合泡沫比原矿更细些,为(87% ~ 96%) -40μm,故它们的单体解离度就有所不同,当然细些的物料会比粗的单体分离度高些,但混合泡沫由于经过了磁选—混合浮选药剂的作用,使组成矿物群的表面性质受到较大影响,吸附有不同程度的捕收剂,在分选之前,试验证明进行脱药脱泥是必要的前处理过程,对稀土矿物的优先浮选效果有重要影响。

还可以看出,各矿物间的相互量的比例关系也发生了变化,如混合泡沫和重选粗精矿中易被阴离子捕收剂,如氧化石蜡皂、油酸钠所捕收的,又无磁性又易被强磁场抛出的萤石、重晶石、磷灰石等矿物含量由原矿中的35%提高到45% ~60%,这对采用高梯度强磁技术分选这些矿物,提高稀土品位较为有利。强磁中矿的特点是与稀土矿物较易浮选分离的硅酸盐矿物铁矿物含量与原矿石相当,占53%,萤石、重晶石、磷灰石的矿物量减少到20%,有利于稀土矿物分选效率的提高。再有大于74μm强磁中矿中的粒级含稀土品位低,近于尾矿的品位,易被选入浮选沉砂尾矿中。

6.2.2 原矿石优先浮选稀土—萤石—重晶石—铁铌精矿工艺流程

6.2.2.1 东矿中贫氧化矿石优先浮选稀土—萤石—重晶石—铁铌工艺
东矿中贫氧化矿石优先浮选稀土—萤石—重晶石—铁铌工艺流程如图6-6所示。
6.2.2.2 原矿磨矿细度影响和优先浮选药剂制度
原矿磨矿细度影响和优先浮选药剂制度见表6-4。

表6-4 磨矿细度对稀土浮选结果的影响

磨矿细度	稀土精矿			稀土中矿			稀土粗精矿		
-74μm/%	γ/%	β_{REO}/%	ε_{REO}/%	γ/%	β_{REO}/%	ε_{REO}/%	γ/%	β_{REO}/%	ε_{REO}/%
96.8	6.34	60.19	51.33	14.96	17.92	35.74	21.30	30.66	87.07
95.0	5.06	62.15	42.03	14.31	22.01	41.97	19.37	32.50	84.00
90.0	3.77	62.10	30.27	14.43	25.08	50.25	18.20	32.75	80.52
85.0	1.35	65.10	11.99	15.20	27.11	55.49	16.56	30.25	67.48

流程与药剂如图6-7所示。

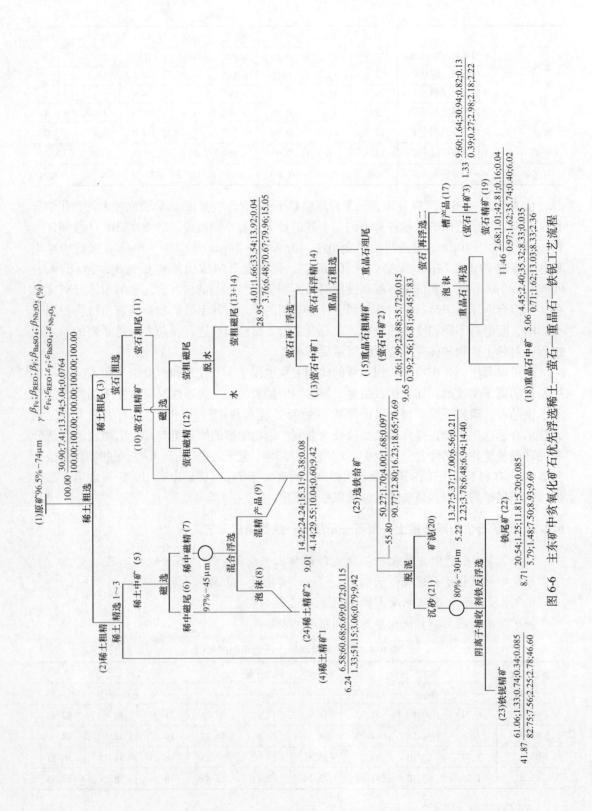

图 6-6 某东矿中贫氧化矿石优先浮选稀土—萤石—重晶石—铁—铌工艺流程

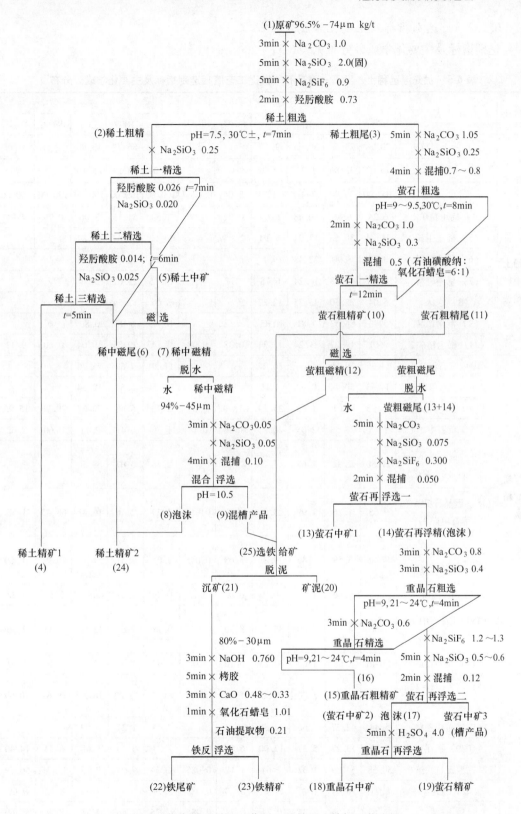

图6-7 优先浮选稀土—萤石—重晶石—铁铌工艺流程

6.2.2.3 选别指标及主要化学成分分布

选别指标及主要化学成分分布见表6-5。

表6-5 优先浮选稀土—萤石—重晶石—铁铌工艺流程选别指标及主要化学成分分布

作业	产品	产率/%	β/%					ε/%				
			Fe	REO	F	BaSO₄	Nb₂O₅	Fe	REO	F	BaSO₄	Nb₂O₅
稀土粗选	(2) 稀土粗精矿	20.98	23.50	30.65	9.10			15.96	86.77	13.90		
	(3) 稀土粗尾	79.02	32.86	1.24	14.97			84.04	13.23	86.10		
	原矿	100.00	30.90	7.41	13.74	5.04	0.0764	100.00	100.00	100.00	100.00	100.00
稀土中矿精选	(4) 稀土精矿1	6.24	6.58	60.68	6.69	0.72	0.06	1.33	51.15	3.06	0.79	4.84
	(5) 稀土中矿	14.74	30.66	17.91	9.10			14.63	35.62	10.84		
	(6) 稀中磁尾	3.97	3.90	22.48	19.17			0.48	12.01	5.53		
	(7) 稀中磁精	10.77	40.58	16.24	6.78			14.15	23.61	5.31		
	(8) 泡沫	5.04	22.50	25.75	12.37			3.66	17.54	4.51		
	(9) 混槽产品	5.73	56.53	7.81	1.85			10.49	6.07	0.80		
	(24) 稀土精矿2	9.01	14.22	24.24	15.31	0.38	0.08	4.14	29.55	10.04	0.60	9.42
萤石粗精矿精选与分选重晶石	(10) 萤石粗精矿	34.39	10.06	1.66	30.27			11.20	7.69	75.76		
	(11) 萤石粗精尾	44.63	50.44	0.92	3.18			72.84	5.54	10.34		
	(13+14) 萤粗磁尾	28.95	4.01	1.66	33.54	C13.92	0.04	3.76	6.48	70.67	79.96	15.05
	(13) 萤石中矿1	1.45	27.53	2.05	20.33	1.86	0.14	1.30	0.41	2.11	0.60	2.62
	(14) 萤石再浮精 （重晶石浮选给矿）	27.50	2.82	1.63	34.25			2.46	6.07	68.56		
	(15) 重晶石粗精矿 （萤石中矿2）	9.65	1.26	1.99	23.88	35.72	0.015	0.39	2.56	16.81	68.45	1.83
	(16) 萤石再浮选二给矿 （重晶石粗尾）	17.85	3.59	1.46	39.83	3.08	0.045	2.07	3.51	51.75	10.91	10.60
	(17) 萤石中矿3	1.33	9.60	1.64	30.94	0.82	0.13	0.39	0.27	2.98	2.18	2.22
	(18) 重晶石中矿 （萤石中矿4）	5.06	4.45	2.40	35.32	8.30	0.035	0.71	1.62	13.03	8.33	2.36
	(19) 萤石精矿	11.46	2.68	1.01	42.81	0.16	0.04	0.97	1.62	35.74	0.40	6.02
阴离子捕收剂反浮选铁	(25)=(9+11+12) 选铁给矿	55.80	50.27	1.70	4.00	1.68	0.097	90.77	12.82	16.23	18.65	70.69
	(13) 萤粗磁精	5.44	42.27	1.66	12.80			7.44	1.21	5.09		
	(20) 矿泥	5.22	13.27	5.37	17.00	6.56	0.211	2.23	3.78	6.48	6.94	14.40
	(21) 脱泥选铁给矿	50.58	54.09	1.32	2.64	1.17	0.085	88.54	9.04	9.75	11.71	56.29
	(22) 铁尾矿	8.71	20.54	1.25	11.81	5.20	0.085	5.79	1.48	7.50	8.93	9.69
	(23) 铁精矿	41.87	61.06	1.33	0.74	0.34	0.085	82.75	7.56	2.25	2.78	46.60

作业	产品	产率 /%	β/%					ε/%				
			Fe	REO	F	$BaSO_4$	Nb_2O_5	Fe	REO	F	$BaSO_4$	Nb_2O_5
稀土粗、精选作业区		15.25	12.02	39.21	11.80	0.46	0.0714	5.47	80.70	13.10	1.39	14.26
萤石、重晶石粗精选区		28.95	4.01	1.66	33.54	13.92	0.0400	3.76	6.48	70.67	79.96	15.05
阴离子捕收剂反浮选铁区		55.80	50.27	1.70	4.00	1.68	0.0970	90.77	12.82	16.23	18.65	70.69
原　矿		100.00	30.90	7.41	13.74	5.04	0.0764	100.00	100.00	100.00	100.00	100.00

6.2.2.4　工艺流程综合选别结果及其特点简述

按该流程处理白云鄂博主东矿中贫氧化矿石获得了如下工艺指标：

稀土精矿1：$\gamma = 6.24\%$，$\beta_{REO} = 60.68\%$，$\varepsilon_{REO} = 51.15\%$；

稀土精矿2：$\gamma = 9.01\%$，$\beta_{REO} = 24.24\%$，$\varepsilon_{REO} = 29.55\%$；

萤石精矿：$\gamma = 11.46\%$，$\beta_F = 42.81\%$，$\varepsilon_F = 35.74\%$；

重晶石粗精矿：$\gamma = 9.65\%$，$\beta_{BaSO_4} = 35.72\%$，$\varepsilon_{BaSO_4} = 68.45\%$；

铁铌精矿：$\gamma = 41.87\%$，$\beta_{Ee} = 61.06\%$，$\varepsilon_{Ee} = 82.75\%$，$\beta_{Nb_2O_5} = 0.085\%$，$\varepsilon_{Nb_2O_5} = 46.60\%$；

矿泥（铌富集物）：$\gamma = 5.22\%$，$\beta_{Nb_2O_5} = 0.211\%$，$\varepsilon_{Nb_2O_5} = 14.40\%$；

原矿：$\alpha_{Fe} = 30.90\%$；$\alpha_{REO} = 7.41\%$；$\alpha_F = 13.74\%$；$\alpha_{BaSO_4} = 5.04\%$；$\alpha_{Nb_2O_5} = 0.0764\%$。

从该流程的试验结果可以看出：

（1）在原矿细磨至96.5%－74μm时，一次粗选即可获得$\gamma = 20.98\%$，$\beta = 30.65\%$，$\varepsilon = 86.77\%$的稀土粗精矿，其中带走ε_{Fe}约为16%的铁回收率，经精选β_{Fe}由23.5%提高到56.53%，$\varepsilon = 10.5\%$做铁原料予以回收。

（2）稀土粗尾选入$\varepsilon = 84\%$的铁和$\varepsilon = 86\%$的F（萤石），为进一步分选铁铌与萤石、重晶石创造了条件。经萤石浮选—粗—精作业得$\gamma = 44.63\%$，$\beta_{Fe} = 50.44\%$，$\varepsilon_{Fe} = 72.84\%$的铁粗精矿，为取得$\beta_{Fe} > 60\%$合格精矿提供了相应原料。

（3）铌在流程中的分布是在铁反浮选作业区及在稀土和萤石两个浮选作业区，$\varepsilon = 70\%$在稀土和萤石两个浮选作业区各占ε_F为15%。值得注意的是铌在浮选铁前的脱泥作业中在矿泥里得到了较大幅度的富集，由0.097%富集到0.211%，提高31.35倍。

（4）重晶石与萤石的浮选分离效果不够明显尚需做新的探索以改善其分选效果。

（5）由三部分组成的铁反浮选给矿$\gamma = 55.80\%$，$\beta_{Fe} = 50.27\%$，$\varepsilon_{Fe} = 90.77\%$，经阴离子捕收剂氧化石蜡皂和石油提取物在碱性矿浆中，CaO活化，栲胶抑制，浮选铁精矿含铁品位由$\beta_{Fe} = 50.27\%$提高到61.06%，$\varepsilon_{作业} = 91.16\%$，$\varepsilon_{原矿} = 82.75\%$，说明阴离子反浮选铁工艺在技术上是可能的，当然需要经过扩大和工业性试验的验证才行。

6.2.2.5　白云鄂博主矿、东矿混合型氧化矿石优先浮选稀土精矿的30t/d处理量半工业试验流程和结果

原矿石优先浮选稀土精矿30t/d半工业试验流程图如图6-8所示。

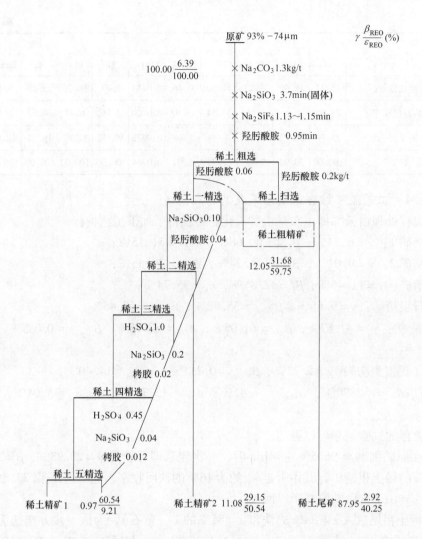

图 6-8 原矿石优先浮选稀土精矿 30t/d 半工业试验流程图

（所用稀土捕收剂与小型试验同是 C_{5-9} 异羟肟酸胺。原矿磨矿细度由小型的 96.5% 改为 93% $-74\mu m$，稀土中矿未行磁选分离铁，也未对其进行再磨细，药剂用量较小型试验有所增加。原矿经一粗一扫作业，粗精和扫精合并得 $\gamma = 12.05\%$，$\beta_{REO} = 31.68\%$，$\varepsilon_{REO} = 59.75\%$，即 $\beta_{REO} = 30\%$，$\varepsilon_{REO} = 60\%$）

6.2.3 原矿石优先浮选稀土精矿的最新成果

2006 年 1 月获得包头市科技局技术鉴定 $\alpha_{REO} = 8.59\%$，$\beta_{REO} = 59.10\%$，$\varepsilon_{REO} = 90.22\%$ 优异指标。

该成果的核心经验是采用新型捕收剂并调整加药用量，增加精选、扫选作业次数，精扫选均加药并加搅拌，其次精扫选各作业均按闭路进行工作。类似情况早在 20 世纪 50 年代初就出现过，辽宁地区的几处铜矿在组织铜浮选复产时，暂时留用的日本选矿工程师提出的硫化铜矿选矿流程就只按一粗一扫一精作业设计施工，结果生产出来的铜精矿铜品位

只有10%左右。后来在生产中发现增加精选作业
1～2次，再添加些脉石抑制剂，如水玻璃、明矾
等同时进行闭路生产，在不影响或少许影响铜回
收率的情况下铜精矿铜品位竟提高到20%以上。
看来，无论是对硫化矿石还是氧化矿石、有色金
属矿石还是稀有黑色金属矿石的浮选试验研究和
生产实践之间，互相交流和汲取对方的经验是十
分重要的。

达茂旗稀土选矿厂原生产一粗一精一扫工艺
流程（图6-8）与试验一粗四精二扫闭路加药搅
拌流程如图6-9和图6-10所示。药剂用量与工艺
指标见表6-6与表6-7。

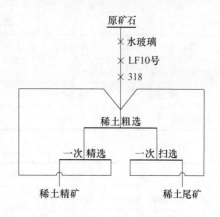

图6-9 达茂旗稀土选厂现有生产工艺流程

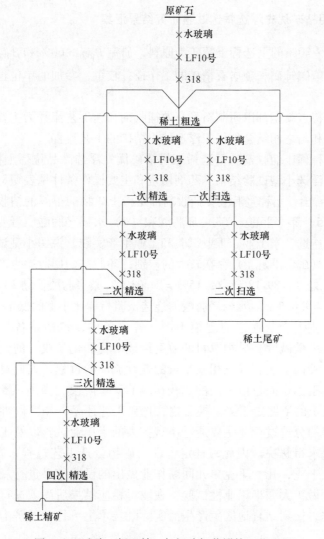

图6-10 试验一粗四精二扫闭路加药搅拌工艺流程

表 6-6 药剂用量 （kg/t）

作 业	水玻璃	LF10 号	318	总用量
一粗一精一扫	—	—	—	—
一粗二精二扫	4.84	4.150	0.7	9.69
一粗四精二扫	14.06	8.312	1.6	23.97

表 6-7 工艺指标 （%）

作 业	α	β	ε
选厂生产 2005 年 1~7 月		43.71	47.18
试验一粗二精二扫	9.03	53.29	84.61
试验一粗四精二扫	8.59	59.10	90.22

6.2.4 重选稀土粗精矿优先浮选精选试验研究结果汇集

以 $\beta_{REO} = 22\% \sim 30\%$ 的重选稀土精矿为原料，研制 $\beta_{REO} > 60\%$ 和 $\beta_{REO} > 68\%$ 以及从混合稀土精矿中分离氟碳铈矿和独居石精矿的工作任务较重，参加的单位也较多，取得的研究成果也较多。

各单位的共同特点就是都以研制新型高效捕收剂和新工艺流程为主要手段进行，特别是羟肟酸系列产品和与之相结合的优先浮选稀土精矿的工艺流程。

羟肟酸系列七种稀土捕收剂从重选稀土粗精矿优先浮选高品位稀土精矿的试验结果、七种捕收剂的优先浮选小型试验结果、药剂用量和主要操作条件见表 6-8。

由表 6-8 可以看出，七种羟肟酸类捕收剂都是稀土矿物的很好的捕收剂，小型试验选矿工艺指标，以（5）萘羟肟酸、（3）环肟酸和（6）水杨羟肟酸三者要较好些。环肟酸和萘羟肟酸经过了连选、半工业、工业试验和工业生产实践，说明小型试验与工业生产二者的选矿工艺指标（β_{REO} 和 ε_{REO}）存在较大的差别，环肟酸的回收率生产指标比小型试验指标低 24%，（ε_{REO} 之差 = 89.18% – 65.15% = 24.03%）萘羟肟酸低约 10% 的（ε_{REO} 之差 = 84.08% – 74.23% = 9.85%）。水杨羟肟酸的连选试验指标比小型的低了 14.97%。

选矿试验和工业生产及连选的规模不同，各项条件，包括设备、药剂、操作、水质、水温、矿浆浓度酸碱度、矿物原料的粒度组成矿物和化学成分的变化等也不同。总之，选矿过程是一种固、液、气三相系复杂的连续流动的过程，人们对它的复杂规律的认识还处于由必然王国走向自由王国的比较初级的认识阶段，尚须不断地沿着实践—认识—再实践—再认识的道路走下去。换言之，选矿工艺还是一项实践性很强的工艺，对不同的具体矿物间的分选过程还是要通过小型扩大的半工业试验以及工业试验一系列循序渐进的实践方法求得解决。因此，选定合理的矿物分选工艺过程，即生产工艺流程，根据给料量只有几千克，几十千克单元间断作业做出的试验结果进行规模生产是不可取的。一定还要继续做扩大和半工业性试验，在取得相应结果后尚须进行建厂前的技术经济可行性研究工作，做到结合地区生产生活实际既技术上可行又经济上合理，并适应市场的需要。

表 6-8 七种捕收剂优先浮选稀土精矿工艺指标表

参 数	(1)羟肟酸 (广州有色研究院)	(2)羟肟酸胺 (包头稀土研究院)	(3)环烷酸 (包头稀土研究院)			(4)802药剂 (包头稀土研究院)	(5)苯羟肟酸(H205) (包头稀土研究院)			(6)水杨羟肟酸 (包钢矿山研究院)		(7)苯羟肟酸 (包钢选矿厂)
			半工业	工业生产			连选	工业试验		连选		
选矿工艺指标 $\alpha_{REO}/\%$	29.85	21.59	24.80	29.15	23.04	31.81	23.93	23.09	23.51	29.17	29.73	31.32
$\beta_{REO}/\%$	60.13	62.43	60.93	62.60	60.14	61.24	67.36	60.24	62.93	69.47	69.08	61.22
$\varepsilon_{REO}/\%$	79.63	67.75	89.18	73.93	65.15	86.76	84.08	78.91	74.23	87.86	72.89	92.18
主要操作条件 矿浆 pH	10.5	9	8.5~9			7.5~8	9~9.5			7.5~8		7~7.5
矿浆浓度	27~30	32	30			29	38~45			24		32
矿浆温度/℃	26~28	30~31	30			30~33	28~32			60		40~50
浮选药剂制度 捕收剂/kg·t⁻¹	2.30	0.95	1.20			2.00	2.07	1.79		0.89		0.60
起泡剂/kg·t⁻¹	—	—	—			0.073	0.17	1.69		0.095		—
调整剂/kg·t⁻¹	—	—	—			—	—			—		—
苛性钠/kg·t⁻¹	1.20	1.50	1.20			—	—			—		0.50
碳酸钠/kg·t⁻¹	—	—	—			—	—			—		—
抑制剂/kg·t⁻¹	—	—	—			—	—			—		—
水玻璃/kg·t⁻¹	25.00	10.00	12.00			1.80	3.34	3.71		2.71		0.20
明矾/kg·t⁻¹	—	2.50	—			—	—			—		1.00
活化剂/kg·t⁻¹	—	—	—			—	—			—		—
氟硅酸钠/kg·t⁻¹	0.90	—	1.10			1.65	—			—		—
氯化铵/kg·t⁻¹	—	—	—			—	氨水	0.45		—		—
选矿分选效率 $f=\beta/\alpha\times\varepsilon$	160.4	195.9	219.1	158.8	170.1	167.0	236.7	205.87	198.7	209.2	169.4	180.2

6.2.5 三种羟肟酸捕收剂优先浮选稀土精矿工艺流程范例

6.2.5.1 萘羟肟酸（H205）优先浮选稀土精矿（图6-11、表6-9、表6-10）

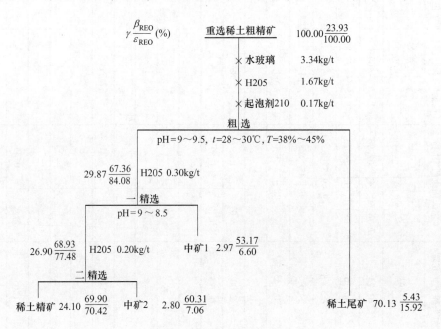

图6-11 H205优先浮选稀土精矿工艺流程

表6-9 选矿工艺指标 （%）

规 模	α_{REO}	β_{REO}	ε_{REO}
小型试验	23.93	67.36	84.08
扩大连选	23.09	60.24	78.91
工业试验/100t·d^{-1}	23.12	62.32	74.74

表6-10 药剂用量 （kg/t）

试 验	水玻璃	H205	210	氨 水	总 计
小型试验	3.34	2.07	0.17	—	5.58
工业试验	3.71	1.79	1.69	0.45	7.64

6.2.5.2 水杨羟肟酸优先浮选稀土精矿如图6-12、表6-11、表6-12所示

表6-11 选矿工艺指标 （%）

规 模	α_{REO}	β_{REO}	ε_{REO}
小型试验	29.17	66.52	90.19
扩大连选	29.73	66.77	73.60

表6-12 药剂用量 （kg/t）

试 验	水玻璃	水杨羟肟酸	2号油	总 计
小型试验	2.71	0.89	0.10	3.70
扩大连选	3.17	0.81	0.06	4.04

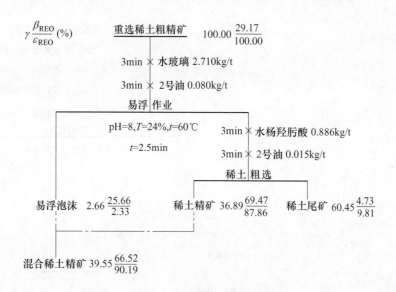

图 6-12 水杨羟肟酸优先浮选稀土精矿工艺流程

6.2.5.3 环肟酸优先浮选稀土精矿

A 小型试验开路流程如图 6-13、表 6-13 所示

本试验流程的特点：一段粗选、多段精选、精选不加药、低浓度、低温度（自然温度）低 pH 值。

表 6-13 小型试验开路流程指标

产 品	$\gamma/\%$	$\beta_{REO}/\%$	$\varepsilon_{REO}/\%$
五精选精矿	24.02	68.57	48.31
中矿 5	1.87	59.36	3.26
四精选精矿	25.89	67.40	51.57
中矿 4	3.12	56.41	5.16
三精选精矿	29.01	66.67	56.73
中矿 3	5.66	53.71	8.92
二精选精矿	34.67	64.55	65.65
中矿 2	8.89	45.56	11.88
一精选精矿	43.56	60.75	77.53
中矿 1	10.83	28.53	9.06
粗精矿	54.39	54.27	86.59
稀土尾矿	45.61	10.02	13.41
重选稀土粗精矿	100.00	34.09	100.00

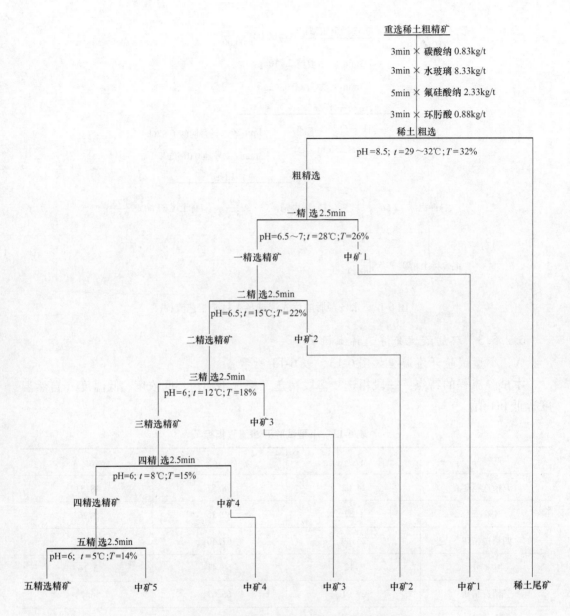

图 6-13   环肟酸优先浮选稀土精矿小型开路流程

B 小型试验闭路流程如图 6-14、表 6-14 所示

改闭路后，降低了入选品位，增高了矿浆浓度，使整个过程更加稳定，使稀土回收率由 48.31% 提高到 83.12%，稀土精矿品位仍保持原有水平。在捕收剂选择性相对较低，又要选别高品位精矿时，采用多段精选并闭路是必要的。

6.2.6 羟肟酸系列七种捕收剂优先浮选稀土矿物的选择性特点

羟肟酸系列捕收剂的分子结构式，用各个捕收剂对选入浮选泡沫产品中稀土矿物和其他组成矿物的回收率指标分别记列如下：

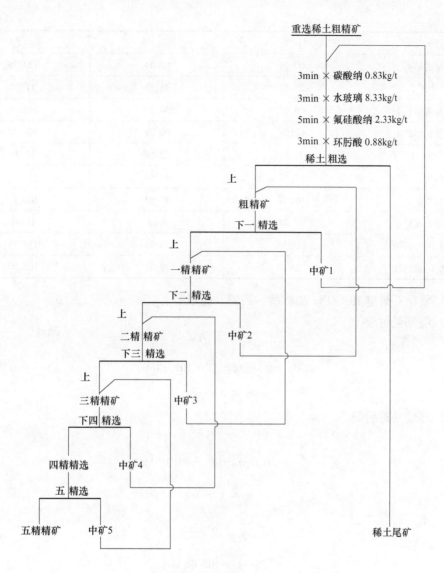

图 6-14 环肟酸优先浮选稀土精矿小型闭路流程

表 6-14 小型试验闭路流程指标

产　品	$\gamma/\%$	$\beta_{REO}/\%$	$\varepsilon_{REO}/\%$
五精选精矿	37.02	68.50	83.12
中矿 5	7.95	64.00	16.68
四精选精矿	44.97	67.71	99.80
中矿 4	17.84	59.90	35.04
三精选精矿下	62.81	65.50	134.84
三精选精矿上	54.86	65.71	118.16
中矿 3	23.76	53.00	41.27
二精选精矿下	78.62	61.87	159.43

产品	$\gamma/\%$	$\beta_{REO}/\%$	$\varepsilon_{REO}/\%$
二精选精矿上	60.78	62.44	124.39
中矿 2	25.87	48.55	41.17
一精选精矿下	86.65	58.29	165.55
一精选精矿上	62.89	60.29	124.29
中矿 1	24.58	22.10	17.73
粗精矿下	87.47	49.54	142.02
粗精矿上	61.60	49.95	100.85
稀土尾矿	62.98	8.18	16.88
含中矿给矿	124.58	28.83	117.73
重选稀土粗精矿	100.00	30.51	100.00

（1）氧化石蜡皂 RCOONa 脂肪酸、石蜡、高级醇。

（2）烷基羟肟酸

$$CH_3—(CH_2)_n—\overset{\overset{\displaystyle O}{\|}}{C}—NHOH(Me)$$

$$n = 3 \sim 7$$

（3）环烷基羟肟酸

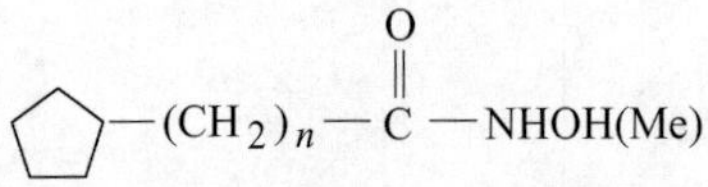

$$\bigcirc—(CH_2)_n—\overset{\overset{\displaystyle O}{\|}}{C}—NHOH(Me)$$

$$n = 1 \sim 6$$

（4）苯羟肟酸

$$\bigcirc—\overset{\overset{\displaystyle O}{\|}}{C}—NHOH(Me)$$

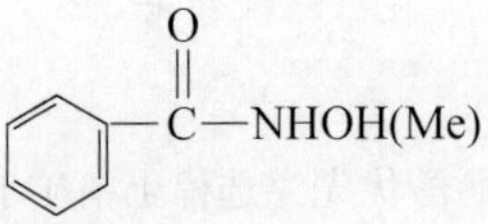

（5）邻羟基苯甲羟肟酸（水杨羟肟酸）

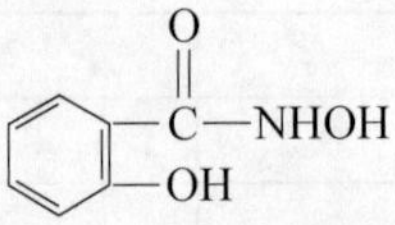

$$\bigcirc\overset{\overset{\displaystyle O}{\|}}{\underset{OH}{C}}—NHOH$$

（6）邻苯二羟肟酸（N-羟基邻苯二酰亚胺，802 号药剂）

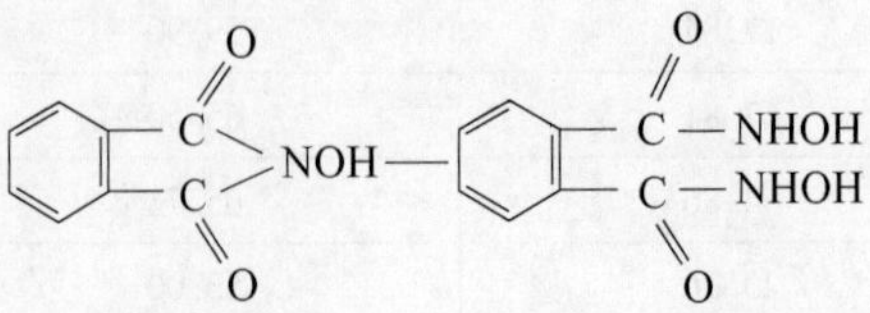

（7）邻羟基萘甲羟肟酸（H205）

（萘环）—C(=O)—NHOH，OH

（8）邻苯二甲酸

（苯环）—COOH，—COOH

选入浮选泡沫产品中稀土和诸矿物的回收率见表6-15。

表6-15　选入浮选泡沫产品中稀土和诸矿物的回收率

泡沫产品中各矿物及回收率/%	捕收剂	原料
98 磷灰石　96 重晶石　91 萤石　90、86 氟碳铈矿/独居石矿　58 碳酸盐　16 石英/长石　12 铁矿物　6 钠辉石	氧化石蜡皂	原矿
79 氟碳铈矿/独居石矿　36 磷灰石　11 萤石　10 碳酸盐　5 铁矿物/长石/石英及其他	C$_{5\sim9}$烷基异羟肟酸胺	原矿
88、87 氟碳铈矿/独居石矿　48 硅酸盐/其他　40、39 黄铁矿/其他　31、29 磷灰石/碳酸盐　23、20 赤褐铁矿　18 萤石/锰矿物　6 重晶石　5 磁铁矿	C$_{7\sim9}$羟肟酸	摇床稀土精矿
85 氟碳铈矿　73 独居石　38、36 其他/硅酸盐　23 碳酸盐　17 重晶石　10 赤褐铁矿　3 萤石	环肟酸	摇床稀土精矿
萤石　78 氟碳铈矿　63 独居石　35 磷灰石　7 硅酸盐　6 碳酸盐　3 赤褐铁矿	H205	摇床稀土精矿
86 氟碳铈矿　60 独居石　31 磷灰石　21 硅酸盐　14 赤褐铁矿　12 碳酸盐　9 萤石　4 重晶石	水杨羟肟酸钾	摇床稀土精矿

88 氟独碳铈石矿	71 磷灰石	55 重晶石	30 硅酸盐	29 碳酸盐	19 萤石	14 赤褐铁矿		802	摇床稀土精矿
87 氟碳铈矿	81 独居石		15 其他矿物	13 碳酸盐	10 赤褐铁重晶石矿	7 磷灰萤石石		H205＋辅助剂	强磁中矿
73 72 氟独碳铈石矿	23 磷灰石	11 碳酸盐	10 黄铁矿	5 萤石	4 重晶石	3 赤褐铁矿	2 硅酸盐磁铁矿	H316	强磁中矿

从表6-15可以看出：

石蜡皂为捕收剂时，对含 Ce、F、Ca、Ba、P、S 矿物与铁矿物和硅酸盐矿物分离很有效，$\Delta\varepsilon = 70\%$，唯碳酸盐矿物呈中间状态，但易浮部分多一些；整个羟肟酸系列产品总的共同特点是它们任一种做稀土矿物捕收剂时，都能把含 F、Ca、Ba、P、S 矿物和含 Ce 稀土物有效地分离开来，使稀土矿物呈泡沫产品，使精矿和其他所有矿物分离开来。

然而由于系列羟肟酸捕收剂各自的极性基和非极性基构造不同，而使得这些捕收剂对稀土和各种非稀土矿物的分离程度（效果）不同。同样是烷基羟肟酸、胺盐和酸的浮选效果也不一样，胺盐比酸的效果更好些，仅磷灰石处于中间态，由试验可以看出高品位稀土精矿除磷用强磁技术较为有效。

羟肟酸浮选时，硅酸盐矿物与铁矿物间的浮游性差 $\Delta\varepsilon_{Si-Fe} = 48 - 23 = 25$ 较大，后经 M-M-F 流程选铌浮选试验证明。

水杨羟肟酸、H205 和环肟酸三者的浮选过程中，氟碳铈矿比独居石更易于浮游一些，其 $\Delta\varepsilon_{Re-Rp} = 20 \sim 15 \sim 12$ 提示我们，三者具有浮选分离氟碳铈矿与独居石的可能性，试验后来证明前两种捕收剂分离这两种稀土矿物比较有效，详见6.5节。经包头稀土研究院专家们的工作，用802号药剂也可使二者有效分离开来。如有可能，经过进一步探索研究，可以预料上述各种羟肟酸类捕收剂都有作为二者分离使用的捕收剂的可能性。

H205 加辅助剂处理强磁中矿浮选稀土矿物的分选效果是比较好的，被选入泡沫产品中的只有稀土矿物，其他所有非稀土矿物统统都被抛入尾矿（沉砂）中去了。

H316 效果也相当好，只有磷灰石少许有可能被选入泡沫，但量小影响不大，量大时可用强磁技术予以处理。

6.2.7 强磁中矿优先浮选稀土精矿工艺技术

6.2.7.1 水杨羟肟酸作捕收剂时的小型试验结果

用水杨羟肟酸为捕收剂从强磁中矿中选取高品位稀土精矿的效果是相当好的。经粗一精—闭路试验得 $\alpha_{REO} = 12.56\%$，$\beta_{REO} = 50.67\%$，$\varepsilon_{REO} = 86.37\%$，再经一次精选开路得二产品——高品位稀土精矿（$\beta_{REO} = 63.50\%$，$\varepsilon_{REO} = 56.32\%$）、稀土次精矿（$\beta_{REO} = 36.75\%$，$\varepsilon_{REO} = 30.05\%$），合计总回收率仍为 $\varepsilon_{REO} = 86.37\%$，开、闭路流程如图 6-15 和图 6-16 所示。

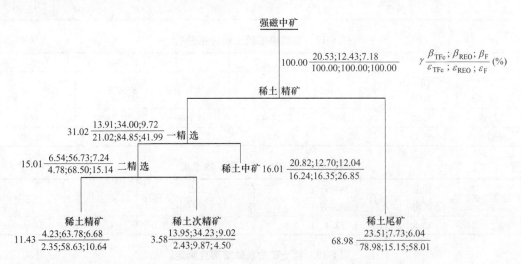

图 6-15　强磁中矿水杨羟肟酸优先浮选稀土精矿开路工艺流程

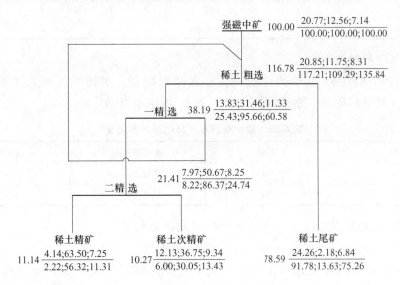

图 6-16　强磁中矿水杨羟肟酸优先浮选稀土精矿闭路工艺流程

由矿浆用新水和包钢选厂回水的比较试验可以看出，仅需增加 2 倍多的水玻璃添加量，捕收剂还有所降低，选矿指标略有提高说明回水效果良好。

工艺条件：稀土粗选 pH = 8.5 ~ 9.5，水玻璃用量为 2.5 ~ 3.0kg/t，浓度为 45% ~ 50%，常温回水配药，浮选矿浆温度为 40℃。在用回水时，水玻璃用量为 9.00kg/t，水杨羟肟酸为 2.25kg/t，起泡剂（2 号油）为 0.076kg/t。原料性质和药剂用量分别见表 6-16 ~ 表 6-20。

表 6-16　强磁中矿多元素化学分析　　　　（％）

TFe	FeO	Nb_2O_5	MnO	TiO_2	SiO_2	Al_2O_3	CaO
20.95	2.55	0.21	2.33	0.90	17.70	1.05	14.00
MgO	BaO	F	P	S	K_2O	Na_2O	ThO_2	REO
3.46	1.34	7.00	1.15	0.93	0.52	1.09	0.08	12.70

表 6-17　强磁中矿稀土磷物相分析　　　　（％）

项　目	稀土物相（REO）			磷物相（P）		
	氟碳酸盐中 REO	磷酸盐中 REO	总　量	独居石中 P	磷灰石中 P	总　量
含　量	8.60	3.84	12.44	0.769	0.398	1.167
分布率	69.13	30.87	100.00	65.90	34.10	100.00

表 6-18　强磁中矿主要矿物组成　　　　（％）

矿物名	铁矿物	稀土矿物	萤石	钠辉石钠闪石	云母	石英长石	白云石方解石	重晶石	磷灰石	其他	总量
含量	24.6	22.8	11.4	22.4	4.6	3.2	7.2	1.0	1.0	1.8	100.00

表 6-19　稀土矿物单体解离度测定　　　　（％）

单体解离度	连　生　体			
	>3/4	3/4 ~ 1/2	1/2 ~ 1/4	<1/4
81	8.74	4.56	3.42	2.28

试验设备和药剂如下：

选矿试验用 XFD-63 型单槽浮选机，常温回水配药，水杨羟肟酸为工业品，水分 45%，干品含氮量 8.04%，水玻璃模数大于 2.0，回水取自选厂。

表 6-20　新水和回水开路试验药剂用量　　　　（kg/t）

水　质	水玻璃	水杨羟肟酸	起泡剂
回　水	9.00	2.25	0.076
新　水	3.30	2.85	0.076

6.2.7.2　H205 萘羟肟酸作捕收剂时的工业试验结果

A　1987 年选厂一、三系列 M-M-F 流程分流试验

强磁中矿 H205 优先浮选稀土精矿试验工艺流程如图 6-17 所示。处理强磁中矿量：0.85t/h 或 20.4t/d，稀土矿物单体解离度为 75%。

B　1990 ~ 1991 选厂一、三系列 M-M-F 流程工业试生产

强磁中矿 H205 优先浮选稀土精矿试生产工艺流程如图 6-18 所示。处理强磁中矿量为 132.58 × 0.1492 = 19.78t/h 或 474.7/d。

C　工业试生产与工业分流试验比较

α_{REO} 由 13.58% 下降到 9.78%，精选稀土精矿稀土回收率下降了近 15%，由近 85% 下降到 70%。由于大规模近 500t/d 处理强磁中矿量的 H205 为捕收剂的浮选生产，尚需积累经验，逐步缩小与试验指标的差距。

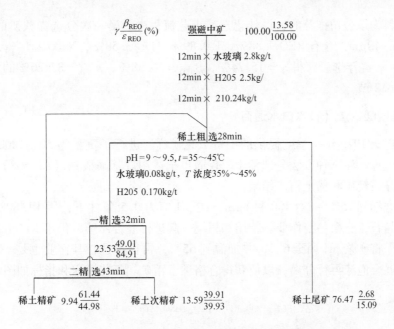

图 6-17 强磁中矿 H205 优先浮选稀土精矿试验工艺流程

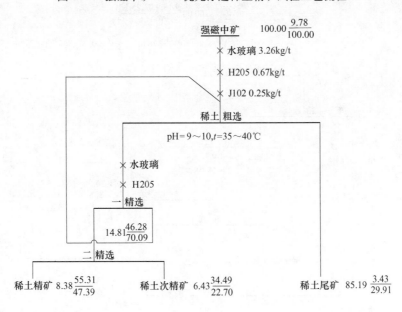

图 6-18 强磁中矿 H205 优先浮选稀土精矿试生产工艺流程

该工艺还受前边的弱磁—强磁生产过程制约。总之，潜力很大，有待于逐步解决。

6.3 非羟肟酸类捕收剂浮选法

6.3.1 烷基磷酸酯法（KHD）

本法系联邦德国 KHD 公司提出的。用烷基磷酸酯（HoeF1415）为捕收剂和 Aguamol-lin（羟基乙酸）两种药剂，在常温中性矿浆中浮选稀土精矿。

入选原料为该公司推荐的，最佳化选矿工艺流程中，第一次分选赤铁矿的强磁尾矿，粒度为82% −40μm，含有 REO 9.88%，F 9.89%，Fe 13.58%，Na_2O 2.14%，P 1.51%，Nb_2O_5 0.16%。经浮选后获得 γ = 15.24%，β_{REO} = 56.58%，ε_{REO} = 87.26% 的混合稀土精矿，详见 2.6.2 节。

6.3.2 烷基磺酸钠法（日本白水通商）

日本用包头 1979 年一季度提供的中贫氧化矿样，进行了重量为 50 ~ 1000g 的实验室试验，按磁、重、浮三种方法分选稀土。仅简单记述用烷基磺酸钠（KL#808）为捕收剂，优先浮选重晶石精矿和稀土精矿结果。

将给矿磨细到 75% −37(400 目)μm，在 pH 值为 9.5 条件下，用 KL#808 为捕收剂，优先浮选重晶石，一粗一精作业。精尾和粗尾一起进行混合浮选，仍用 KL#808 为捕收剂。不同的是，需将矿浆 pH 调至 6.5，并加温到 65℃，再行浮选，其作业也是一粗一精。所得稀土萤石混合泡沫再行分离，以便获得合格稀土精矿。工艺流程和指标如图 6-19 所示。

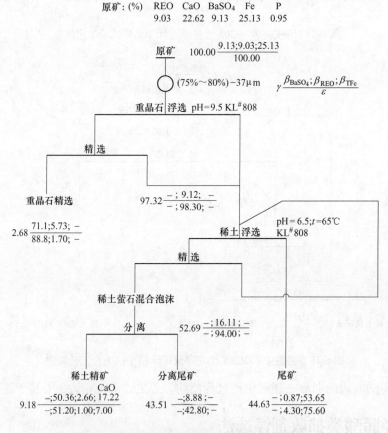

图 6-19　KL#808 浮选稀土精矿工艺流程

6.3.3 烷基磷酸盐、烷基硫酸盐、氧化石蜡皂混合捕收剂法（北京有色金属研究总院）

6.3.3.1 浮选萤石方法

用苏打和苛性钠一起调整矿浆碱度达 pH = 11.5。用水玻璃、糊精和栲胶联合抑制，用油酸为捕收剂浮选萤石。原矿石磨细到 0.1mm 以下，进行萤石粗选和扫选，粗精矿不加药或仅加 8g/t 油酸进行一次精选，精选精矿再细磨至 92% - 40μm 或 80% - 30μm，再连续精选 6 次，每次精选都要添加抑制剂水玻璃和烤胶。

6.3.3.2 浮选稀土方法 1

以萤石尾矿为原料，用硫酸调整矿浆介质由碱性到酸性 pH = 5。用烤胶作抑制剂，用233 号药作稀土捕收剂，经一次粗选、二次扫选、四次精选，浮出稀土精矿。稀土尾矿送去分选铁精矿。

233 号药由氧化石蜡皂：异二辛基磷酸钠：十六烷基硫酸钠 = 3：3：1 比例配制而成。

6.3.3.3 浮选稀土方法 2

原矿石细磨至(96% ~ 88%) - 74μm，改油酸为氧化石蜡皂做萤石捕收剂，矿浆 pH = 11.0，浮选萤石的药剂制度为：苛性钠 2.0kg/t、水玻璃 2.0kg/t、糊精 0.3 ~ 0.6kg/t、稻草纤维素 0.5kg/t、烤胶 0.1 ~ 0.2kg/t、氧化石蜡皂 1.1 ~ 1.2kg/t、萤石粗选精矿和扫选精矿合在一起，精选时仅加 50g/t 烤胶，此精选精矿不再细磨直接连续进行 6 次精选作业得萤石精矿。添加药剂与浮选稀土方法 1 时萤石粗精矿再细磨后的相同。

浮选稀土方法 2 所用原料是按上述浮选萤石的扫选尾矿。先用 H_2SO_4 1.0kg/t、Na_2SiF_6 1.0 ~ 2.0kg/t 将矿浆介质调至 pH = 9，然后，用硫化钠 500g/t 和 1000g/t 水玻璃代替烤胶作抑制剂，用 38 号药（十四烷基磺酸钠：氧化石蜡皂 = 1：5 比例配制而成）作稀土捕收剂，其用量为 0.72kg/t，经一次粗选，二次扫选，四次精选作业即得稀土精矿。

浮选稀土方法 1 的工艺流程和药剂制度如图 6-20 所示，所获选矿工艺指标见表 6-21。

表 6-21 优先浮选萤石—稀土—铁流程工艺指标 （%）

试料号	产品	产率	β			ε		
			REO	CaF₂	Fe	REO	CaF₂	Fe
一	萤石精矿	16.02	1.10	83.18	2.80	3.92	83.35	1.25
	稀土精矿	9.76	40.79	18.30	5.60	88.85	11.17	1.65
	铁粗精矿	74.22	0.44	1.18	43.50	7.23	5.48	97.10
	原 矿	100.00	4.48	15.99	33.25	100.00	100.00	100.00
二	萤石精矿	22.85	1.15	84.10	3.35	5.36	82.82	1.99
	稀土精矿	9.57	47.23	19.54	13.75	92.29	8.06	3.43
	铁粗精矿	67.58	0.17	3.13	53.70	2.35	9.12	94.58
	原 矿	100.00	4.90	23.20	38.87	100.00	100.00	100.00
	萤石精矿	24.23	1.23	81.26	4.20	5.30	83.95	2.71
	稀土精矿	9.75	52.85	15.65	10.30	91.20	6.48	2.66
	铁粗精矿	65.91	0.30	3.42	54.20	3.50	9.57	94.63
	原 矿	100.00	5.65	23.56	37.45	100.00	100.00	100.00
三	萤石精矿	20.10	0.86	90.75	3.15	5.75	89.51	1.31
	稀土精矿	6.78	36.41	24.26	17.10	82.20	8.07	2.41
	铁粗精矿	73.12	0.50	0.67	64.41	12.05	2.42	96.28
	原 矿	100.00	3.00	20.38	48.10	100.00	100.00	100.00

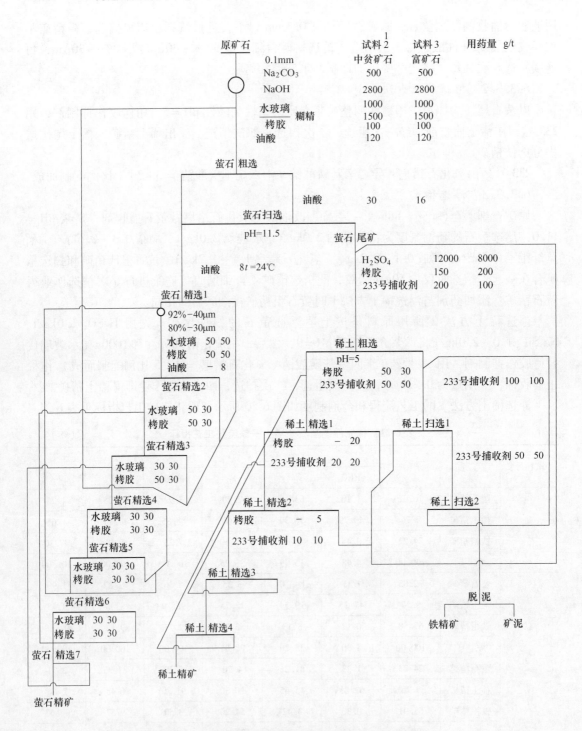

图 6-20 优先浮选萤石—稀土—铁流程作业组成及药剂制度
(1961 年 6 月, 北京有色金属研究院)

浮选稀土方法 2 的处理试料——小型五次循环闭路所得选别结果见表 6-22, 其质量流程如图 6-21 所示。

表 6-22 稀土方法 2 浮选结果

产品	γ/%	β/%			ε/%		
		REO	CaF$_2$	Fe	REO	CaF$_2$	Fe
萤石精矿	17.61	2.02	84.44	3.40	7.02	90.83	1.64
稀土精矿	9.86	42.54	7.06	12.70	82.81	4.25	3.43
铁粗精矿	72.53	0.71	1.11	47.80	10.17	4.92	94.93
原 矿	100.00	5.06	16.37	36.52	100.00	100.00	100.00

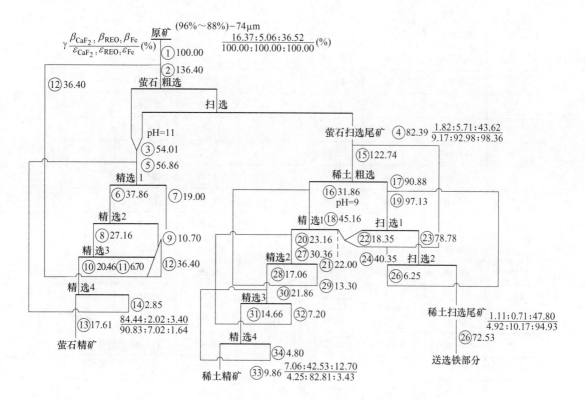

图 6-21 优先浮选萤石—稀土—铁流程处理试料 1 的质量流程

产品编号	γ/%	β/%			ε/%		
		CaF$_2$	REO	Fe	CaF$_2$	REO	Fe
①	100.00	16.37	5.06	36.52	100.00	100.00	100.00
②	136.40	17.52	5.84		145.95	157.36	
③	54.01	41.46	6.04		136.78	64.38	
④	82.39	1.82	5.71	43.62	9.17	92.98	98.36
⑤	56.86	42.09	6.03		146.18	67.73	
⑥	37.86	57.21	5.09		132.31	38.06	
⑦	19.00	11.95	7.91		13.87	29.67	
⑧	27.16	70.00	3.78		116.13	20.27	

产品编号	$\gamma/\%$	$\beta/\%$			$\varepsilon/\%$		
		CaF_2	REO	Fe	CaF_2	REO	Fe
⑨	10.70	24.76	8.42		16.18	17.79	
⑩	20.46	80.20	2.57		100.23	10.37	
⑪	6.70	38.84	7.48		15.90	9.90	
⑫	36.40	20.67	7.98		45.95	57.36	
⑬	17.61	84.44	2.02	3.40	90.83	7.02	1.64
⑭	2.85	54.03	5.95		9.40	3.35	
⑮	122.74	2.30	5.12		17.26	124.17	
⑯	31.86	4.45	15.14		8.66	95.23	
⑰	90.88	1.15	1.61		8.60	28.94	
⑱	45.16	4.46	12.83		12.31	114.40	
⑲	97.13	1.60	1.67		9.52	32.03	
⑳	23.16	5.58	22.30		7.90	101.98	
㉑	22.00	3.28	2.86		4.41	12.42	
㉒	18.35	3.28	5.18		3.68	18.77	
㉓	78.78	1.21	0.85		5.84	13.26	
㉔	40.35	3.28	3.91		8.09	31.19	
㉕	6.25	2.42	2.50		0.92	3.09	
㉖	72.53	1.11	0.71	47.80	4.92	10.17	94.93
㉗	30.36	5.66	20.32		10.49	121.80	
㉘	17.06	6.57	30.46		6.84	102.63	
㉙	13.30	4.49	7.30		3.65	19.17	
㉚	21.86	6.64	29.38		8.86	126.83	
㉛	14.66	7.00	36.96		6.27	107.01	
㉜	7.20	5.90	13.94		2.59	19.82	
㉝	9.86	7.06	42.53	12.70	4.25	82.81	3.43
㉞	4.80	6.87	25.53		2.02	24.20	

6.3.3.4 浮选稀土方法3

原矿石细磨至 95% - 74μm，用苛性钠调矿浆碱度为 pH = 11，用明矾、酸性水玻璃（水玻璃：盐酸 = 4:1，迅速配制而成，使用时搅拌半分钟）抑制，用氧化石蜡皂为捕收剂浮选萤石。用硅氟化钠活化，用酸性水玻璃抑制，用氧化石蜡皂浮选稀土。硫酸和氧化石蜡皂浮选赤铁矿再加弱磁选选别磁铁矿获得铁精矿。1966 年在包头浮选会战中取得的小型、连续和半工业试验结果如图 6-22、表 6-23 所示。

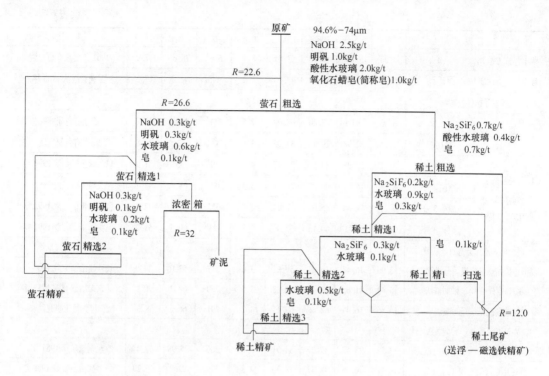

图 6-22 优先浮选萤石—稀土—铁流程作业组成及药剂制度（1966 年包头浮选会战技术组）

表 6-23 稀土方法 3 连选和半工业试验结果

试验	产品	γ/%	β/%			ε/%		
			REO	CaF$_2$	Fe	REO	CaF$_2$	Fe
连选试验	萤石精矿	30.20	5.62	56.76	11.35	28.86	76.31	9.85
	矿 泥	4.04	7.50	36.14	11.10	5.09	6.50	1.29
	稀土精矿	8.93	27.78	26.22	14.20	42.11	10.42	3.65
	稀土尾矿	56.83	2.50	2.66	51.70	23.94	6.77	85.21
	原矿石	100.00	5.94	22.42	34.60	100.00	100.00	100.00
半工业试验	萤石精矿加矿泥	33.09	6.02	57.40	8.91	31.86	81.39	8.66
	稀土精矿	9.38	24.84	27.52	16.18	37.29	11.07	4.46
	稀土尾矿	57.53	3.36	3.06	51.50	30.85	7.54	86.88
	原矿石	100.00	6.25	23.34	34.04	100.00	100.00	100.00

　　分选效率指标、优先浮选萤石流程、浮选稀土方法 1 和浮选稀土方法 2 至今仍然领先。见表 6-24。

表 6-24 白云鄂博矿石选别稀土精矿不同工艺方法分选效率计算结果

工艺方法		α	γ	β	ε	β/α	ε-β/α	E_1	E_2	备 注
优选浮选萤石、稀土矿物										
稀土浮选方法 1	原矿 1	4.41	9.76	40.15	88.85	9.1	809[3]	84.3[3]	47.71[10]	1961 年北京有研总院
	原矿 2	5.65	9.75	52.85	91.20	9.4	853[2]	88.5[1]	65.7[4]	1961 年北京有研总院
	原矿 3	3.00	6.78	3637	82.20	12.1	996[1]	78.8[6]	40.3	1961 年北京有研总院

工艺方法		α	γ	β	ε	β/α	$\varepsilon\cdot\beta/\alpha$	E_1	E_2	备 注
稀土浮选方法2	原矿1	5.06	9.86	42.50	82.81	8.4	696[4]	78.6[7]	47.0	1961年北京有研总院
稀土浮选方法3	原矿$_{-66}$	5.65	9.00	29.50	47.00	5.2	245	41.3	17.2	浮选会战队1966年
优选浮选稀土矿物										
C$_{7\sim9}$羟肟酸法	原矿	6.30	9.04	47.40	68.00	7.5	511[5]	64.7	43.2	广东有色研究院
	总尾矿	7.71	22.98	29.31	87.35	3.8	332	722	29.8	广东有色研究院
C$_{5\sim9}$羟肟酸法 萘羟肟酸胺法 (即H205，下同)	原矿1号	7.41	20.98	30.65	86.77	4.1	359[10]	735[10]	31.7	包头稀土研究院1992年
	原矿2号	8.55	14.02	45.02	73.80	5.3	389[3]	68.0	43.1	包头稀土研究院1992年
	原矿3号	9.21	14.84	45.00	72.64	4.9	355	66.4	42.2	包头稀土研究院1992年
	原矿3号	7.70	7.91	60.13	7.8	7.8	483[6]	60.5	51.2	包头稀土研究院1992年
混合浮选泡沫分选稀土矿物										
混泡还原焙烧选除铁后分级重选法		12.90	16.47	46.84	59.81	3.6	217	53.0	34.9	长沙研冶研究院1960年
高梯度强磁C$_{7\sim9}$羟肟酸法		15.40	21.65	53.41	75.08	3.5	260	68.2	51.3[8]	北京研冶研究院1983年
脱药脱泥萘羟肟酸法		14.86	16.44	62.48	69.11	4.2	291	66.6	58.6[9]	包头稀土研究院
M-M-F流程萘羟肟酸胺法										
强磁中矿（第一次工业分流）		13.58	23.53	49.01	84.91	3.6	306	75.99	52.4[7]	包钢选矿厂1987年
强磁中矿（第二次工业分流）		10.11	16.35	48.37	78.23	4.8	379	72.2	49.29	长沙研冶研究院1988年
KHD，M-F-M-F-M-F 流程										
第一段强磁尾矿烷基磷酸醋法		11.53	16.32	56.59	80.14	4.9	393[7]	76.2[8]	60.7[6]	1983年西德KHD公司
半优先浮选—摇床重选优先浮选稀土										
重选粗精矿萘羟肟酸法		23.93	29.87	67.36	84.08	2.8	237	81.8[4]	77.6[2]	包头稀土研究院1986年
重选粗矿水杨羟肟酸钾法		28.87	36.24	69.63	87.41	2.4	211	86.2[2]	84.6[1]	包钢矿研究院1982年
重选粗精矿萘羟肟酸法		31.32	47.15	61.22	92.18	2.0	180	80.6[5]	69.5[3]	包钢选矿厂1979年

注：$E_1 = \dfrac{\beta_0(\varepsilon-\gamma)}{(\beta_0-\alpha)}$（%）；$E_2 = \dfrac{(\beta-\alpha)}{(\beta_0-\alpha)}$（%）；$\beta_0$—取用71%。

评价浮选工艺的优劣，考虑的因素较多，包括所用药剂的种类、质量、环保、运、储、用、成本等诸方面。选矿效率指标仅从技术，即选别过程本身进行评估，是不全面的。

由表6-24的计算结果可以得出如下几点结论：

（1）从20世纪70年代起，由广州有色研究院和包头稀土研究院首先开展研制的羟肟酸及其盐类系列稀土捕收剂，从试验和生产实践证明是选择性非常好的稀土矿物（氟碳铈矿和独居石）捕收剂，对处理白云鄂博矿石来说，无论处理原矿，或尾矿，或是强磁中矿、强磁尾矿，或是重选粗精矿，也包括混合泡沫都取得了良好的结果，对我国稀土工业的发展发挥了很大作用。特别是处理重选粗精矿的分选效率最好。包钢所属三个单位研制的3种药剂效率都最佳。

（2）在20世纪60年代初由北京有色金属研究总院提出的优先浮选萤石稀土铁流程的研究报告中，曾进行过上百种浮选药剂配方探索研究，最终从中筛选出3种浮选稀土配方，以第一种效率最好，第二种次之，第三种再次之，就是第三种配方的指标在当时也是最好的结果。

（3）包钢选矿厂改造投产后，由于在萤石粗选和稀土粗选作业中选用的酸性水玻璃配制条件严苛，不易操作与不稳定，加之对酸性水玻璃的认识还不够，因而被生产停止使用。

（4）优先浮选萤石、稀土、铁流程研制的经验值得重视，经验指出：同一流程，药剂制度不同，结果相差悬殊；同一流程，同一药剂制度，磨矿分级不同，即目的矿物和相嵌的解离程度不同，结果相差也悬殊。这在处理复杂难选共生铁矿石时十分重要。

对稀土方法1，原矿石在该种药剂制度下相对粗磨（0.1~0.074mm 细度）条件时，可使 95%~97% 的铁与 90%~97% 的 CaF_2 和 88%~97% 的 REO 分离开来，和萤石呈连生体状存在的稀土矿物被选入萤石粗精矿，经再细磨至 92% -40μm 或 80% -30μm 后，再经 7 次精选可使其中绝大部分稀土矿物分离出去，被送至稀土粗选作业从而被选入稀土精矿之中。稀土浮选药剂制度比较理想。因而，稀土精矿的稀土品位和回收率均较高。

对稀土方法2，由于稀土浮选部分药剂制度改变，选矿指标虽仍然较好，但分选效率有所降低。

（5）20 世纪 60 年代，长沙矿冶研究院进行的稀土萤石混合浮选泡沫分级、重选稀土精矿和北京矿冶研究总院在 80 年代用高梯度强磁选—羟肟酸类捕收剂分离混合泡沫，取得的稀土精矿的经验也值得重视，因为这两种方法在环保成本等方面具有优势，在今后的生产与开发的进展中，经过适当改进后，还有可能被应用。

6.3.4 乳浊液混合捕收剂——Emulsion 法（美国专利）

与氟碳铈矿共生的矿物通常有萤石、赤铁矿、石英、重晶石、方解石、褐铁矿和其他各种硅酸盐矿物。新发明的乳浊液混合剂、捕收剂是氟碳铈矿的优良捕收剂，它由下列 4 个成分组成：

（1）经含碳原子为 18~20 的磺化脂肪酸改善的第二胺，含碳的碳氢链与该脂肪酸的羟基相连接，其重量比为 23%~33%。

（2）含塔尔油脂肪酸的高级树脂（无油精制松香），其重量比为 40%~50%。

（3）阴离子石油磺酸钠，重量为 15%~20%。

（4）通式为 $Ra''NH_2$ 的高分子量第一胺，其中 R″为含有烷基和芳基的官能团的碳氢基，其重量比为 5%~15%。

该捕收剂按上述比例预先在高于室温的温度下制成乳浊液，之后加入经调整的矿浆中浮选，其特点是成本较低，而取得的选择性和回收率均很高。

首先需将矿石磨细到稀土矿物单体解离的粒度，再用 Na_2CO_3 或 NaOH 在矿浆浓度为 30%~38% 条件下，调 pH 9~10，加脉石抑制剂后搅拌 5~10min。

根据共生脉石矿物的特点，选择抑制剂，柠檬酸或草酸可用于石英、白云石、方解石、重晶石或类似性质的脉石矿物。在含硅酸盐或铁氧化物，如含赤铁矿或褐铁矿时，可利用硅酸钠进行抑制。碱金属氢硫化物，如氢硫化物（钠）用于抑制萤石、钠长石和云母，同时还将对矿浆起分散剂作用。上述各种药剂或其化学等价物或它们的联合试验，都可配合上述捕收剂在浮选氟碳铈矿时共同发挥作用。选择适宜的抑制剂及其用量对处理上述矿石是工艺诀窍。上述捕收剂与矿浆的作用时间，在其用量为 150~400g/t 时为

5～15min。

【例1】 用脂肪酸为捕收剂浮选氟碳铈矿精矿小型试验结果（表6-25）。

与氟碳铈矿共生的为石英、萤石、方解石和云母，使用一般药剂，矿石磨至100% -100目，浓度为35%。

表6-25 用脂肪酸为捕收剂浮选氟碳铈矿精矿小型试验结果

	调pH值到9.6	产 品	产率/%	品位/%	回收率/%
碳酸钠 Na_2CO_3	2000g/t			Ce_2O_3	Ce_2O_3
柠檬酸 Citric Acid	800g/t	Ce_2O_3 精选精矿	10.54	26.10	69.4
硅酸钠 Na silicate	800g/t	Ce_2O_3 粗精矿	46.64	7.33	86.3
脂肪酸 Fatty Acid	1000g/t	Ce_2O_3 粗选尾矿	53.36	1.12	13.7
硫氢化钠 NaHs	400g/t	浮选给矿	100.00	3.97	100.0

【例2】 矿样与抑制调整条件同例1，只换捕收剂为 Emulsion CD（乳液CD），调整pH加抑制剂，搅拌20min后加 Emulsion 再搅拌10min即进行粗选和精选作业（表6-26）。

表6-26 用 Emulsion CD 为捕收剂浮选氟碳铈矿精矿小型试验结果

	调pH值到9.6	产 品	产率/%	品位/%	回收率/%
碳酸钠 Na_2CO_3	2000g/t				
柠檬酸 Citric Acid	800g/t	Ce_2O_3 精选精矿	11.73	30.0	88.4
硅酸钠 Na silicate	800g/t	Ce_2O_3 粗精矿	18.35	21.0	96.9
乳液CD Emulsion CD	300g/t	Ce_2O_3 粗选尾矿	81.65	0.15	3.1
硫氢化钠 NaHs	400g/t	浮选给矿	100.00	3.98	100.0

【例3】 按例2条件进行的连选浮选试验（表6-27）。

表6-27 用 Emulsion CD 为捕收剂连选浮选试验结果

	调pH值到9.6	产 品	产率/%	品位/%	回收率/%
碳酸钠 Na_2CO_3	2000g/t				
柠檬酸 Citric Acid	800g/t	Ce_2O_3 精选精矿	13.23	29.82	94.6
硅酸钠 Na silicate	800g/t	Ce_2O_3 最终尾矿	86.77	0.26	5.4
乳液CD Emulsion CD	250g/t	浮选给矿	100.00	4.17	100.0
硫氢化钠 NaHs	300g/t				

6.4 浮选或联合法分选稀土萤石混合泡沫中的稀土精矿

6.4.1 经还原焙烧除铁后摇床分级重选分离稀土精矿

中科院长沙矿冶所即今天的长沙矿冶研究院，在1961年曾提出原矿石细磨至94% -74μm，第一步，进行混合浮选稀土和萤石等易被阴离子捕收剂捕收的钙氟钡硫等（被称为易浮矿物），呈泡沫产品形态与槽产品铁精矿1分开。第二步，用磁化焙烧（亦称还原焙烧）弱磁选法将泡沫产品中之铁分离出去成为铁精矿2。第三步，将分离出铁后的低铁稀土萤石泡沫产品进行分级震动摇床处理，按 $74\% - 37\mu m$，$37\% - 19\mu m$ 和 $19\% - 10\mu m$ 三个粒级分别进行重选选别，$10\% - 0\mu m$ 粒级直接作为尾矿送尾矿沉淀池堆放。重选结果良好，具有环保条件好、指标较高、成本较低等优点。

该试验结果再次证明：原矿石中铁、萤石、稀土和硅酸盐四大群组矿物中，只要其中前三个里边有一种首先被彻底分离出去，余下两种之间的相互分离就比较容易实现。因为前边用浮选（对稀土萤石是正浮选，对铁而言则是反浮选）、焙烧磁选法已经将原矿中的 94.35% 的铁选成 $\beta_{Fe} = 59.12\%$ 的铁精矿了。为稀土与萤石等矿物的分离提供了条件。

结果表明，可获得 $\gamma_{原矿} = 6.19\%$，$\beta_{REO} = 46.84$，$\varepsilon_{原矿} = 51.78\%$，$\varepsilon_{作业} = 66.53\%$ 的良好结果，如图 6-23 和图 6-24 所示。

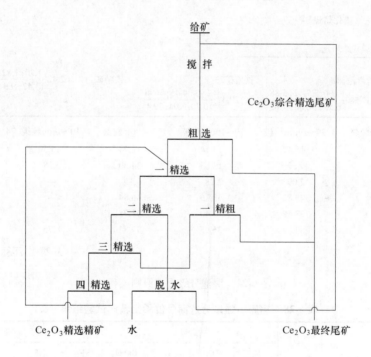

图 6-23　摇床分级重选分离稀土精矿流程

6.4.2　浮选分出重晶石、萤石后摇床—强磁分选高品位稀土精矿

1978 年，包头稀土研究院用氧化石蜡皂为捕收剂处理主矿、东矿萤石型原矿石，磨细到 $95\% - 74\mu m$，先磁选磁铁矿，在依次浮选出重晶石和萤石粗精矿后，经摇床重选和钢绒毛强磁选，获得两种稀土精矿：

高品位稀土精矿：$\gamma = 0.88\%$，$\beta_{REO} = 72.84\%$，$\varepsilon_{REO} = 8.82\%$；

低品位稀土精矿：$\gamma = 7.99\%$，$\beta_{REO} = 25.66\%$，$\varepsilon_{REO} = 28.21\%$。

本选矿试验工艺流程如图 6-25 所示。

铁、稀土、氟和重晶石四种主要组成成分在流程中的分布情况见表 6-28。

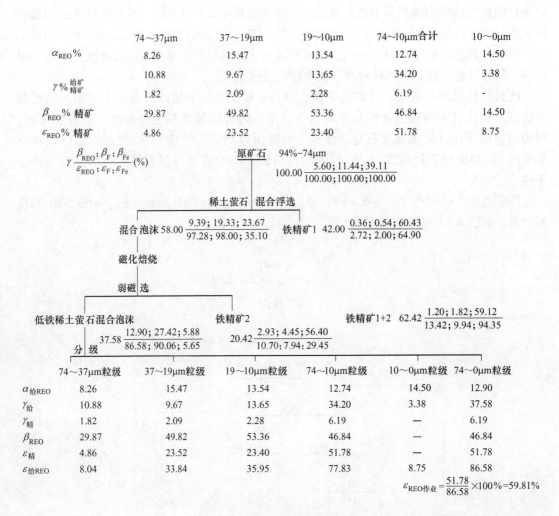

图 6-24 混泡分级重选原则流程

表 6-28 摇床—强磁分选高品位稀土精矿试验结果

产品	γ/%	β/%				ε/%			
		Fe	REO	F	BaSO₄	Fe	REO	F	BaSO₄
原矿石	100.00	31.43	7.27	11.72	5.20	100.00	100.00	100.00	100.00
磁铁精矿	8.83	64.80	1.60	1.20	0.36	18.21	1.93	0.90	0.61
铁铌产品1	33.19	52.50	1.85	0.65	0.60	55.44	8.45	1.84	3.83
混合泡沫	57.98	14.28	11.24	19.66	8.57	26.35	89.62	97.26	95.56
铁铌产品2	7.06	39.66	7.08	6.52	1.70	8.84	6.90	3.93	2.31
混合精选泡沫	50.92	10.81	11.81	21.48	9.52	17.51	82.72	93.33	93.24
重晶石粗精矿	11.70	4.36	7.26	14.87	39.76	1.62	11.70	14.84	89.50
重晶石精矿	2.45	0.41	2.45	2.45	91.63	0.03	0.83	0.51	43.19
重晶石中矿	9.25	5.41	8.54	18.16	26.02	1.59	10.87	14.33	46.31
重晶石尾矿	39.22	12.73	13.16	23.45	0.50	15.89	71.02	78.48	3.74
萤石泡沫	23.10	9.20	5.50	28.30	0.30	6.76	17.48	55.77	1.33

产 品	$\gamma/\%$	$\beta/\%$				$\varepsilon/\%$			
		Fe	REO	F	$BaSO_4$	Fe	REO	F	$BaSO_4$
稀土粗精矿	16.12	17.80	24.14	16.51	0.78	9.13	53.54	22.70	2.41
高品位稀土精矿	0.88	2.16	72.84	5.91	0.13[x)]	0.06	8.82	0.44	0.02
低品位稀土精矿 （稀土精矿）	7.99	30.16	25.66	9.76	0.13	7.67	28.21	6.65	0.20
尾矿	7.25	6.07	16.55	25.24	1.57	1.40	16.51	15.61	2.19

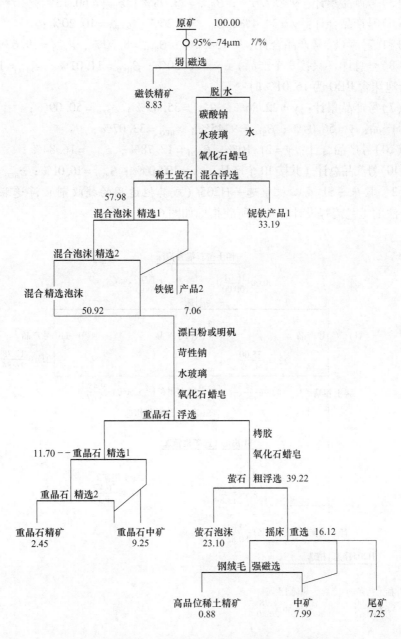

图 6-25　摇床—强磁分选高品位稀土精矿试验流程

6.4.3　重选—浮选分选稀土精矿

6.4.3.1　摇床处理混合泡沫尾矿应在中间排出

1969 年笔者曾进行过摇床重选稀土精矿的试验探究，按顺序接取样品的考察。用 10 个容器，把一个摇床的重产品分布条带，依次截取 10 个小样，分别称重，取化验样，分析 REO 和 Fe。结果如下。

当混合泡沫含 REO 为 11% 时：

（1）～（3）号产品累计：$\gamma = 27.6\%$；$\beta_{REO} = 23.98\%$；$\varepsilon_{REO} = 60.13\%$；

（5）～（6）号产品合计：$\gamma = 34.4\%$；$\beta_{REO} = 3.26\%$；$\varepsilon_{REO} = 10.20\%$；

（4）号和（7）～（8）号产品合计：$\gamma = 38.0\%$；$\beta_{REO} = 8.60\%$；$\varepsilon_{REO} = 29.67\%$；

（1）～（8）号总计（只接 8 个产品）：$\gamma = 100.0\%$；$\beta_{REO} = 11.01\%$；$\varepsilon_{REO} = 100.00\%$。

当混合泡沫含 REO 为 16.01% 时：

（1）～（7）号产品累计：$\gamma = 22.86\%$；$\beta_{REO} = 35.09\%$；$\varepsilon_{REO} = 50.09\%$；

（8）号产品：$\gamma = 56.04\%$；$\beta_{REO} = 9.45\%$；$\varepsilon_{REO} = 33.07\%$；

（9）～（10）号产品合计：$\gamma = 21.10\%$；$\beta_{REO} = 12.78\%$；$\varepsilon_{REO} = 16.84\%$；

（1）～（10）号产品总计（共接 10 个产品）：$\gamma = 100.00\%$；$\beta_{REO} = 16.01\%$；$\varepsilon_{REO} = 100.00\%$。

6.4.3.2　摇床—SL 离心机重选—H205（或其他适用的捕收剂）浮选联合法

该联合法的工艺流程设计和预计所获指标如图 6-26 所示。

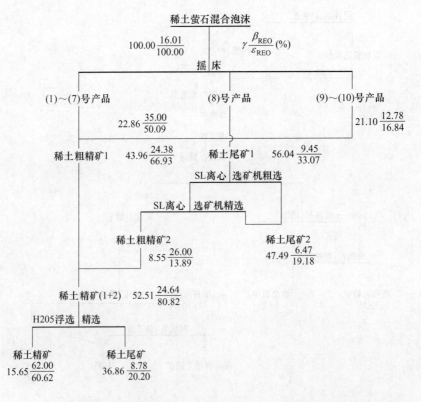

图 6-26　摇床—SL 离心机重选—H205（或其他）浮选联合法工艺流程

6.4.4 浮选分选稀土精矿

包头稀土研究院单一优先浮选法的特点是脱药脱泥是关键,粗选前与精选前都脱药脱泥,而且精选还要加搅拌,再用选择性好的 H205 稀土捕收剂浮选,脱药脱泥用洗涤浓缩法进行。流程结构简捷,分选效果较好。流程及指标系作者根据文献,按脱出泥量 $\gamma = 5\%$ 推算得出的。

原矿石稀土萤石混合浮选流程如图 6-27 所示,稀土萤石混合泡沫单一浮选分离法试验流程如图 6-28 所示。该流程的工艺指标为 $\alpha_{REO} = 7.7\%$,$\beta_{REO} = 63.09\%$,$\varepsilon_{原REO} = 60.43\%$。

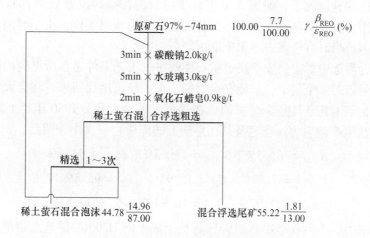

图 6-27 原矿石稀土萤石混合浮选流程

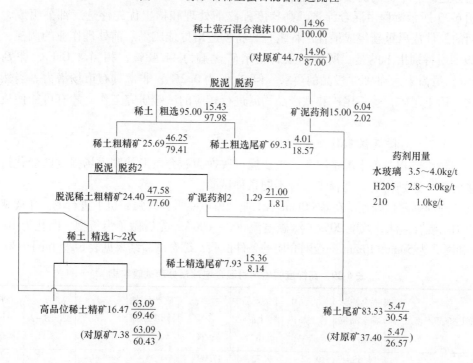

图 6-28 稀土萤石混合泡沫单一浮选分离法试验流程

6.4.5 高梯度强磁—浮选联合分选高品位稀土精矿

6.4.5.1 北京矿冶研究总院强磁浮选联合法

根据稀土萤石混合泡沫中含有 57.7% 的易被强磁作业分离出的无磁性萤石、重晶、磷灰石等矿物，考虑到脱药脱泥又是关键环节，并兼稀土捕收剂价格比较昂贵，如在分选稀土精矿前先用这种技术作为前处理作业，不仅有利于稀土矿物的富集与纯化而且也为萤石、重晶石等矿物富集创造一定条件，预计还能节约一半左右的贵重药剂的使用数量。在1981 年初北京矿冶研究总院和包头稀土研究院合作，重点进行絮凝选铁和混合浮选泡沫单一浮选试验，在这种情况下，研究人员进行了混合泡沫高梯度强磁选羟肟酸优选浮选稀土，并综合利用萤石、重晶石、铁铌的工艺流程的试验研究工作，由于时间、人力、经济力等方面的原因，当时有许多内容未能继续进行。

例如，混合浮选中稀土回收率高过萤石回收率的工艺条件是在所见到的选入混合泡沫中稀土回收率最高的一个例子，如能在今后的工作中稳定地找回来，将会大大提高稀土精矿总的回收率，该工艺条件是金仲农同志在《矿产综合利用》1980 年第 1 期第 108 ~ 111页《石油发酵法生产微生物油脂皂及其在浮选上的应用》一文中介绍的。

$$\alpha_{REO} = 6.43\% ; \beta_{REO} = 13.55\% ; \varepsilon_{REO} = 94.4\%$$

$$\alpha_F = 7.57\% ; \beta_F = 15.95\% ; \varepsilon_F = 93.8\%$$

$$\alpha_{Fe} = 27.97\% ; \beta_{Fe} = 10.94\% ; \varepsilon_{Fe} = 17.5\%$$

如能将混泡中稀土回收率提高到95%再加上稀土院 H205 的浮选经验定会使稀土精矿选别指标达到一个更高的水平。现将初步试验结果介绍如下。

图 6-29 所示流程由混合浮选、高梯度强磁前处理和稀土优先浮选三部分组成，如集三方面的最佳成果重新组成最佳流程组合，将创造出更佳成果。前处理作业的调控，详见图 6-29。须特别指出的是，所得的萤石粗精矿含氟为 44.48%，相当含 CaF_2，即 $\beta_{CaF_2} = 91.40\%$，虽尚未达到95%极品的要求，但 β_{Fe} 仅为 0.2%，非常具有市场潜力。当然重晶石泡沫、稀土尾矿、萤石尾矿和铁产品均需进行相应的试验研究工作，才有可能使流程达到预期要求。

6.4.5.2 高梯度强磁作业的调控

在物料组成相对稳定的情况下，主要通过改换激磁介质形状和磁场强度的变化进行脱药、脱泥兼作选别作业。选择了三种不同条件试验。

混合泡沫强磁预处理是在 $\phi600mm$ 半工业规模电磁平环式强磁机上进行的。单磁极每分钟产生 1kg 混合泡沫，浓度 20%，激磁电流 400 ~ 600A，先后做了齿板型、网孔为 10mm × 20mm 和网孔为 5mm × 10mm 钢板网介质的条件试验，综合试验结果见表 6-29 和图 6-30。

表 6-29 高梯度强磁选对混合泡沫预处理试验结果

激磁介质类型	混合泡沫稀土品位 $\alpha_{REO}/\%$	磁产品中稀土品位 $\beta_{REO}/\%$	非磁产品中稀土品位 $\delta_{REO}/\%$	磁产品产率 $\gamma/\%$	磁产品中稀土回收率 $\varepsilon_{REO}/\%$	试验号 S—	$\Delta\beta = \beta - \alpha$	平均回收率 $\varepsilon_{平均}/\%$
齿板型	14.55 ~ 15.08	19.52 ~ 19.67	9.72 ~ 11.13	47.09 ~ 48.53	60.95 ~ 65.61	S—117 ~ 122	S	>60

激磁介质类型		混合泡沫稀土品位 α_{REO}/%	磁产品中稀土品位 β_{REO}/%	非磁产品中稀土品位 δ_{REO}/%	磁产品产率 γ/%	磁产品中稀土回收率 ε_{REO}/%	试验号 S—	$\Delta\beta=\beta-\alpha$	平均回收率 $\varepsilon_{平均}$/%
钢板网型	网孔 10mm×20mm	15.35～15.50	20.89～22.35	8.90～8.95	53.64～49.44	71.60～72.97	S—289～292	5～7	>70
	网孔 5mm×10mm—1	15.66	21.69	2.53	68.54	94.92	S0—3	6.03	>90
	网孔 5mm×10mm—2	11.76	19.18	2.14	56.45	92.07	S0—4	7.42	>90

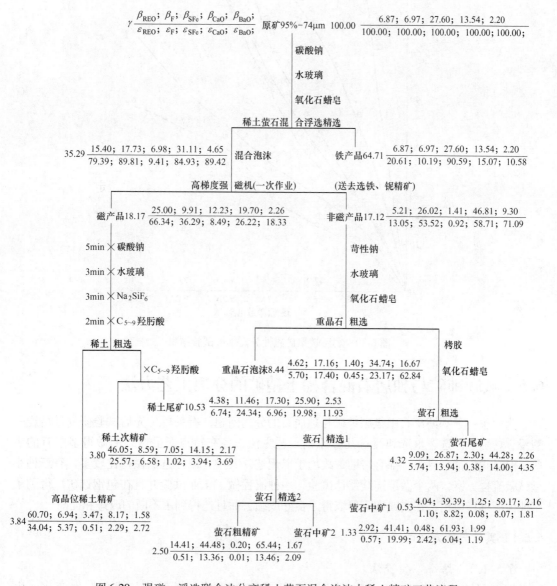

图 6-29　强磁—浮选联合法分离稀土萤石混合泡沫中稀土精矿工艺流程

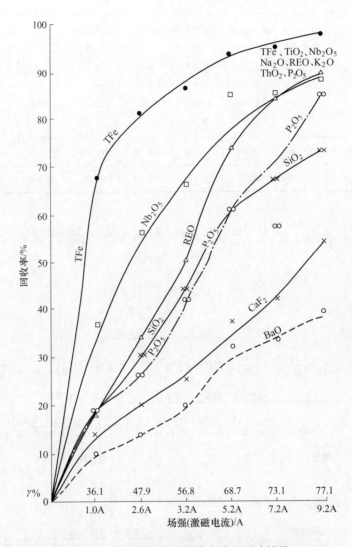

图 6-30 弱磁选尾矿磁性分离小型试验结果

6.5 氟碳铈矿与独居石混合稀土精矿的分离工艺方法

为解决白云鄂博矿石中氟碳铈矿与独居石的分离问题,有关单位先后试验研究过焙烧—酸浸、焙烧—浮选、重选和浮选几种原则工艺方法,各有特点,虽然有的做得多些有的少些,但对我们都有启示、都有帮助,故均予以记述。其中,以浮选法做得比较多,有三种小型试验流程方案,两个做了连续浮选试验,一种流程做了工业试验并且在包钢选矿厂得到了工业生产推广应用,在实践中不但取得了良好成绩,而且还得到了不断的改进和提高。

6.5.1 其他分离方法简述

6.5.1.1 焙烧—酸浸法

把氟碳铈矿加热到 $400 \sim 500 ℃$ 时,随着 CO_2 的逸出,其结构与成分发生变化,生成稀土氧化物氟氧化物（REOF）。这种新生成的化合物（REOF）在酸中的溶解情况与未加热前有了很大变化。用 10% HCl 加热前后氟碳铈矿的溶解度分别为 20.8% 和 98.6%。

不经热处理时，氟碳铈矿在酸中的溶解度虽然大于独居石，但不易溶解完全，若提高酸的浓度，则将溶解相当数量的独居石。

为获得纯独居石，在分离前，可将矿样预先加热到 800℃，1h，然后再用 10% 的稀盐酸溶解，在水浴上经过半小时即可将经加热后的氟碳铈矿完全溶解，而独居石却很少溶解。

6.5.1.2 焙烧—浮选法

包头稀土研究院在 20 世纪 80 年代初，试验研究过用焙烧—浮选法分离含稀土 $\beta_{REO} > 60\%$ 混合稀土浮选精矿中的氟碳铈矿（以呈 REO、REOF 形式存在），获得了小型试验结果 $\gamma_{REO} = 62.90\%$，$\beta_{REO} = 90.40\%$，$\beta_{Fe} = 1.10$，纯度 $f = 98.05\%$，$\varepsilon_{REO} = 52.13\%$ 的氟碳铈矿精矿。

接着又做了静态间断焙烧—1t/d 连续浮选试验，其焙烧产品，用 802 号为捕收剂，用 H_2SO_4 作调整剂，在 pH 值为 3.5 ~ 4.0，矿浆浓度：粗选 29% ~ 32%，一精选 25%，二精选 16% ~ 18%，矿浆温度粗选 28 ~ 32℃，一精选 26 ~ 28℃，二精选 25℃ 等的综合工艺条件下，又获得了 $\alpha_{REO} = 70.42\%$，$\beta_{REO} = 79.55\%$，$\varepsilon_{REO} = 64.29\%$，纯度 $f = 97.13\%$ 的良好结果。

小型试验和连续试验的工艺流程、工艺条件和试验指标如图 6-31 和图 6-32 所示。

静态间断焙烧—1t/d 连续浮选试验流程如下。

焙烧：焙烧温度 540℃ 处理混合精矿 4.3t 得焙烧试料 3.8t。

浮选稀土混合精矿焙烧，用 RJX-45-9 中温箱式电炉进行单炉焙烧。

焙烧温度 540℃（自动控制）。经每炉加料量及炉温保温时间的试验，确定每炉加料量为 150kg，保温时间为 12h，此时焙烧炉处理量为 10kg/h。共焙烧 4.3t 原料，得焙烧试料 3.8t，烧损为 11.63%，包括机械损失在内。焙烧后试料的显微比重为 5.27。

浮选：调试找工艺条件转车 33h 处理 1.4t，稳定试验 58h 处理焙烧矿 2.4t，取得 $\alpha_{REO} = 70.42\%$，$\beta_{REO} = 79.55\%$，$\varepsilon_{REO} = 64.29\%$，纯度 $f = 97.13\%$ 的好结果。

试料处理量为 694.4g/min 或 42kg/h，即 1t/d。自制分离浮选用捕收剂为包头稀土研究院扩大试验产品 802 号药剂，H_2SO_4 为工业品。其中浮选机采用 12L 机械搅拌式浮选机 8 台，粗选 3 台，一精二精二作业各 2 台，另一台供二精加药搅拌用。加药搅拌用搅拌桶，计 3 台，10L、30L 和 50L 各 1 台，还有 1/2in 和 1in 立式砂泵 3 台，摆式给矿机 1 台，圆盘干式给药机 2 台。

6.5.1.3 重选法

联邦德国 KHD 公司提出用快速振动摇床分离浮选用烷基磷酸和羟基乙酸（HoeF1415 和 Aquamollin）选出的混合稀土精矿（$\beta_{REO} = 56.58\%$），得出氟碳铈矿精矿和独居石精矿。如图 6-33 所示。

其特点是先用脱油药（Antispumin）和入选混合精矿一起，在搅拌槽中搅拌 20min，再脱药，脱药后的混合精矿用 800g/L 苏打水在快速振动摇床上进行分离作业。结果见表 6-30。

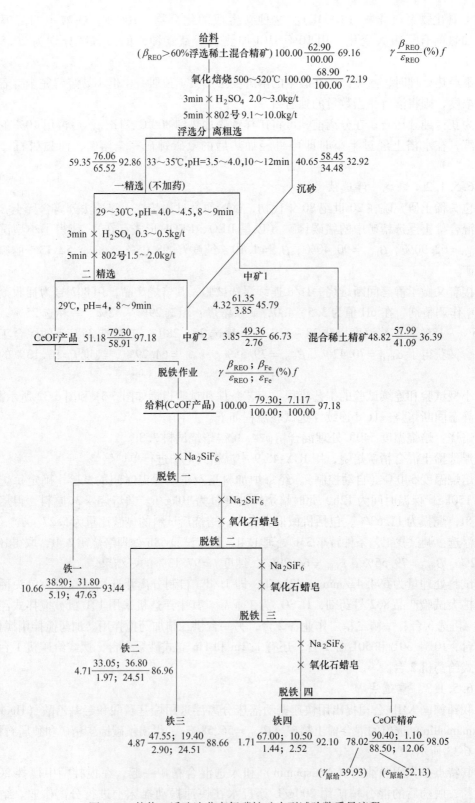

图 6-31　焙烧—浮选法分离氟碳铈矿小型试验数质量流程

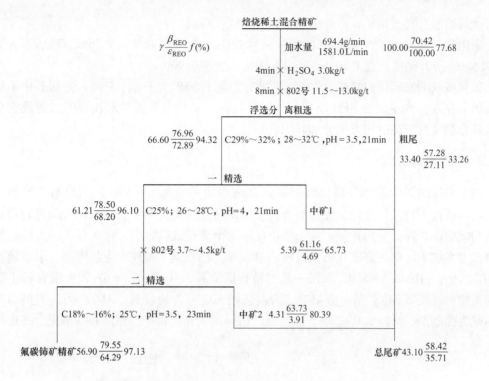

图 6-32 焙烧—浮选法分离氟碳铈矿连续试验数质量流程

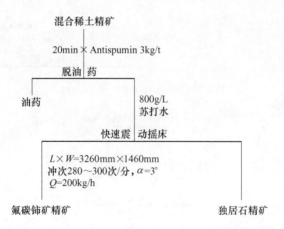

图 6-33 摇床分离氟碳铈矿与独居石工艺流程

表 6-30 摇床重选分离氟碳铈矿与独居石精矿试验结果

产品	$\gamma/\%$	$\beta/\%$					$\varepsilon/\%$				
		Fe	REO	F	P	Nb_2O_5	Fe	REO	F	P	Nb_2O_5
氟碳铈矿精矿	44.75	0.46	68.58	4.94	0.28	0.0143	5.10	54.25	29.31	3.64	65.96
独居石精矿	55.25	6.30	46.85	9.62	6.02	0.0050	94.90	45.75	70.69	96.36	34.04
混合稀土精矿	100.00	3.69	56.58	7.53	3.45	0.0100	100.00	100.00	100.00	100.00	100.00

表 6-30 数据表明，两种精矿分离得不算成功，但可证明生产 68% 以上高品位混合稀土精矿的可能性，二者均需继续做试验研究工作，问题有待进一步探讨。根据国内经验，

经焙烧后的混合稀土精矿，再经分级重选有可能获得成功。

原因是：氟碳铈矿含 ε_{REO} = 66.29% ~ 74.89%；含 F 6.42% ~ 9.76%。独居石含 ε_{REO} = 67.53% ~ 70.86%；含 P 10.66% ~ 13.09%；含 F 0.90%。

试验所获的氟碳铈矿精矿含 P 高、F 低；独居石精矿含 P 低、F 高。独居石中不应有较高的 F 存在。含主成分 REO 也很低。试验数据与矿物学数据的对比说明二者没有分离好，各自都含有较高的对方成分和其他成分。

6.5.2 浮选分离法

两个单位的 3 个浮选分离试验方案以重选粗精矿（β_{REO} > 30%）为原料，分两个阶段，第一阶段为精选作业段，先将混合稀土精矿品位提高到 67% 以上；第二阶段再进行独居石与氟碳铈矿浮选分离作业。两个单位提出 3 个流程试验方案，包头稀土研究院的第一和第二方案如下。第一方案在第一阶段用 802 号为捕收剂，ADTM 为起泡剂，水玻璃抑制 NH_4Cl 活化，pH = 7.5 ~ 8.0，采用一粗二精作业流程，获得 β_{REO} = 67.22% 混合稀土高品位稀土精矿（图 6-34）；第一方案第二阶段仍用 802 号为捕收剂，ADTM 为起泡剂，但改用明矾为抑制剂，pH = 5.0 ~ 5.5，按一粗二精得氟碳铈矿精矿，粗尾和一精尾合并进行一

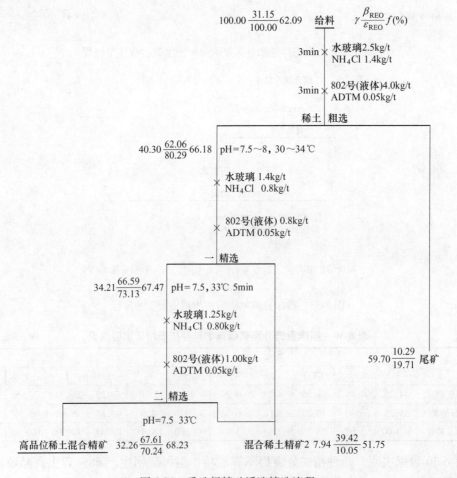

图 6-34　重选粗精矿浮选精选流程

次扫选,扫精和二精尾合并一起为混合精矿,扫选沉砂为独居石精矿(图 6-35)。邻苯二甲酸分离流程见图 6-36。

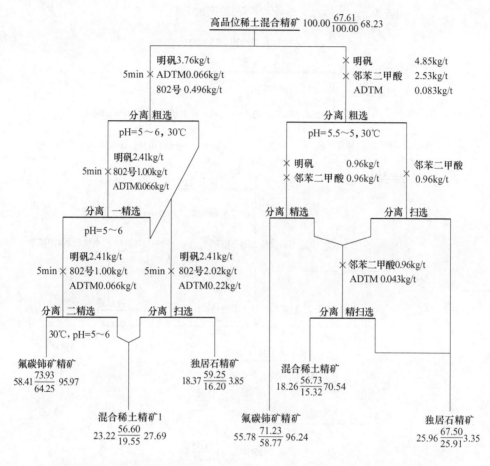

图 6-35 802 号明矾分离流程   图 6-36 邻苯二甲酸分离流程

第二方案,第一阶段与第一方案完全相同。第二阶段改邻苯二甲酸为捕收剂,仍用 ADTM 和明矾分别做起泡剂和抑制剂,pH = 5.0 ~ 5.5,按一粗一精一扫,精尾和扫精合并再作一次精扫作业(开路),获得氟碳铈矿精矿、混合稀土精矿和独居石三种产品,如图 6-36 所示。

第三方案由包钢矿山研究院研制。特点是第一阶段用水杨羟肟酸为捕收剂,2 号油为起泡剂,水玻璃为抑制剂,pH = 7.5 ~ 8.0。采用一次易浮、一次粗选即得 70% 以上混合稀土高品位稀土精矿;第二阶段仅用一次加药精选作业,pH = 7.5(仍用第一阶段所用三种药剂)或两次不加药空白精选作业,就可获得 β_{REO} = 73% ~ 74.57%,纯度 f = 95% ~ 96.95% 的氟碳铈矿精矿,对 α_{REO} = 30% 重选粗精矿计算的氟碳铈矿精矿中稀土回收率为 23% ~ 31%,将第一阶段的粗选尾矿再做一次扫选,扫精继续进行三次精选,可以得到 β_{REO} = 73.34%,f = 94.93,ε_{REO} = 17.63% 的氟碳铈矿精矿,从而使氟碳铈矿精矿中稀土回收率提高到 40.51%。如图 6-37 和图 6-38 所示。

6.5.2.1 水杨羟肟酸、水玻璃分离法

(1)不加药浮选分离氟碳铈矿。

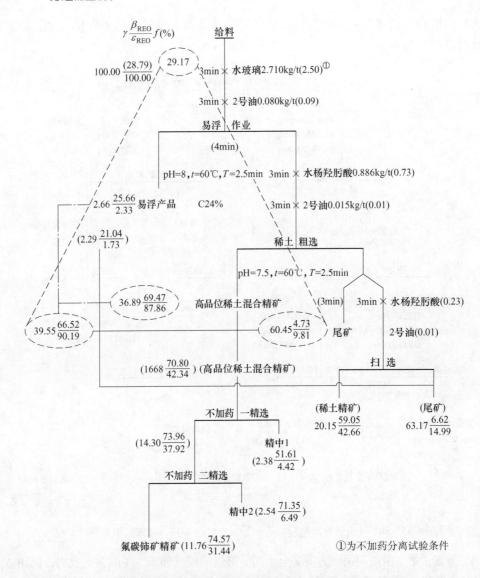

图 6-37 水杨羟肟酸、水玻璃精选、分离流程

（2）加药浮选分离氟碳铈矿。

1990 年后第二方案顺利地移转到处理强磁中矿生产高品位稀土混合精矿和氟碳铈精矿和独居石精矿，并得到了进一步的改善与提高。

1）3 个氟碳铈矿与独居石浮选分离流程小型试验工艺条件和数质量流程：

① 802 号，明矾分离法；②邻苯二甲酸、明矾分离法；③水杨羟肟酸、水玻璃分离法。

2）邻苯二甲酸、明矾分离法 2t/d 连续浮选试验。在小型试验基础上，对邻苯二甲酸、明矾分离法做了连续试验，取得较好的结果，为进一步做工业试验创造了条件。连续浮选试验包括精选作业段的一粗二精开路，得最终尾矿，两次的精选尾矿合并为混合稀土精矿 2，二次精选精矿送入分离浮选段，也由一粗二精开路组成，二精矿即氟碳铈矿精矿，其余三产品合并一起组成混合稀土精矿 1。

连续浮选设备联结如图 6-39 所示，数质量矿浆流程图如图 6-40 所示。

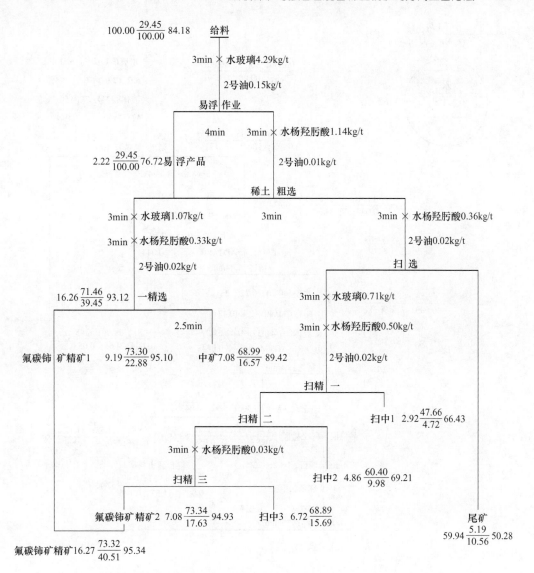

图 6-38 水杨羟肟酸、水玻璃分离流程

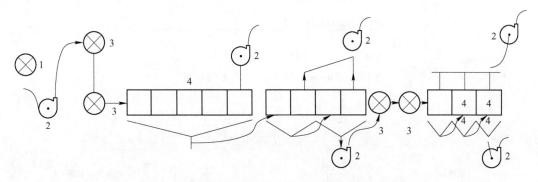

图 6-39 连续浮选试验设备联结图

1—搅拌桶 φ650mm×100mm 200L；2—砂泵 $\frac{1}{2}$in 6 个；3—搅拌槽 15L 4 个；4—浮选机 12L 12 台

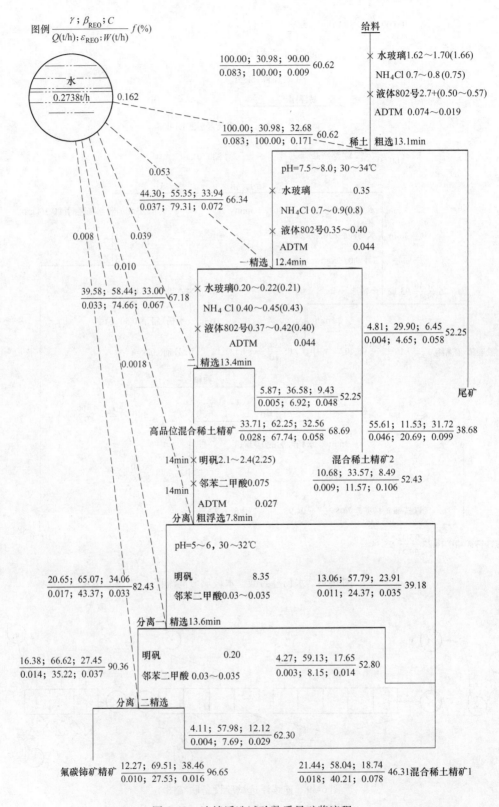

图例 $\dfrac{\gamma;\ \beta_{REO};\ C}{Q(t/h);\ \varepsilon_{REO};\ W(t/h)}\ f(\%)$

给料

水 0.2738t/h   0.162

$\times$ 水玻璃 1.62~1.70(1.66)

NH$_4$Cl 0.7~0.8(0.75)

$\times$ 液体 802 号 2.7+(0.50~0.57)

ADTM 0.074~0.019

$\dfrac{100.00;\ 30.98;\ 90.00}{0.083;\ 100.00;\ 0.009}$ 60.62

$\dfrac{100.00;\ 30.98;\ 32.68}{0.083;\ 100.00;\ 0.171}$ 60.62

稀土 粗选 13.1min

pH=7.5~8.0; 30~34℃

$\times$ 水玻璃   0.35

NH$_4$Cl 0.7~0.9(0.8)

$\times$ 液体 802 号 0.35~0.40

ADTM   0.044

0.053

$\dfrac{44.30;\ 55.35;\ 33.94}{0.037;\ 79.31;\ 0.072}$ 66.34

0.008   0.039

0.010

一 精选 12.4min

$\times$ 水玻璃 0.20~0.22(0.21)

NH$_4$Cl 0.40~0.45(0.43)

$\times$ 液体 802 号 0.37~0.42(0.40)

ADTM   0.044

$\dfrac{39.58;\ 58.44;\ 33.00}{0.033;\ 74.66;\ 0.067}$ 67.18

$\dfrac{4.81;\ 29.90;\ 6.45}{0.004;\ 4.65;\ 0.058}$ 52.25

0.0018

二 精选 13.4min

$\dfrac{5.87;\ 36.58;\ 9.43}{0.005;\ 6.92;\ 0.048}$ 52.25

尾矿

高品位混合稀土精矿 $\dfrac{33.71;\ 62.25;\ 32.56}{0.028;\ 67.74;\ 0.058}$ 68.69

$\dfrac{55.61;\ 11.53;\ 31.72}{0.046;\ 20.69;\ 0.099}$ 38.68

14min $\times$ 明矾 2.1~2.4(2.25)

混合稀土精矿 2

$\dfrac{10.68;\ 33.57;\ 8.49}{0.009;\ 11.57;\ 0.106}$ 52.43

14min $\times$ 邻苯二甲酸 0.075

ADTM   0.027

分离 粗浮选 7.8min

pH=5~6, 30~32℃

明矾   8.35

邻苯二甲酸 0.03~0.035

$\dfrac{13.06;\ 57.79;\ 23.91}{0.011;\ 24.37;\ 0.035}$ 39.18

$\dfrac{20.65;\ 65.07;\ 34.06}{0.017;\ 43.37;\ 0.033}$ 82.43

分离一 精选 13.6min

明矾   0.20

邻苯二甲酸 0.03~0.035

$\dfrac{4.27;\ 59.13;\ 17.65}{0.003;\ 8.15;\ 0.014}$ 52.80

$\dfrac{16.38;\ 66.62;\ 27.45}{0.014;\ 35.22;\ 0.037}$ 90.36

分离 二精选

$\dfrac{4.11;\ 57.98;\ 12.12}{0.004;\ 7.69;\ 0.029}$ 62.30

氟碳铈矿精矿 $\dfrac{12.27;\ 69.51;\ 38.46}{0.010;\ 27.53;\ 0.016}$ 96.65

$\dfrac{21.44;\ 58.04;\ 18.74}{0.018;\ 40.21;\ 0.078}$ 46.31 混合稀土精矿 1

图 6-40   连续浮选试验数质量矿浆流程

该试验始于 1983 年 6 月下旬，先调试连选设备精选段 6 天，分离段 6 天，全流程稳定试验 3 天。获得了很好的工艺指标。

原料重选粗精矿：$\alpha_{REO} = 30.98\%$，$f = 60.62$；

氟碳铈矿精矿：$\beta_{REO} = 69.51\%$，$f = 96.65\%$，$\varepsilon_{REO} = 27.53\%$，$\varepsilon_{REO}$（对分离段作业）= 40.64%；

混合稀土精矿 1：$\beta_{REO} = 58.04\%$，$f = 46.31\%$，$\varepsilon_{REO} = 40.21\%$；

混合稀土精矿 2：$\beta_{REO} = 33.57\%$，$f = 52.43\%$，$\varepsilon_{REO} = 11.57\%$；

尾矿：$\beta_{REO} = 11.53\%$，$f = 38.68\%$，$\varepsilon_{REO} = 20.69\%$；

浮选药剂用量（kg/t）如下：

水玻璃 2.220；

NH_4Cl，1.975；

802 号（液体）4.015；

明矾 2.800；

氨水 0.940；

苯酐 0.140；

ADTM，0.168；

合计 11.412。

说明：因邻苯二甲酸系苯酐加热水解产物，故在试验过程中，采用苯酐加热水解配成邻苯二甲酸溶液，以提高经济效益。

3）水杨羟肟酸、水玻璃分离法 0.5t/d 精选段连续浮选试验。

包钢矿山研究院根据小型试验结果优异，于 1983 年 10 月组织进行了以重选稀土粗精矿（$\alpha_{REO} = 29\%$）为原料，处理量为 0.5t/d，前边稀土精选流程部分的连续浮选试验。

结果获得了 $\alpha_{REO} = 29.73\%$，$\gamma_{精矿} = 31.37\%$；$\beta_{REO} = 69.08\%$；$\varepsilon_{REO} = 72.89\%$ 的较好指标。

连续浮选试验的设备联结和浮选流程及工艺条件分别如图 6-41 和图 6-42 所示。

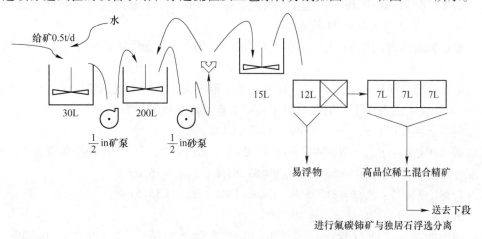

图 6-41 0.5t/d 连续浮选试验设备联结图

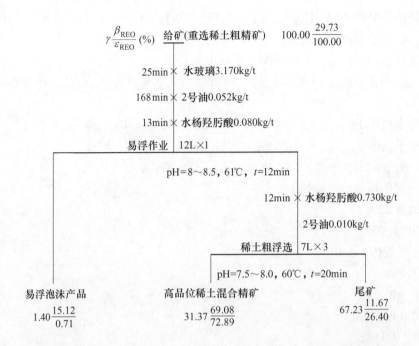

图 6-42   水杨羟肟酸、水玻璃分离法 0.5t/d 精选段连续浮选试验流程图

4）邻苯二甲酸、明矾分离法 60t/d 工业浮选试验。根据连选试验结果，于 1984 年 7~8 月，包头稀土研究院和包钢选矿厂合作，在该厂稀选车间进行了 60t/d 规模的工业试验。

工艺流程仍由两部分组成，给料（重选稀土粗精矿 $\alpha_{REO}=28\%$）的精选段，在用水玻璃为抑制剂，NH_4Cl 为活化剂，802 号为捕收剂，ADTM 为起泡剂，pH = 7.5~8.0，28~30℃，浓度 40% 情况下，一粗三精作业，粗尾为最终尾矿，二精尾和三精尾合并返回粗选，一精尾与分离段的粗选尾矿合并为混合稀土精矿 2，三精矿进分离粗选作业，分离段由一粗二精作业组成，捕收剂用的是邻苯二甲酸，独居石的抑制剂为明矾，分离二精即氟碳铈矿精矿，分离一精尾和二精尾合并为混合稀土精矿 1。工业试验选矿数质量流程如图 6-43 所示，设备联结如图 6-44 所示。

工业试验有效时间仅 11 天，试验分负荷试车调试、全流程试验和稳定流程试验三阶段进行。

在给矿处理量（矿浆浓度 21%~47%）波动范围大，含稀土氧化物（$\alpha_{REO}=21.90\%$~29.83%）变化大的条件下，仍然取得了较扩大连续浮选试验更好的结果。

原料重选粗精矿：$\alpha_{REO}=28.06\%$，$f=73.81\%$；

氟碳铈矿精矿：$\beta_{REO}=70.34\%$，$f=98.04\%$，$\varepsilon_{REO}=28.72\%$，$\varepsilon$ 对分离段为 45.50%；

混合稀土精矿 1：$\beta_{REO}=55.32\%$，$f=87.83\%$，$\varepsilon_{RED}=16.09\%$；

混合稀土精矿 2：$\beta_{REO}=31.65\%$，$f=65.18\%$，$\varepsilon_{REO}=35.51\%$；

尾矿：$\beta_{REO}=11.27\%$，$\varepsilon_{REO}=19.68\%$。

须指出的是，工业试验中运转 52h，生产氟碳铈矿精矿 12t，$\beta_{REO}=70.30\%$，$f=97.58\%$。包钢选矿厂稀选车间，如按工业试验所用工艺组织生产，可以形成年产氟碳铈

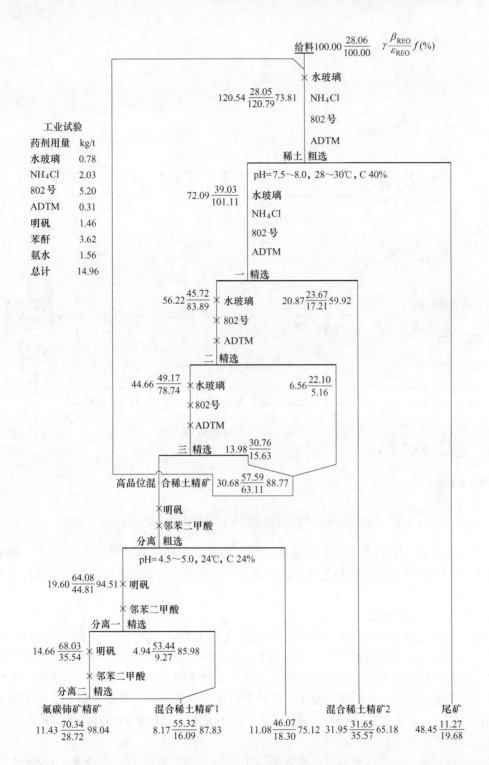

图 6-43　邻苯二甲酸、明矾分离浮选氟碳铈矿精矿工业试验数质量流程

矿精矿 1500t 以上的生产能力。按当时的外销价格计算，每年可为国家增加盈利 250 万元之多。

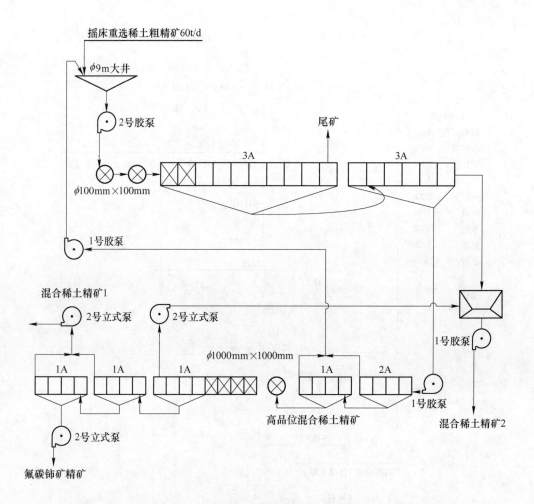

图 6-44 邻苯二甲酸、明矾分离浮选氟碳铈矿精矿工业试验设备联结图

5）用 H205、H894 明矾从强磁中矿中分离氟碳铈矿精矿和独居石精矿。1991 年末至 1992 年初，包头稀土研究院与包钢选矿厂合作，在做了小型试验之后，成功地进行了工业转产试验。

6.5.2.2 小型试验

所用流程如图 6-45 所示，精选段采用捕收剂 H205、抑制剂水玻璃、起泡剂 H103（含 3% 环肟酸），在弱酸性介质中进行稀土粗选和两次精选得 $\beta_{REO} > 60\%$ 高品位混合稀土精矿，此精矿经脱泥脱药后给入分离段，采用一次粗选两次精选得氟碳铈矿精矿，粗尾进行反浮选独居石两次，二泡沫和氟碳铈矿两个精尾矿合并组成混合稀土精矿，反浮选独居石精矿再进行一次正浮选独居石，其精矿为独居石精矿，其尾矿和精选段的尾矿和中矿合并组成总尾矿。

在精选段中，用明矾为独居石抑制剂，H103（不含环肟酸）为起泡剂，H894 为捕收剂，在弱酸性介质（pH = 4.5～5.0）优先浮选氟碳铈矿。分离粗选尾矿反浮选独居石，但为了确保独居石精矿稀土品位，又采用水玻璃、H205（pH = 8.5～9.0）正浮选一次独居石而得独居石精矿。

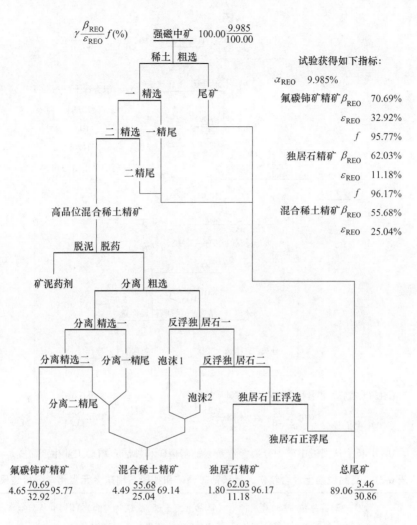

图 6-45　从强磁中矿中分离浮选氟碳铈矿精矿和独居石精矿小型试验流程

6.5.2.3　工业生产

经工业试验并顺利转为生产的工艺流程如图 6-46 所示。

试验结果是：

$\alpha_{\mathrm{REO}} = 12.62\%$；

氟碳铈矿精矿：$\beta_{\mathrm{REO}} = 70.25\%$，$\varepsilon_{\mathrm{REO}} = 23.27\%$；

独居石精矿：$\beta_{\mathrm{REO}} = 60.25\%$，$\varepsilon_{\mathrm{REO}} = 3.44\%$；

混合稀土精矿 1：$\beta_{\mathrm{REO}} = 57.32\%$，$\varepsilon_{\mathrm{REO}} = 27.48\%$；

混合稀土精矿 2：$\beta_{\mathrm{REO}} = 46.15\%$，$\varepsilon_{\mathrm{REO}} = 21.06\%$。

6.5.3　稀土精矿产品性质描述

本节将前面各有关试验所得 $\beta_{\mathrm{REO}} \geqslant 60\%$，$\beta_{\mathrm{REO}} \geqslant 68\%$ 和氟碳铈矿精矿、独居石精矿各产品的多元素化学分析、矿物组成测定和筛水析结果综合列入表 6-31 ~ 表 6-33 中。

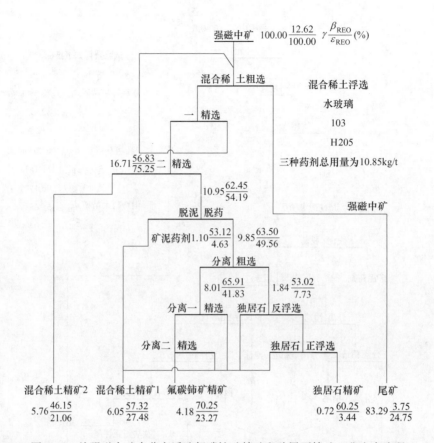

图 6-46 从强磁中矿中分离浮选氟碳铈矿精矿和独居石精矿工业生产流程

表 6-31 高品位稀土混合精矿、氟碳铈矿精矿和独居石精矿多元素化学分析结果 （%）

成　分	(1)稀土粗精矿	(2)高品位混合稀土精矿1	(3)高品位混合稀土精矿2	(4)稀土氟氧化物精矿	(5)脱铁稀土氟氧化物精矿	(6)氟碳铈矿精矿(连选试验)	(7)氟碳铈矿精矿(工业试验)	(8)独居石精矿(小型试验)
β_{REO}	29.50	61.99	69.28	78.67	90.40	69.80	70.40	68.20
TFe	12.60	4.84	1.55	6.54	1.10	1.60	1.08	1.12
SFe	12.40	4.40	1.53	5.43	—	1.40	—	—
F	8.65	6.20	7.35	9.29	11.50	7.94	9.85	2.02
P	3.13	3.84	2.70	1.08	0.53	0.79	0.44	12.04
S	—		0.34	0.68	0.25	—	微	
CaO	14.80	7.24	4.31	5.86	3.56	4.20	5.30	1.86
MgO	0.13	0.04	0.36	0.17	痕		0.29	0.58
BaO	11.64	1.06	0.86	0.56	0.13	0.61	0.14	0.12
Al$_2$O$_3$	0.20	0.16	0.02	0.23	0.28	—	0.21	
SiO$_2$	—		0.99	0.485	0.30	1.38	微	
Nb$_2$O$_5$	0.085	0.045	0.082	0.084	0.046	—	0.016	—

成 分	(1)稀土粗精矿	(2)高品位混合稀土精矿1	(3)高品位混合稀土精矿2	(4)稀土氟氧化物精矿	(5)脱铁稀土氟氧化物精矿	(6)氟碳铈矿精矿(连选试验)	(7)氟碳铈矿精矿(工业试验)	(8)独居石精矿(小型试验)
MnO	0.56	0.20	0.05	0.40	0.080	—	微	—
TiO_2	—	—	0.06	0.26	0.088	0.078	0.060	0.055
ThO_2	—	—	—	0.266		0.169	0.160	
烧减	—	—	13.58	—	—	—	—	—
f(纯度)				97.175	98.05	96.65	98.04	
比 重	4.39	4.65		5.45				

表 6-32 高品位稀土混合精矿、氟碳铈矿精矿和独居石精矿矿物组成测定结果 (%)

矿 物	(1)稀土粗精矿(工业生产)	(2)高品位混合稀土精矿1(半工业)	(3)高品位混合稀土精矿2(连选试验)	(4)稀土氟氧化物精矿(连选试验)	(5)脱铁稀土氟氧化物精矿(连选试验)	(6)氟碳铈矿精矿(连选试验)	(7)氟碳铈矿精矿(工业试验)
氟碳铈矿	26.4	60.9	76.12	81.81	91.03	89.69	91.01
独居石	13.2	22.3	12.90	2.93	2.97	3.42	2.25
小 计	39.6	83.2	89.02	84.74	94.00	93.11	93.26
萤 石	14.4	4.5	2.11	微	3.13	1.71	4.15
重晶石	17.6	1.6	1.36	0.85	0.19	0.93	0.29
磷灰石	8.7	3.4	3.42	2.95	0.11	1.78	0.66
白云石、方解石	—	—	0.70	1.94		0.60	0.50
黄铁矿	0.2	0.2	—	—	0.2	—	—
小 计	40.9	9.7	7.59	5.74	3.85	5.02	5.60
磁铁矿	2.8	0.1					
赤褐铁矿	14.9	6.2	2.32	8.24	12.9	1.65	1.14
锰矿物	0.7	0.2					
硅酸盐矿物	—	0.6	1.07	1.28		0.22	微
硅酸盐矿物(含碳酸盐矿物)	1.1	—	—	—	0.86	—	—
小 计	19.5	7.1	3.39	9.52	2.15	1.87	1.14
总 计	100.00	100.00	100.00	100.00	100.00	100.00	100.00

表 6-33 高品位稀土混合精矿、氟碳铈矿精矿和独居石精矿筛水析结果

粒级/μm	(1)稀土粗精矿/%			(2)高品位稀土混合精矿1/%		
	γ	β_{REO}	ε_{REO}	γ	β_{REO}	ε_{REO}
+44	7.83	7.06	1.92	2.39	58.31	2.10
44~30	22.66	22.15	17.50	5.13	58.31	4.82
30~20	45.48	32.83	52.04	26.54	61.05	26.12

粒级/μm	(1) 稀土粗精矿/%			(2) 高品位稀土混合精矿1/%		
	γ	β_{REO}	ε_{REO}	γ	β_{REO}	ε_{REO}
20~10	13.79	35.77	17.18	34.54	61.81	34.42
10~0	10.24	31.85	11.36	31.40	64.29	32.54
总 计	100.00	28.68	100.00	100.00	62.03	100.00

粒级/μm	(3) 高品位稀土混合精矿2/%		
	γ	β_{REO}	ε_{REO}
37~23	18.47	65.80	18.27
23~19	16.14	70.30	17.06
19~15	30.79	70.75	32.76
15~13	3.18	71.85	3.44
13~11	3.61	68.45	3.72
11~0	27.81	59.20	24.75
总 计	100.00	66.50	100.00

粒级/μm	(6) 氟碳铈矿精矿（连选试验）/%			(7) 氟碳铈矿精矿（工业试验）/%		
	γ	β_{REO}	ε_{REO}	γ	β_{REO}	ε_{REO}
49~39	—	—	—	11.00	75.10	11.48
40~30	51.24	72.30	53.05	—	—	—
39~26	—	—	—	44.00	75.72	46.32
30~20	29.38	71.10	29.91	—	—	—
26~16	—	—	—	20.50	72.64	20.70
20~10	11.13	65.60	10.45	—	—	—
16~13	—	—	—	2.00	66.69	1.85
10~0	8.25	55.70	6.59	—	—	—
13~0	—	—	—	22.50	62.79	19.65
总 计	100.00	69.83	100.00	100.00	71.93	100.00

注：(4)、(5)、(8) 无数据。

由表6-31、表6-32可以看出，氟碳铈矿精矿品位的提高基本靠铁与萤石矿物被分离出去的程度，当然磷灰石和重晶石的作用也很重要。

氟碳铈矿精矿的矿物组成：

氟碳铈矿：90%~91%；

独居石：2%~3%；

小计：93%。

萤石：1.7%~4.2%；

磷灰石：1.8%~0.7%；

铁矿物：1.1%~1.7%；

重晶石：0.3%~0.9%；

小计：6.1%~6.3%。

其他：约1%。

由此可以看出，只有把萤石和铁矿物等非稀土矿物分离出去，和再一次分离独居石，才有可能进一步纯化氟碳铈矿，提高其稀土品位。在分析讨论前边记述的羟肟酸类系列捕收剂浮选稀土精矿资料之后，就可能找出解决问题的方向了。

由表6-33可以看出，稀土粗精矿和高品位稀土混合精矿1的 $44 \sim 30\mu m$ 和 $+44\mu m$ 粒级的品位较低，可能受连生体影响；高品位稀土混合精矿2系采用水杨羟肟酸为捕收剂、水玻璃为抑制剂优先浮选的稀土精矿，粒级分布偏细，与 $1t/d$ 连选设备处理 $0.5t/d$ 原料，加上搅拌与浮选设备不配套有一定关系，代表性不很强，仅作参考。氟碳铈矿精矿的粒级分布说明 $10 \sim 0\mu m$ 稀土品位较低，是影响回收率的因素之一，对提高此粒级的回收率问题应进一步加以探索。

6.5.4 结论

通过对优先浮选法分离稀土精矿科研和生产实践经验的研究，得出以下几点结论：

（1）通过近60年包钢和有关单位的共同努力，使人们逐步了解、开发和掌握从白云鄂博矿产资源中回收稀土精矿的生产工艺技术，可以生产各种品级的稀土精矿产品。包括从 $\alpha_{REO} = 3\% \sim 10\%$ 的原料生产出 $\beta_{REO} \geqslant 30\%$，$\beta_{REO} \geqslant 60\%$，$\beta_{REO} \geqslant 70\%$ 的稀土混合精矿，还能生产 $\beta_{REO} \geqslant 70\%$ 的氟碳铈矿精矿和的 $\beta_{REO} \geqslant 68\%$ 独居石精矿。在数量和质量方面都可满足国内和国外两个市场的需要。

（2）浮选法分选稀土精矿的成果较为突出。优先浮选法和先混合后优先分离法都获得了长足的进步。这里面孕育和发展了创新的思想、创新的合作精神和创新的科技成果。

1）大量加入水玻璃，给采用羟肟酸作捕收剂，优先浮选白云鄂博矿石中的稀土矿物开辟了一条新思路。水玻璃是各种矿物分选常用的普通的廉价调整剂，在大多数情况下，常用量一般为几百克/吨到几千克/吨，最多也有用到十几千克/吨原料的。在用氧化石蜡皂或油酸（钠）为捕收剂，碳酸钠和水玻璃进行白云鄂博主矿、东矿氧化矿石浮选时，低用量水玻璃（$1.0 \sim 3.0kg/t$）时呈稀土、萤石、重晶石、磷灰石混合泡沫被浮选上来，与铁矿物和硅酸盐类矿物可以较好地分离开来。中等用量水玻璃（$5.0 \sim 7.0kg/t$）时，对稀土和萤石而言，则呈现半优先半混合现象，即萤石相对易浮，先选出一个富萤石贫稀土的萤石泡沫产品，继而选出一个富稀土贫萤石的泡沫产品。在石蜡皂为捕收剂的情况下，再加大水玻璃用量也没有更好的结果出现。

据20世纪70年代国外文献报道，羟肟酸可浮选锡石和稀土等稀有金属矿石，而其在白云鄂博矿石上的应用尚无报道。广东有色研究院的研究人员采用大量的水玻璃，同时在原有分离稀土萤石浮选药剂制度的基础（碳酸钠、水玻璃、硅氟酸钠、氧化石蜡皂）上，采取了两个措施：措施一，将氧化石蜡皂改换为 $C_{5 \sim 9}$ 羟肟酸；措施二，将水玻璃用量由 $3 \sim 5kg/t$ 增至 $20 \sim 27kg/t$，$30t/d$ 半工业试验成功，取得了生产 $\beta_{REO} \geqslant 60\%$ 高品位稀土精矿结果，并且被当时工业生产推广应用。

2）包头稀土研究院一直坚持优先浮选稀土矿物的开发创新工作，不断深入研究，开发出羟肟酸胺、环肟酸胺、802、H205、L247等系列稀土矿物选择性优良的捕收剂产品，并且研制出处理不同稀土原料，生产不同各种品级的稀土精矿产品和氟碳铈矿及独居石精矿产品的工艺流程。这一成果对稀土选矿发展做出重要贡献。

3）研制优先浮选稀土精矿工艺方法成功的宝贵经验是创新的思想、创新的人员合作的结果，混合浮选泡沫的优先分离的关键是脱泥、脱药。

① 以稀土萤石混合泡沫为原料生产高品位稀土精矿。采用的重—浮，强磁—浮和粗浮选前脱泥脱药，精选前脱泥脱药单一浮选三种工艺流程，它们的共同之处，除药剂种类和组合（配方）是基本的条件之外，在流程上都有脱泥脱药这一环节。

② 原来的摇床重选法是不分级摇床重选，特点是脱泥脱药比较彻底，给下一步浮选创造了必要条件，流程也较简单，但问题是稀土回收率仅为30%左右，如果采用分级摇床重选，再配备细粒级用离心选矿机进行重选，稀土回收率有望翻番，达到60%左右。

③ 20世纪90年代技术改造投产的磁—磁—浮（M-M-F）流程，用强磁中矿为原料生产稀土精矿，实际上强磁作业是选别兼脱药脱细脱泥作业，因齿板介质的强磁过程对 $-10\mu m$ 粒级的作业回收率很低，不仅细粒级铁分被选入磁性产品，即磁精矿中的较少，而且对重晶石、磷灰石、萤石、石英等无磁性矿物，没有选入磁产品中的可能，落入非磁性产品，成为磁选作业的尾矿，精选时则成为中矿，起到明显的分选作用，因而为下一步优先浮选稀土矿物提供较好条件。

④ 关于用浮选法分离稀土萤石混合泡沫，前已述及需要两次脱泥脱药，不再赘述。

4）优先浮选稀土精矿的工艺技术还具有较大的潜力，应进一步挖掘。

① 从羟肟酸系列捕收剂生产 $\beta_{REO} \geq 60\%$ 高品位稀土精矿的实践中可以看到，水杨羟肟酸具有相对较大潜力，0.5t/d 连选所获稀土精矿的 $\beta_{REO} = 69\%$，和小型试验相同条件下 ε_{REO} 相差达15%之多，给料过粉碎，浮选和搅拌药剂设备不配套，浮选药剂组合变化很大，都是造成回收率大降的原因，如有可能需要在小型试验取得优异指标的同时进一步做工作。

② 水杨羟肟酸能在 pH = 7~7.5 或 7 条件下，仅需添加起泡剂和水玻璃经多次精选作业生产出纯度 $f = 96\% \sim 97\%$ 的氟碳铈矿，应该被看作是个好的苗头，应再进一步验证试验。根据图6-42表6-8及相关说明，笔者认为有可能达到甚至超过 H316 和 H894 所已经达到的分选技术水平。

③ 氟碳铈矿和独居石浮选分离的已有资料说明，二者含有的非稀土矿物杂质，还是和由 $\beta_{REO} = 30\%$ 选至 $\beta_{REO} = 60\%$ 及选至 $\beta_{REO} = 70\%$ 一样，都具有以下特点：一是 Ca、F、Ba、S、P 矿物，二是 Fe，SiO_2 矿物，在二者分离前应该对 $\beta_{REO} = 70\%$ 的高品位混合稀土精矿再进行一至二次重复优先浮选处理，使两种非稀土类矿物尽最大可能分离干净，再进行氟碳铈矿和独居石二者的分离，这时的分离经过药剂组合的调整很有可能是优先浮选独居石，它成泡沫产品，而氟碳铈矿则呈浮选沉砂产品出现，二者的纯度应该都可以较高。当然这一点需要经过试验和实践的检验、修改、补充或否定。还须指出的是，氟碳铈矿和独居石也可能存在相互连生现象，此时应考虑将它们磨开，使之单体分离。

④ 在分选稀土矿物方面不断研发新药剂、新设备、新工艺是选矿科技发展和永恒的任务，等待我们去做的工作还很多很多，需要我们一往直前地努力奋斗。

参 考 文 献

[1] 马鹏起. 稀土报告文集[M]. 北京：冶金工业出版社，2012：170~178.

[2] 任煜，胡永平. 用水杨羟肟酸捕收剂从强磁中矿中选取高品位稀土精矿的研究[J]. 金属矿山，1996 (11)：20~22，29.

后　记

　　《白云鄂博特殊矿选矿工艺学》是作者也是我的父亲多年的学术研究积累和成果，由于种种原因，未能在他生前出版问世。出版此书可以说是他未了的心愿，作为他的女儿，有责任也有义务完成该书的出版，让此学术领域的科技人员来分享父亲的学术成果。

　　父亲一生忠诚党的科研事业，热爱他一辈子所从事的白云鄂博矿的选矿研究。他在选矿科研生产第一线工作了24年，长期担任白云鄂博矿产资源综合利用选矿科研专题组组长，积累了大量丰富的一线资料，有着对课题独立深刻的见解。离休后，父亲全面、系统地总结了白云鄂博矿的研究成果，夜以继日，著书立说，每天坐在桌前又写又算，有时一整天伏案工作。用父亲的话说："这本书我写了60年！"至父亲去世前的十几年间，几易其稿。他在住院期间，还在病床上继续修改及完善书稿，直到生命的最后时刻。父亲还嘱托把他的这本书出版了，说是给从事白云鄂博矿及选矿事业的同志们的资料，这是一本有价值的书。

　　抚今追昔，不免有些余痛，如今他已经不在了，父亲的心愿终于可以实现了。

　　相信这本书出版后，会给这个领域的科技人员提供一定的帮助。

女儿　于长敏

2016 年 8 月